Moderne Biowissenschaften

Band 11/3

SIEGFRIED HOFFMANN

Molekulare Matrizen

III. Nucleinsäuren

mit 190 Abbildungen

AKADEMIE-VERLAG · BERLIN
1978

Erschienen im Akademie-Verlag, 108 Berlin, Leipziger Straße 3—4

Lizenznummer: 202 · 100/511/78
Gesamtherstellung: VEB Druckhaus „Maxim Gorki", 74 Altenburg
Bestellnummer: 762 238 4 (2148/11/3) · LSV 1315
Printed in GDR
EVP 22,— M

INHALTSVERZEICHNIS

1. Nucleinsäuren — Strukturen zwischen Informationsspeicher und Funktionssystem . . . 7

1.1. Die Basenschrift . . . 15

1.2. Das Stranginstrumentarium . . . 24

1.3. DNA/RNA-Funktions- und Informationssysteme . . . 50

1.3.1. Replication . . . 74

1.3.2. Transcription . . . 96

1.3.3. Translation . . . 99

1.3.4. Nucleinsäuremetastabilitäten — und das Modell eines Kurzzeitgedächtnisengramms . . . 136

1.4. Literatur . . . 155

Sachregister . . . 168

NUCLEINSÄUREN — STRUKTUREN ZWISCHEN INFORMATIONSSPEICHER UND FUNKTIONSSYSTEM

„Es ist auszuschließen, daß der ganze Reichtum individueller Prägung als Erbteil von der Mutter auf die Frucht übergeht. Statt dessen sehen wir fast völlige Gleichberechtigung zwischen dem Samen und dem Ei. Es vererben sich auf die Frucht die allerverschiedensten Eigentümlichkeiten vom Vater wie von der Mutter — bald mehr von einem, bald vom anderen in unendlicher Mannigfaltigkeit und zahllosen Abstufungen. Weder die Etnographen noch die Tierzüchter haben bis jetzt vermocht, über diese Vererbungsverhältnisse Regeln von irgend allgemeiner Tragweite aufzustellen. ...
Es ist daher an der Zeit, den Begriff des Zellkerns endlich einmal von diesen schwankenden Äußerlichkeiten loszulösen und ihn an solche Eigenschaften zu knüpfen, welche in einem nahen inneren Zusammenhang mit seiner allgemeinen physiologischen Funktion stehen müssen. Dahin gehört namentlich seine chemische Zusammensetzung. Wenn nicht aller Anschein trügt, so spielen hier Nucleinkörper eine Hauptrolle ... So sind die Gesichtspunkte mancherlei, welche zu möglichst ausgedehnten vergleichenden Forschungen über Kerngebilde und Samenkörper einladen. Sollte es gelingen, den strengen Nachweis zu führen, daß der Zutritt des Samens zum Ei der Hauptsache nach gleichwertig ist mit dem Hinzutreten eines physiologisch vollgültigen Zellkerns zur Masse des Eis, so würde das Rätsel der Befruchtung in wunderbarer Weise verschmelzen mit dem allgemeinen elementaren Problem des Zellebens. Wir hätten in ihr ein unnachahmliches natürliches Experiment, das uns einen tiefen Einblick in die Rolle des Zellkerns überhaupt gestattete, und die Untersuchung des Samens hätte eine über die Frage der Zeugung weit hinausreichende Bedeutung, denn hier bietet uns die Natur in einer für die Zerlegung zugänglichen Form eine jener einfachen fundamentalen aktiven Anordnungen dar, welche imstande sind, Spannkräfte in die spezifische Form vitaler Bewegungsvorgänge umzusetzen ...
... ich denke aber, daß die erhaltenen, wenn auch fragmentarischen Ergebnisse bedeutsam genug sind, um auch andere, namentlich die Chemiker vom Fach, zur Untersuchung aufzufordern. Die Erkenntnis der Beziehungen zwischen Kernstoffen, Eiweißstoffen und ihren nächsten Umsatzprodukten wird allmählich den Vorhang lüften helfen, der die inneren Vorgänge des Zellwachstums noch so gänzlich verhüllt ...“
Der dies in den Jahren nach 1869 formulierte, war FRIEDRICH MIESCHER, der zugrundeliegende Gegenstand ein „phosphorreicher Nucleinkörper ..., welcher nach Reaktionen, Eigenschaften und Zusammensetzung sich auf das schärfste von den Eiweißstoffen abgrenzt“, und der „da ich (MIESCHER) selbst schon damals die stark sauren Eigenschaften des aus Lachssperma erhaltenen Körpers hervorhob“, nach einem Vorschlag ALTMANNS und mit der voranstehenden Billigung MIESCHERS als „Nucleinsäure“ bezeichnet wurde [1, 2].
Liest man die voranstehenden Zeilen, extrapoliert man den richtungsweisenden Appell

in die Zukunft, dann könnte man meinen, MIESCHER wäre bei Kenntnis der MENDELschen Experimente fähig gewesen, die richtigen Schlußfolgerungen aus seiner Entdeckung der Nucleinsäuren zu ziehen. Doch MIESCHERS Entdeckung trifft eine unvorbereitete Zeit, die sich — wenn überhaupt — mit der Bedeutung der Eiweißkörper für die Lebensvorgänge herumplagt und zwischen „vis vitalis" und physikalisch chemischen Erklärungs- und Deutungsmechanismen der Lebenserscheinungen hin und her gerissen wird. Der Satz vom „Leben als der Daseinsweise der Eiweißkörper" ist der wohl prägnanteste und profilierteste, weit in die Zukunft gedachte Satz. Der ihn formuliert, ist ein Philosoph, und noch lange werden Chemikergenerationen Schwierigkeiten haben, diese — wie man meinen könnte — Worte des 20. Jahrhunderts voll zu erfassen. MIESCHER aber hat seine Gedanken an zu ferne Horizonte gehängt. Seine Zeit bemerkt weder ihn noch sein mit Engagement vorangetriebenes Programm. Seine Veröffentlichungen werden zunächst auf Eis gelegt. Als sie erscheinen, weiß man nichts rechtes damit anzufangen. Zu groß auch ist die methodische Lücke, die Hypothese zu überprüfen. MIESCHER scheitert — zerrissen von seinem großen Programm und der Kleinkariertheit dessen, dem er sich zu unterziehen hat. Mit MIESCHER sinken auch die von ihm entdeckten Nucleinsäuren wieder in die Vergessenheit zurück [1, 2, 3].

Während MIESCHER eher unbemerkt endet, erkennen WEISMANN, STRASBURGER, KÖLLICKER und HERTWIG das Chromatin als Träger der Erbeigenschaften. Die MENDELschen Vererbungsregeln und die Grundlagen einer Chromosomentheorie werden die Hirne von Biologengenerationen des zwanzigsten Jahrhunderts beschäftigen. Mit der Auffindung von Nucleinsäuren als essentieller Bestandteil der Chromosomen rückt MIESCHERS Ausgangsproblem — losgelöst aber von seiner Person — wieder etwas in den Mittelpunkt der Aufmerksamkeit. 75 Jahre nach MIESCHERS Entdeckung leitet AVERY — mit 67 Jahren eher gegen das Ende seiner wissenschaftlichen Laufbahn — die Wiedergeburt der Nucleinsäuren ein. AVERY u. Mitarb. beweisen mit der DNA-vermittelten Transformation einer nicht pathogenen in eine pathogene Pneumokokkenart die Äquivalenz des bakteriellen „transforming principle" mit DNA: "The evidence presented supports the belief that a nucleic acid of the deoxyribose type is the fundamental unit of the transforming principle of Pneumocuccus Type III". Doch auch AVERY scheint noch einmal das Schicksal MIESCHERS teilen zu müssen. Nur wenige sehen seine Folgerungen als beweiskräftig an. Viele halten seine DNA-Präparationen für kontaminiert mit anderen zellulären Komponenten, wie zum Beispiel den immer noch mehr geliebten Proteinen [4, 5].

Einer, bei dem die Idee zündet, ist CHARGAFF. Später schreibt er: „Diese Entdeckung, die mit einem Schlage eine Chemie der Vererbung möglich und die Nucleinsäurenatur der Gene wahrscheinlich machte, hat sicherlich damals auf einige — nicht auf viele — einen Eindruck gemacht, aber wahrscheinlich auf niemand einen tieferen als auf mich. Denn ich sah vor mir in dunklen Umrissen die Anfänge einer Grammatik der Biologie ... AVERY gab uns den ersten Text einer neuen Sprache, oder richtiger, er zeigte uns, wo wir ihn zu suchen haben. Ich nahm mir vor, diesen Text zu suchen" [6, 11, 356].

CHARGAFF stößt alte, nichtssagende und falsche Theorien über die Zusammensetzung der DNA — wie etwa das sehr simple Tetradenmodell — um. Doch er muß es durch ein kompliziertes Rätsel ersetzen. In seinen Worten lautet es: „Wenn wir die Gesamtformel eines DNA-Moleküls als $(A_mG_nC_oT_p)$ schreiben, — so finden wir in vielen verschieden zusammengesetzten Nucleinsäurearten, daß die Werte m und p gleich sind, ebenso die Werte n und o, und daß auch die Summen (m + n) und (o + p) einander gleichen wie auch die Summen (m + o) und (n + p)." Später detaillierter ausgedrückt: „„... sind die DNA-Bestandteile also wie folgt gekuppelt: 1. Adenin mit Thymin, 2. Guanin mit Cytosin, 3. Purine mit Pyrimidinen, 4. die chemisch als 6-Aminoderivate klassifizierten Verbindungen (Adenin und Cytosin) mit den 6-Oxoderivaten (Guanin und Thymin)". Nachträglich erscheint die „Komplementarität" CHARGAFFS als das Primäre, das „base pairing" WATSON und CRICKS bei unfreundlicher Auslegung als das Plagiat. Doch zwischen beiden liegt der Weg von der abstrakten Formelzuordnung zum konkreten Modell, gähnt die Kluft zwischen den limitierten Möglichkeiten der Beschreibungen auf Grund abstrakter analytischer Details und dem neuen Ufer theoretischer Folgerungen auf Grund einer stimulierenden Struktur [6, 11, 353—356].

Drei Arbeitskreise, der des „großen" PAULING in den USA, zwei englische: nämlich das Labor RANDALLS am King's College in London und BRAGGS Labor in Cambridge werden in einer Dreieckpolarität sich gegen- und wechselseitig über diese Kluft vorwärtstreiben. PAULING hat mit seiner α-Helix den Weg gewiesen, jener α-Helix, die er mit einer etwas großzügigen Reflexinterpretation und mit dem Vorzug des Wissens um die planare Anordnung der Amidgruppen BRAGGS Labor „wegnahm". Er wird mit eben solchen kleinen chemischen Fehlern, wie sie seinen früheren Proteinkonkurrenten unterliefen, an der Nucleinsäuredeutung selbst scheitern. Er wird nicht beachten, daß sie eine „dissoziierte" Säure ist, und er wird in Unkenntnis der „Geheimformeln" CHARGAFFS ein Modell bauen, das zwar für wenige Stunden für WATSON und CRICK Welten einzureißen scheint, das sich aber eben anhand der Trugschlüsse und eines kleinen Nichtwissens als falsch herausstellen wird [4—25].

Ganz zuletzt wird es eine englische Angelegenheit zusammen mit einem zugereisten Amerikaner sein. Das King's College wird die saubere experimentelle Fundierung liefern. Gestützt auf ASTBURY werden WILKINS und FRASER auf der Grundlage der erstklassigen Aufnahmen von FRANKLIN bis zu einem Dreistrangmodell mit nach innen gerichteten, H-Brücken-verbundenen Nucleobasen und nach außen gerichteter Polyesterstrangkette gelangen. Nur die Basenmuster werden noch zu interpretieren sein. Doch während dies an der Geometrie der Fiberaufnahmen zu scheitern scheint und mit CHARGAFFS Formeln nicht zu vereinbaren ist, kämpfen sich ein besessener junger Biologe, der bereit ist, einen geebneten vorgezeichneten Lebensweg seiner Idee wegen in Frage zu stellen, und ein erfahrener Helixexperte, der seine ungeschriebene, überfällige Doktorarbeit vergessen wird, über Röntgenanalysenbeschaffungen etwas außerhalb der Legalität, über Vergessenes und Wiedererinnertes, über CHARGAFFS Formeln und die Vieldeutigkeiten möglicher Geometrien, über die Möglichkeiten und Alternativen identischer oder komplementärer Replikation, über weiterführende Anregungen GRIFFITHS und eigene Fehlversuche hin zu jenem Augenblick, da die langen Mühen der vielen vor ihnen zusammen mit ihren eigenen in das neue Bild umschlagen: "Though I initially went back to my like-with-like prejudices, I saw all to well that they led nowhere. When Jerry came in I looked up, saw that it was not Francis and began shifting the bases in and out of various other pairing possibilities. Suddenly I became aware that an adenine-thymine pair held together by two hydrogen bonds was identical in shape to a guanine-cytosine pair" [12].

„Die" Struktur wird der Chemie etwas von langer entbehrter Ästhetik geben. DELBRÜCK wird meinen, daß es sehr unwahrscheinlich sei, daß die Natur von der schönen Erfindung der Herren WATSON und CRICK keinen Gebrauch gemacht haben könnte. Und nach den letzten Mühen abschließender Modellbauereien werden die Autoren diese

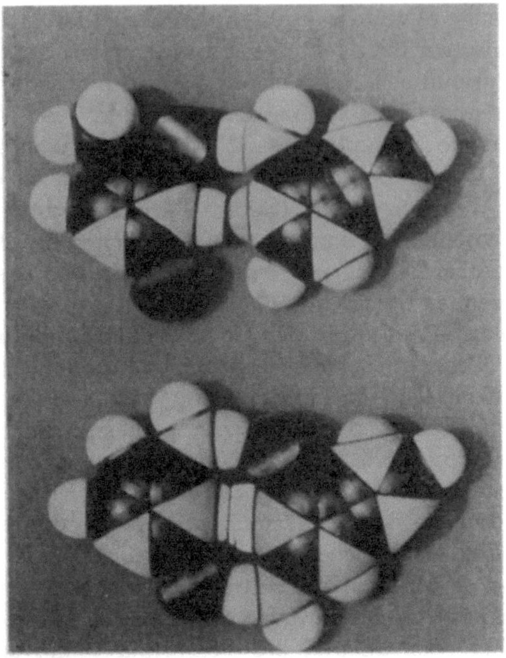

Die identischen Helix-Geometrievoraussetzungen der Thymin/Adenin- bzw. Cytosin/Guanin-Paare in CPK-Kalottendarstellung.

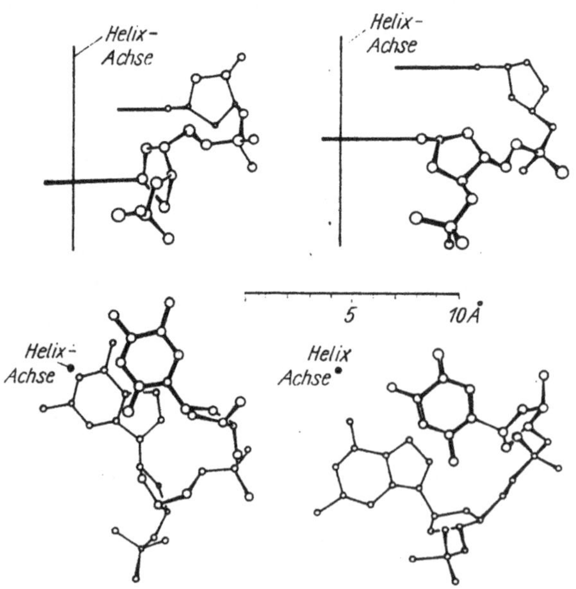

Die WATSON/CRICK-Interpretation der B-DNA-Struktur war auf Anhieb zu einem bemerkenswerten Grad richtig.
Links ein bereits verfeinertes Modell nach LANGRIDGE u. Mitarb. in der Gegenüberstellung mit der ursprünglichen WATSON/CRICK-Darstellung nach M. F. PERUTZ [29].

Struktur, die ein „goldenes Zeitalter“ der Molekularbiologie einleiten wird, mit dem understatement: “It has not escaped our notice that the specific pairing we have postulated immediately suggests a possible copying mechanism for the genetic material” auf die Reise schicken [7, 8, 9, 12, 353—356].

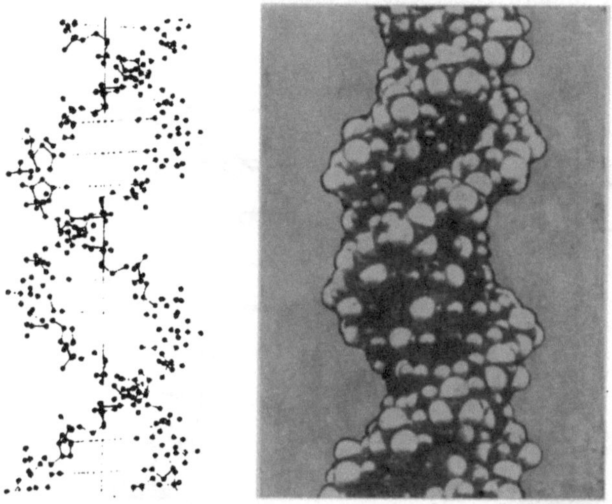

Die B-DNA in Courtauld-Kalotten- und Schemazeichnungs-Gegenüberstellung nach M. H. F. Wilkins [26].
Die beiden Ausschnitte entsprechen sich direkt.
Man erkennt deutlich die kleine und große Furche im Windungsbild der beiden antiparallelen Helices.

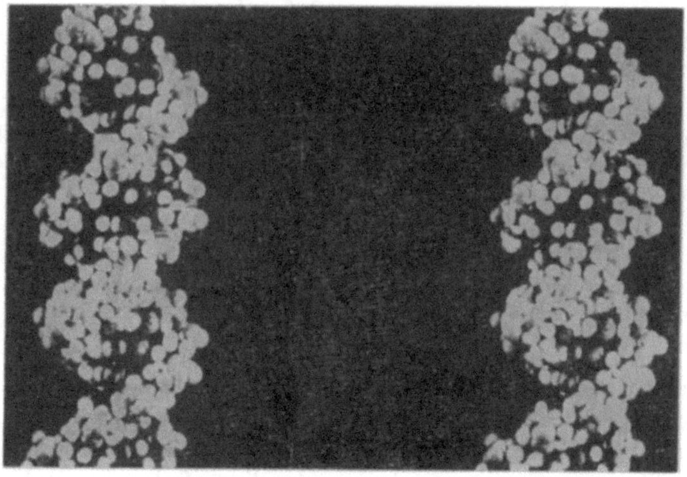

B-DNA in CPK-Stereowiedergabe
(modifiziert nach Church u. Mitarb. Proc. Nat. Acad. Sci U 74 (1977) 1458)

Doch die erste Tragik, die MIESCHERS Rolle überschattete, wird auch in die Endphase des Weges hinüberreichen. In der großen Anerkennung wird eine jener Besessenen fehlen, ohne die dies alles zumindest etwas länger gedauert hätte. Kein Nobelpreis wird Rosalind FRANKLIN ehren, die die Geburt des aus ihren Aufnahmen abstrahierten Modells nicht lange überlebt. Aber vielleicht konnte ihre Rolle bei alledem keiner besser würdigen als der andere Besessene in seinem Rückblick: "the double helix" [1—13, 16, 353—356].

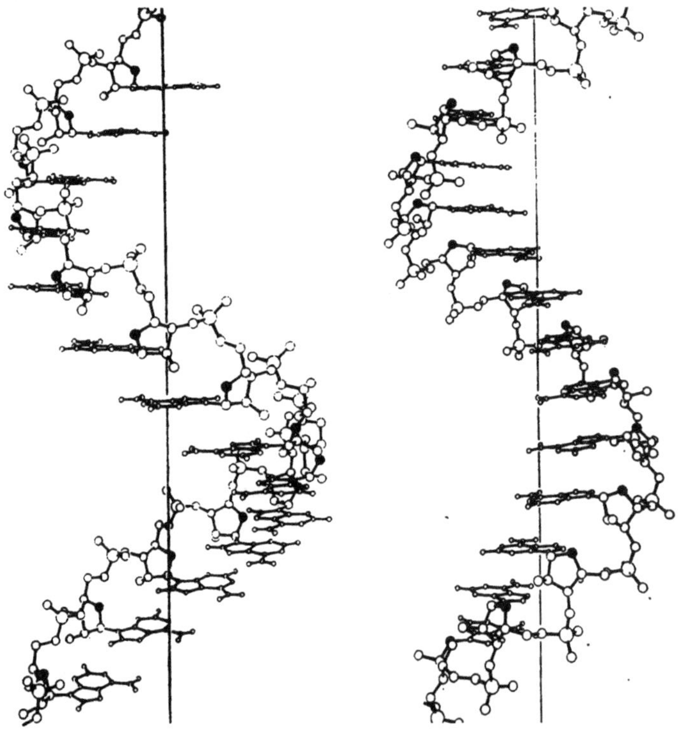

Die bessere Basenüberlappung und die günstigeren VAN DER WAALS-Kontakte favorisieren bei Nucleinsäuren allgemein rechts-gegenüber linksgängigen Helices. Hier am Beispiel einer RNA nach YATHINDRA u. SUNDARALINGAM (Nucleic Acids Research 3 (1976) 729)

Ein Angelsachse mag für eine Gesamteinschätzung am prädestiniertesten sein. EDLIN formulierte es so:

"The elucidation of the molecular structure of DNA by WATSON and CRICK in 1953 was an epochal discovery comparable to DARWINS theory of natural selection in that both discoveries irrevocably altered our view of living systems. Knowing the structure of DNA opened the way to a fundamental understanding of the chemical nature of the hereditary material and to the posing of such basic genetic questions as the mechanisms governing chromosomal replication, genetic recombination and mutation. ...

... with the publication of the WATSON-CRICK modell, DNA was accepted universally as the genetic material. Genes, which hitherto had been abstract units of inheritance now became defined sequences of purine and pyrimidine bases along the DNA chain. The unique achievement of the WATSON-CRICK model was that it was correct in all respects: the helical structure of the molecule, the number of strands and the nature of the basepairing, and the hydrogen bonds, which hold the two strands together" [23].

Der erste evolvierende Informationsspeicher und sein Zugriffsmechanismus hatte Zeitökonomie über Speicherkapazität zu stellen. Der selektive Vorteil der Schnelligkeit der

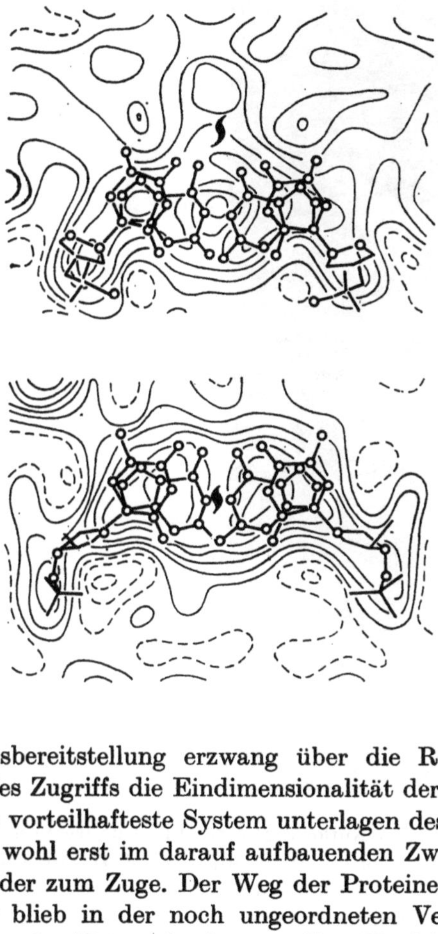

Verfeinerungs- und Anpassungsstrategien an Phasen und Elektronendichten von B-DNA-Strukturen.
Zwei Passungen nach S. ARNOTT [112] von oben nach unten im Sinne verbesserter Passungen.

Informationsbereitstellung erzwang über die Reduktion potentieller Wegdimensionierungen des Zugriffs die Eindimensionalität der Zeichenanordnung. Im ersten Wettlauf um das vorteilhafteste System unterlagen deshalb die Proteine den Nucleinsäuren und kamen wohl erst im darauf aufbauenden Zweig des evolvierenden Zentralnervensystems wieder zum Zuge. Der Weg der Proteine von der Katalyse zur Informationsspeicherung blieb in der noch ungeordneten Verzweigungsbereitschaft unhandlicher dreidimensionaler Netzwerke hängen. Den Nucleinsäuren gelang es, von noch proteinähnlich katalysefähigen extrovertierten RNA-Formen den introvertierten Informationsspeicher der DNA zu erreichen. Während diese dann immer mehr zum eher passiv zu handhabenden Speichersystem entartete — für seine Handhabung erwiesen sich Proteine zunehmend als nützlich — blieb den älteren RNA-Formen die ursprüngliche Zwitterstellung zwischen Informationsspeicher und Katalysefunktion erhalten. Sie spiegelt sich heute in den noch längst nicht voll durchschauten Entstehungs- und Regiemechanismen von messenger-, transfer- und ribosomaler RNA, daneben aber auch im

Überleben von Nucleotid-Monomeren und -Oligomeren in wichtigen Katalysezentren essentieller Enzymsysteme, innerhalb der evolvierenden Hormonhierarchie und endlich im Energiespeichersystem der Lebensprozesse [1—502].
Das dialektische processing all dieser Trends — zusammen mit den Funktions- und Informationsambitionen der Proteine — schließlich ließ den abstrakten Simulator des

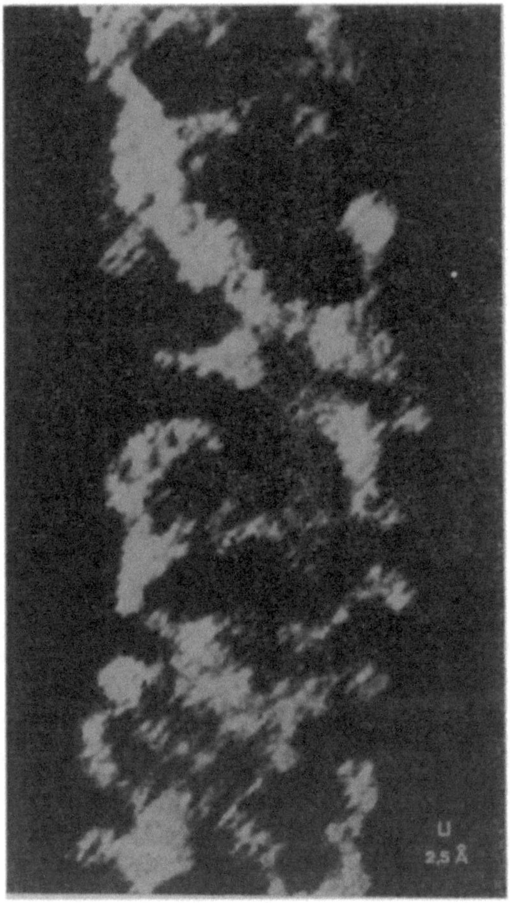

Die elektronenmikroskopische 5 Å-Auflösung! eines fd-Virus (scanning-Elektronenmikroskop nach A. V. CREWE) von G. W. STROKE u. M. HALIOUA durch „holographic image sharpening) bis gegen 2,5 Å vorgetrieben.
Die direkt sichtbar gemachte Doppelhelix? [28].

Zentralnervensystems entstehen, der sich auf Grund der zeitlich vorgeschalteten Ordnungsstrategie mit sehr viel größerer Erfolgserwartung der Dreidimensionalität der Konstruktion wieder zuwenden könnte. Nach der Beherrschung des schnellen Zugriffs konnten die Selektionsvorteile von Raumangebot, Speicher- und Operationskapazität nunmehr voll zur Wirkung kommen. Sind unsere heutigen — allerdings sehr unvollkommenen — Anschauungen nur in etwa richtig, dann beinhaltet unser Zentralnervensystem tatsächlich die Erweiterung der Dimension über die Zweidimensionalität einfacher Membranstrukturen hin zur gerichteten und optimierend funktionalisierten Domänenlenkung von RNA/Protein-Phasen dreidimensional gestalteter Anordnungs- und Funktionsnetzwerke [333–350].

Das alte Prinzip der Variationen zwischen hydrophil und hydrophob ist in den Nucleinsäuren dramatischer gesteigert als in den Proteinen. Während Proteine zwischen hydrophoben und hydrophilen Seitenketten ein feindifferenziertes Instrumentarium abgestufter schwacher Wechselwirkungen zwischen „Wasserliebe und Wasserhaß" entfalten, sind diese Alternativen in den Nucleinsäuren härter, betonter modelliert. Der aktiv durch modifizierte π-Elektronenwechselwirkungen unterschiedlicher Heterogenitätsmuster und passiv durch hydrophobe Bindungsmechanismen zusammengeschweißte Basenstack wird über konformativ in Grenzen bewegliche und manövrierfähige Zuckerstrukturen in eine Polyesterkette gehängt, deren Phosphatgruppierungen mit betont auseinandergespreizten negativen Ladungszonen sowohl die innere Stabilität des Systems wie auch nach außen in polare Umgebungsstrukturen gerichtete Wirksamkeiten manipulieren können [26–38, 351–391].

Auch hier sind Struktur/Funktions-Muster sinnvoll korreliert. Dominiert für das Informationsmolekül die Eindeutigkeit von Signalgebung und Signalerkennung das Spektrum zweitrangiger Aspekte, so haben Funktionsmoleküle abgesehen von der angestrebten Eindeutigkeit ihrer Spezifitätszuordnungen die gleitenden Übergänge von Funktionsmanipulationen zu sichern. Die insgesamt durchsichtiger gerichteten Funktionsmuster entspringen betonteren Strukturvoraussetzungen. Wollte man Membranen, Proteine und Nucleinsäuren unterschiedlich farbig modellieren, so würde man Mosaiks von Grautönungen über diffizile Aquarellierungen in harte Ölfarbenkonturen zu übersetzen haben. Wollte man es ins akustische übersetzen, so spielen die Nucleinsäuren in Nucleoproteinsystemen eher die Dominanten der großen Untergrundmelodie, beide leer in der Aussage absoluter Wahrnehmung, sinnvoll allein in wechselseitiger Bedingtheit und kooperativer Ergänzung. Erst das dialektische Wechselspiel von eher angestrebter beharrender Statik auf der einen und vorwärtsdrängender dynamischer Flexibilität auf der anderen Seite im Netzwerk unterschiedlicher Matrizenzuordnungen ließ den großen Prozeß zwischen diesen Extremen und ihrer wechselseitigen, richtungsgetriebenen Bedingtheiten möglich werden. Der Lebensprozeß evolvierte im vektoriellen Spannungsfeld beider Dominanten.

1.1. Die Basenschrift

Das genetische Alphabet der heutigen Natur umfaßt ganze vier bzw. später fünf Nucleobasen. Damit ist nicht gesagt, daß dies von allem Anfang so hat sein müssen. Es gibt eine ganze Reihe von Spekulationen, nach denen beispielsweise die besonderen Umstände der präbiotischen Erdverhältnisse Thioanaloge begünstigt haben könnten. Weitere Denkschemata gehen davon aus, daß möglicherweise ursprünglich allein Purinbasen — etwa Adenin und Hypoxanthin — die Rolle der ersten Buchstaben spielten und die Hereinnahme der Pyrimidinsymbole Angelegenheit nachfolgender Entwicklungen war [7, 26, 27, 29–38, 70, 118–119, 520, 521].

Die bisweilen recht krausen Basenmodifizierungen, die uns in heutigen tRNA- bzw. zum Teil auch rRNA-Systemen begegnen, sind ihrer Herkunft nach wohl noch schwerer

einzuordnen. Für unsere heutigen RNA-Strukturen scheint es eher ein Akt nachträglicher funktioneller Kostümierung der Basensymboliken vorgegebener Ausgangsmuster [316—332, 455—474].
Was grundsätzlich überlebt und uns heutigen überkommen ist, sind eben jene von Watson nach so vielen vergeblichen Denkansätzen und Bemühungen schließlich irgendwo aus dem Unterbewußtsein „gesehenen“ beiden Basenpaarungen von Guanin und Cytosin bzw. Adenin und Thymin, welches sich in den RNA-Strukturen durch Uracil

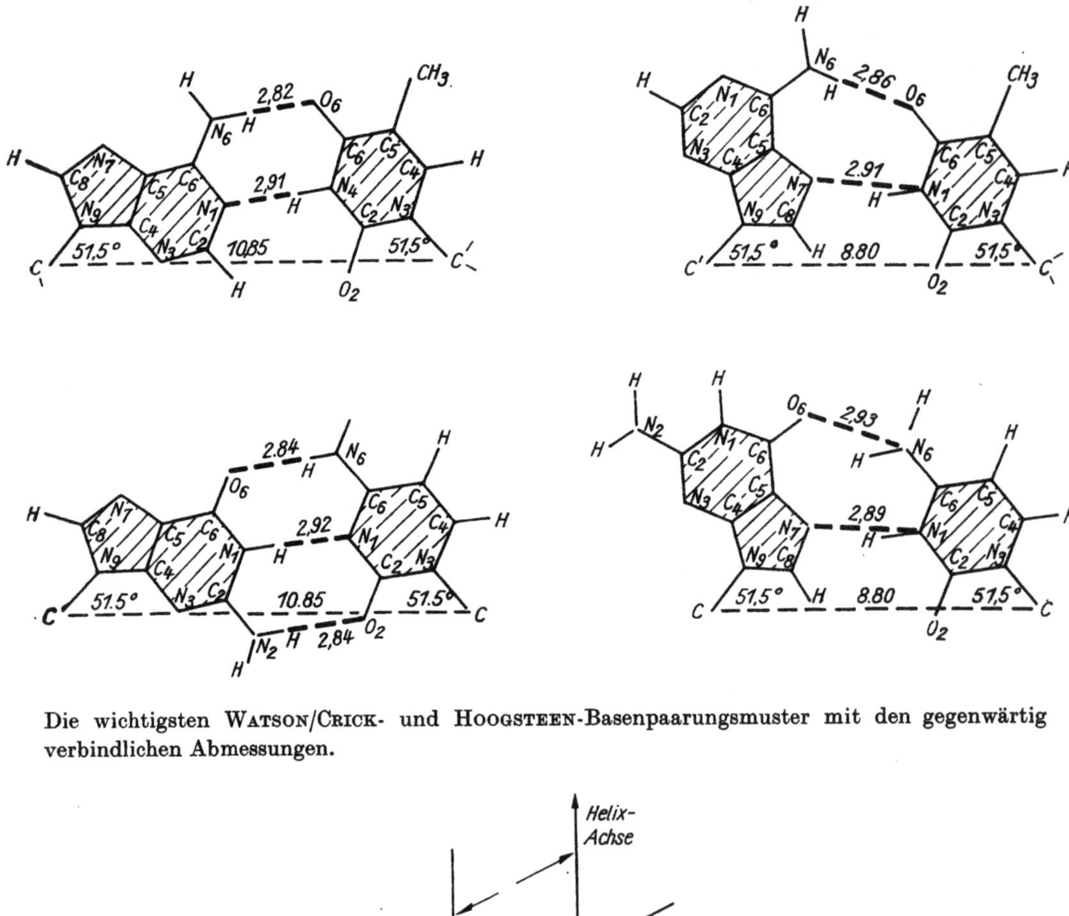

Die wichtigsten Watson/Crick- und Hoogsteen-Basenpaarungsmuster mit den gegenwärtig verbindlichen Abmessungen.

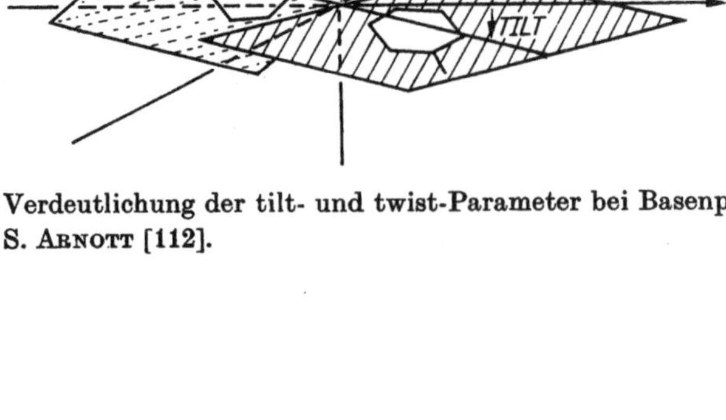

Verdeutlichung der tilt- und twist-Parameter bei Basenpaarungen, modifiziert nach S. Abnott [112].

vertreten läßt. Beiden Paarungen gemeinsam ist die besondere Geometrie, die ihre zwanglose Einordnung in die hohen Symmetrieanforderungen eines Makromoleküls ermöglicht und gleichzeitig einen ungehinderten Informationsaustausch gestattet. Schaut man sich den Basissatz dessen einmal durch, was präbiotisch der Natur für ein solches Selektionsverfahren zur Verfügung stand, so ist bisher kaum eine weitere

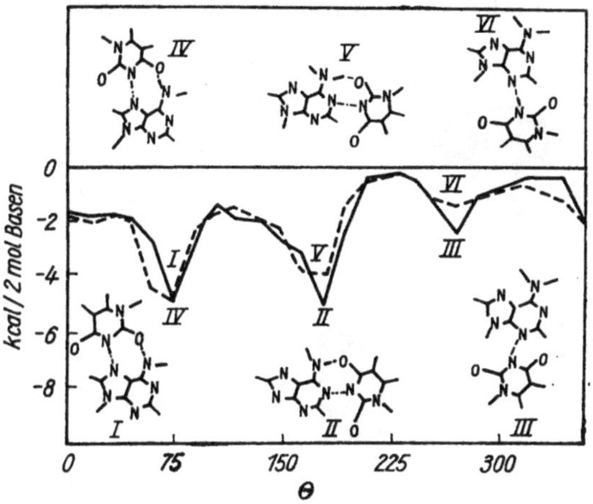

Basenpaarungs-Energieminimierungen
Potentielle Energie-Kurven für Uracil-Adenin-Basenpaarungen auf der Grundlage von Monopol/Monopol-Wechselwirkungen nach H. A. NASH u. D. F. BRADLEY [64].

CCl_4 / C_6H_6	U	A	C	G
U	15 / 45	550	<50	$<10^3$
A	150	8 / 22	<50	$<10^3$
C	<28	<28	28 / 50	$>10^4$
G	$<1{,}2 \cdot 10^3$	$<1{,}2 \cdot 10^3$	$3 \cdot 10^4$	$1{,}2 \cdot 10^3$ / $\sim 10^3$

Stabilitätskonstanten für mögliche Basenpaarungen von 2′,3′,5′-substituierten Ribonucleosiden bei 25 °C in unpolaren Medien nach M. EIGEN [60].

Möglichkeit zu entdecken, die noch hätte durchgespielt werden können, weder im zur Verfügung stehenden Basensatz noch in seiner horizontalen H-Brückenvernetzung [172].

Es hat nach der Aufstellung des WATSON/CRICK-Modells nicht an Versuchen gefehlt, Schwächen dieser Strukturierung aufzudecken und nach Möglichkeit noch etwas besseres an ihre Stelle zu setzen. DONAHUE u. Mitarb. stellten einen Katalog von zunächst

26 Basenpaarungsmustern zusammen, der sich schließlich, als HOOGSTEEN eine weitere spezifische, und besonders in Adenin/Uracil- bzw. Adenin/Thymin-Co-Kristallisaten weitverbreitete Basenpaarung entdeckte, um nochmals drei auf schließlich 29 erweiterte [7, 10, 26, 27, 29—38, 57—59, 70, 97, 98, 110—133, 351—356].
Keine von all diesen Möglichkeiten hat den ursprünglichen WATSON/CRICK-Ansatz hinsichtlich optimaler Erfüllung aller strukturellen und funktionellen Erfordernisse bisher ernsthaft in Zweifel ziehen oder gar verdrängen können. Immerhin sollte man

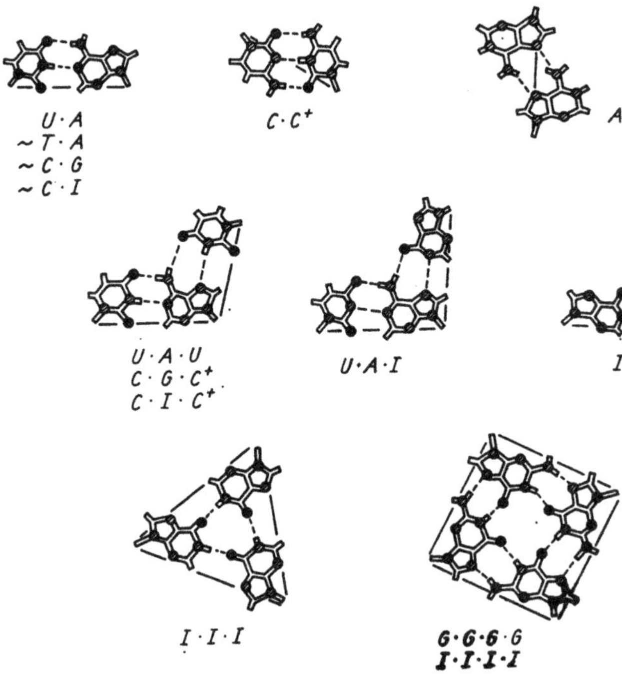

Eine Auswahl prominenter Basenpaarungen zwischen Realität und teilweiser Spekulation.
"Why is Guanosine so different?" fragte W. GUSCHLBAUER [93].

sich jedoch darüber im klaren sein, daß die DNA zwar aus dem Stadium einer reinen Hypothese über die Zwischenphase der „meistgeliebten Übereinkunft", so etwas wie das Kriterium einer schon recht gut abgesicherten Theorie erreicht hat, andererseits aber niemand gegenwärtig in der Lage ist, die Struktur mit letzter Sicherheit schlechthin als „wahr" zu bezeichnen.
Im Gegensatz zu den zu hoher Auflösung vorgetriebenen Protein-Röntgenstrukturanalysen hat sich die Entwicklung im analogen Gebiet der Nucleinsäuren von Anfang an sehr viel schwerer getan. Die bei den Proteinen so erfolgreiche Methode der Phasenfestlegung mittels isomorpher Vertretungen durch Schwermetalle scheiterte bei den hochmolekularen DNA- bzw. RNA-Strukturen an der Veränderlichkeit dieser Systeme durch die Schwermetallbehandlung. Der nur parakristalline Habitus der Faserstrukturen setzte schließlich Auflösungsbemühungen eine sehr viel vorzeitigere Grenze als

Wichtige Basenpaarungsmuster in Courtauld-Darstellung:

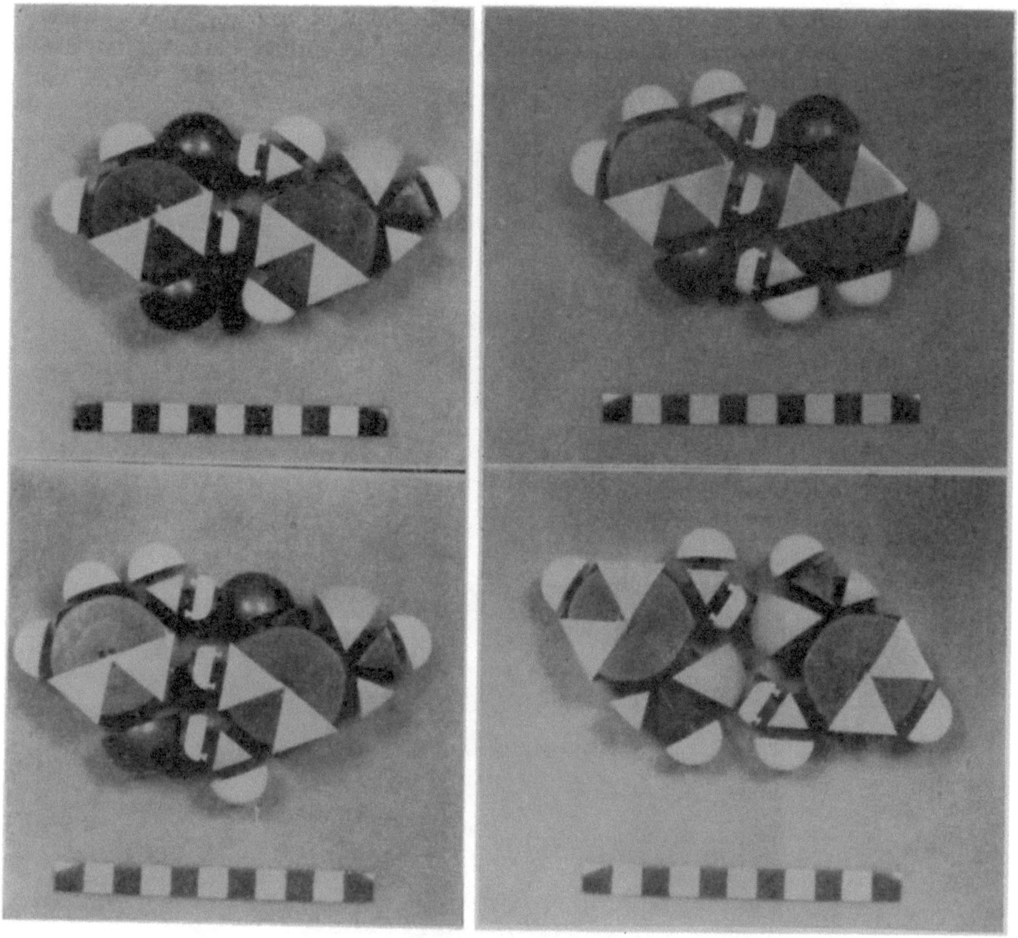

links: „U · A“ und
„C · G“ —
die identischen Geometrieeinpassungen der WATSON/CRICK-Paarungen [7, 8].
rechts: „C+ · C“ und
„A · A“ Basenpaarungen
von Homopolynucleotiden, die durch partielle Protonierung stabilisiert werden [30, 58, 59, 70, 97].

den Proteinaufklärungen. Das ganze war eigentlich nur dadurch wissenschaftlich aus dem Status einer zwar kühnen, attraktiven und einschmeichelnden, nichtsdestoweniger aber letztlich unbewiesenen Hypothese zu lösen, daß sich die Freiheitsgrade intramolekularer Beweglichkeiten von Monomeren und Polymeren als sehr weitgehend analogisierbar erwiesen. Nucleoside und Nucleotide zeigten sich in ihren Anordnungsmustern zumeist von den Erwartungen und Anforderungen des Polymerverbandes nicht so sehr weit entfernt, so daß die Sammlung eines großen und hinsichtlich der Atomfestlegungen inzwischen durchaus überzeugenden Untersuchungsmaterials im Monomerenbereich eine ziemlich lückenlose Extrapolation auf die Makromolekülverbände zu ziehen gestattet. Wenn es auch wenig wahrscheinlich sein mag, daß dieses

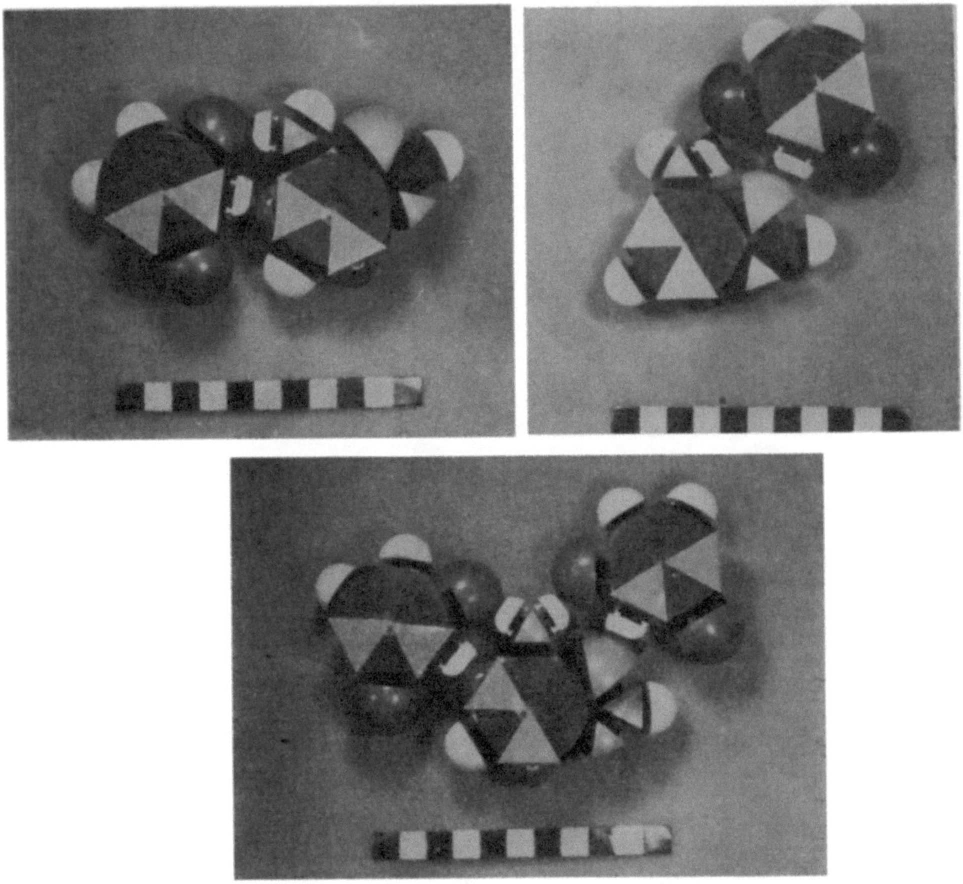

„A · U“ in Watson/Crick- [8] und Hoogsteen-Paarung [10] — kombiniert zum U · A · U-Triplexmuster nach Felsenfeld, Davies und Rich [57, 58, 70], sowie Arnott u. Bond [119]. Spekulationsobjekt innerhalb der Triade von Virologie, Onkologie und Immunologie bis hin an die Engrammechanismen des ZNS [119, 171—215, 336, 338, 339, 341, 342, 345].

Material in der Zukunft noch einmal durch andere DNA/RNA-Strukturmodelle als die jetzt herkömmlichen besser interpretiert wird, so werden doch die Versuche, die Doppelhelix Watson/Crickscher Prägung von ihrem Sockel zu stoßen, nicht so bald enden. Immerhin kündigte ein recht renommiertes Journal unlängst einen solchen Versuch mit den Worten: „Ist nichts mehr heilig?“ an, — und darin liegt vielleicht die beste Charakterisierung der Gesamtsituation [57—59, 70, 78—133].

Betrachtet man — unabhängig von der Ausräumung letzter Zweifel an ihrer Richtigkeit — die WATSON/CRICK-Basenmuster hinsichtlich ihrer Eignung für Sender/Empfänger-Beziehungen — und wenn man einmal abstrahierend so will — für einen Informations-„Kanal" in einem einzigen geometrischen Formenguß, so erscheint damit tatsächlich ein recht optimales Zuordnungssystem erreicht [172].

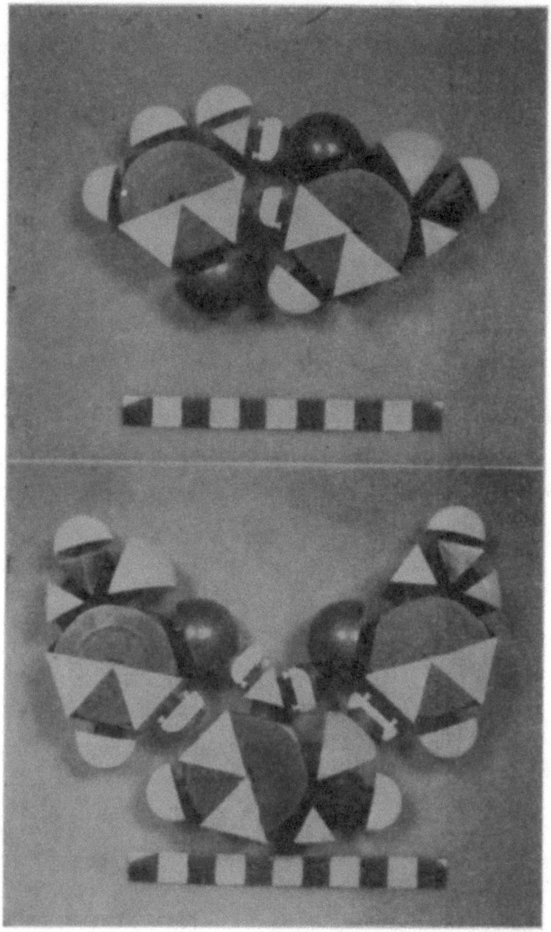

„C · I" und „I · A · I". Poly(I) · Poly(C) ist ein potenter Interferoninducer [176—182].

Die H-Brückenfixierung gestattet einen fein abgestuften, differenzierten Erkennungsvorgang. Die besondere Basenpaar-Geometrie ist durch andere Strukturelemente in beliebig kovalenten oder auch nicht kovalenten Bindungsmustern überraschend schwierig zu imitieren, eine der notwendigen Voraussetzungen jedes evolvierenden Informationsübertragungssystems, Fehlübermittlungen zu vermeiden und nach Möglichkeit völlig auszuschließen. Das relativ flexible Anpassungssystem der H-Brücken innerhalb

Basenpaarungsspekulationen nach S. McGavin [127—129].

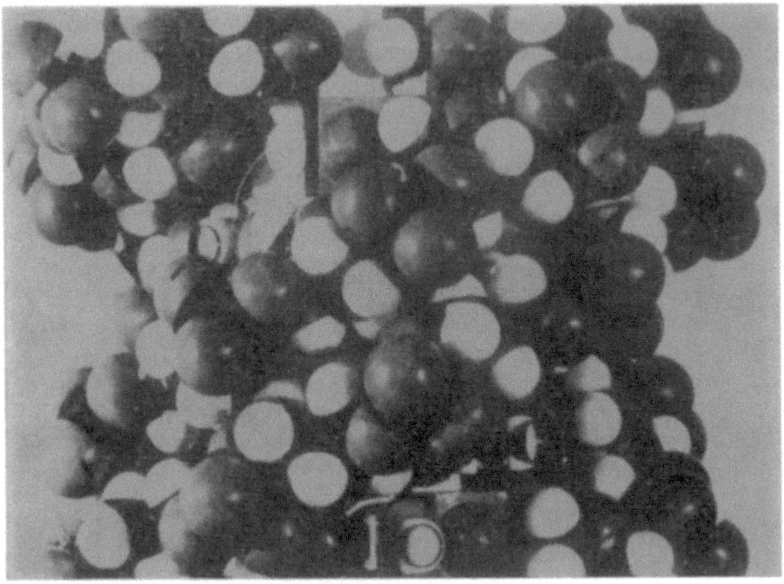

Zwei Doppelhelices nach Watson/Crick in einen kompakten Quadruplex ineinandergeschoben. Spielt die sterisch mögliche Anordnung in komplexen Polynucleotidstrategien eine Rolle?

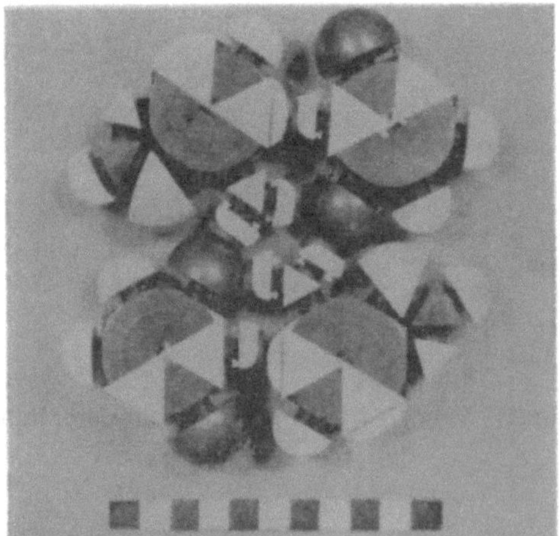

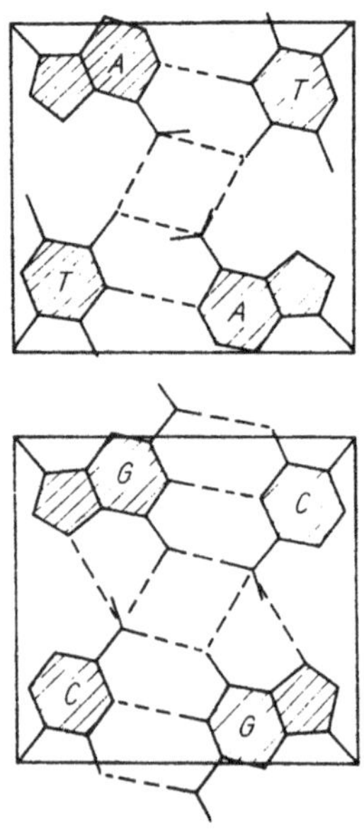

Schema der hypothetischen Basenpaarungen und ihrer Courtauld-Verdeutlichung für ein „U · A-Dimer“.

relativ starrer exklusiver Geometriezuordnungen hält den Informations„kanal" rauscharm [57—63, 143, 144, 237].
Die horizontalen H-Brückenerkennung und -vernetzung wird durch vertikale Basenstapel-Stabilisierungen ergänzt, die — bis heute hinsichtlich ihrer Kräftemuster keineswegs voll geklärt — sicher einen bedeutenden, wenn nicht den entscheidenden Beitrag zur Stabilisierung der Helix, zumindest aber ihres hydrophoben Basen-stacks liefern.

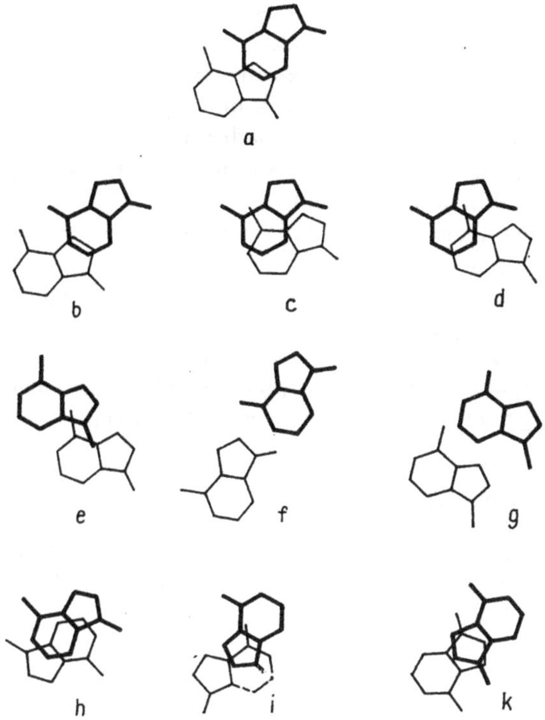

Die wiederkehrenden stack-Muster:
A-stacks unterschiedlicher Herkunft — ähnlicher Deckungsgruppierungen nach S. Hoffmann u. Mitarb. [174] auf Grund von Befunden nach [78—87].

Interpretationen der Bindungsmuster der rasterartig aufeinandergepaßten π-Elektronen-Heterogenitätsmuster reichen dabei von einfachen hydrophoben „Bindungen" bis hin zu den differenzierten Aktionspotentialen von Mono-, Di-, Quadrupolen, Dispersionskräften und was noch an Beschreibungsmustern für augenblicklich einfach nicht adäquat erschöpfend interpretierbare Wechselwirkungsphänomene aufgeboten werden mag. Sicher scheint nur zu sein, daß der horizontalen Spezifität der Basenerkennung eine nicht minder ausgesprochene vertikale Spezifität der Basenzuordnungen gegenübersteht, und zwar das erste für die Informationsweitergabe von Wichtigkeit, so dürfte der zweite Effekt die Buchstabenzusammenstellung zu Wortsymbolen maßgeblich beeinflußt haben. Soweit es die unmittelbare Indizierung der Aminosäuren betrifft, wissen wir heute, daß diese Worte — jeweils von gleicher Länge — Triplett-Basenanordnungen enthalten. Auch die Start- und Endsymboliken sind auf dieses Standardmaß einer allgemeinen Wortlänge festgelegt [60, 64—81, 97, 98, 118, 119, 127, 128, 133, 143—144, 171—179].

Sicher haben wir noch längst nicht alle Schleier dieser etwas rätselhaften Triplettstruktur gelöst. Geometriefragen mögen eine große Rolle bei ihrer evolutionären Durchsetzung gespielt haben. Manches andere könnte noch hineinspielen. Auf ein entscheidendes Kriterium konnte Eigen hinweisen. Diese Basentripletts stellen — zumindest für „Mischpaare" aus Zweier- und Dreier-H-Brücken wie auch für solche, die allein aus Zweierbrücken aufgebaut sind — das Funktions-Optimum zwischen Stabilität und Flexibilität, Klebrigkeit und Flüchtigkeit, Statik und Dynamik dar. Ein Dublettcode wäre insgesamt zu leicht verwischbar, ein Quadruplettcode zu umständlich zu handhaben. Die Evolution pegelte sich zwischen Spezifität und Schnelligkeit auf das Basen-Triplett als verbindliche Wortlänge ein [60].

Damit ist allerdings noch nichts über die Anordnung und Zusammensetzung der langen Folgen für uns bisher noch sehr undurchsichtiger Signalsequenzen vorweggenommen, die die DNA- und RNA-Strukturen der Organismen in direkter Abhängigkeit vom Stande ihrer Evolution und Komplexität in immer größerem Umfang begleiten. Hier scheinen monotone Sequenzen und andere komplexe Regulationsarten zwischen „unique" und „repeated" Folgen übergeordnete Modulationen über die übersichtlichen Texte der Urschrift gelegt zu haben [7—27, 77, 175—215, 275—294, 351—521].

1.2. Das Stranginstrumentarium

Unterschiedliche vertikale und horizontale Heterogenitätsmuster differenzieren den Basen-stack, setzen Passungen und Zuordnungen innerhalb der Domänenmosaiks der hydrophoben Innenphasensäule.

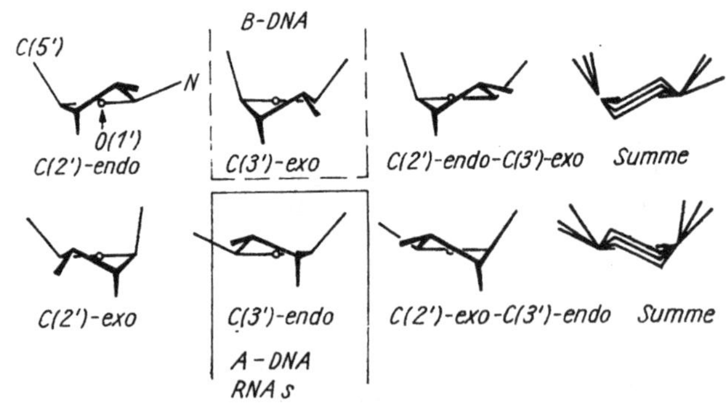

Konformationsfamilien von Ribose und Desoxyribose nach W. Saenger [95] (modifiziert).

Zwei Zuckerkonformationen sortieren Polynucleotide in die B-DNA bzw. in die A-DNA, 11- und 12-RNA-Helixstrukturen.

Während frühere Befunde für eine C2'-endo Konformation der B-DNA sprachen, interpretieren S. Arnott und D. W. L. Hukins letzte Verfeinerungen zugunsten einer C3'-exo-Anordnung. Für die A-DNA und die RNA-Palette ist es bei der C3'-endo-Anordnung geblieben [75, 78—99, 109—119, 142].

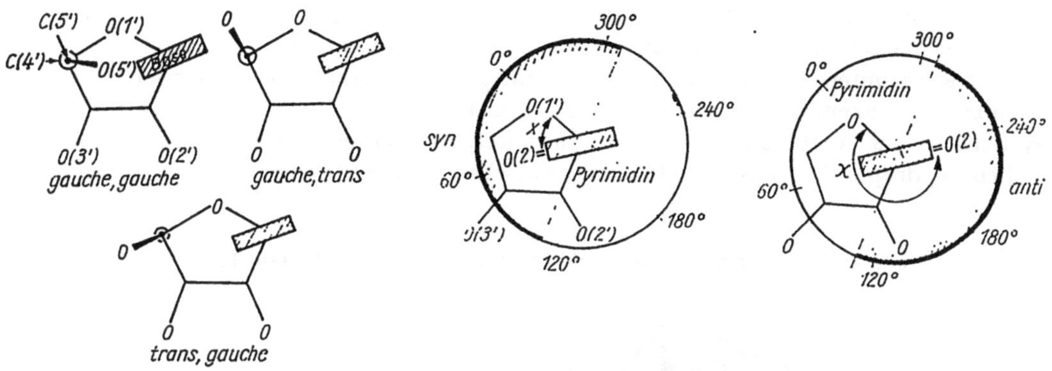

Eine Reihe von Vorzugskonformationen von Nucleosiden und Nucleotiden schafft für die Röntgeninterpretation von Polynucleotiden günstige Analogisierungsvoraussetzungen.
Die „Umschlag"konformationen C2'- und C3'-endo des Zuckerfünfrings kommen etwa gleich häufig vor. Die C3'-exo-Anordnung wurde bisher nur an wenigen Desoxyribonucleosiden beobachtet.
Die Bindung C5'-O5' kann relativ zum Zuckerring gauche/gauche-, gauche/trans- oder trans/gauche-Konformationen einnehmen. Im allgemeinen ist die gauche/gauche-Anordnung bevorzugt.
Die Rotation der Basen um die glykosidische Bindung ist hauptsächlich durch das endo-Proton von C2' behindert. Damit werden Nucleoside und Nucleotide in zwei Vorzugskonformationen bezüglich der Rotation um diese Bindung klassifiziert, die — je nachdem ob O(2) in Pyrimidin bzw. N(3) in Purin-Derivaten über der Zuckerebene liegt oder von ihr weg orientiert ist — mit „syn" und „anti" bezeichnet werden. Schema nach W. Saenger [95].

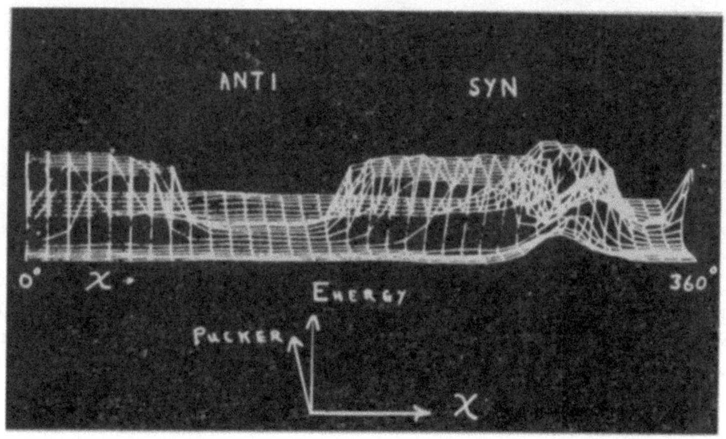

Computersimulationen von Energieprofilen von Adeninribonucleosid in Abhängigkeit von Faltungsmustern (pucker) des Riboserings und dem Diederwinkel χ (O(1')—C(1')—N(9)—C(4)).
Die anti- und syn-Minima der Potentialfläche korrespondieren mit χ von ca. 90 bzw. 270°. (Berücksichtigt wurden Nichtbindungswechselwirkungen, elektrostatische Bezüge und Spannungsterme.)
Schema nach P. J. Bond [75].

Das fleckenhaft polar schattierte Instrumentarium der das ganze in die kooperativen Verbindlichkeiten zweier ineinandergreifender Helixverbände zwingende Stränge scheint seine unterschiedlichen Operationsstrategien im wesentlichen aus zwei Hauptfaltungsmöglichkeiten der Riboseringe zu beziehen, die — selbst Teil des Strangsystems — die Verbindung zwischen Phosphatpolyesterkette und Basenstapel herstellen, hydrophil/hydrophobe Grauzone zwischen den hydrophoben Basendomänen

cAMP — das augenblicklich wohl berühmteste Nucleotid [100—103]:

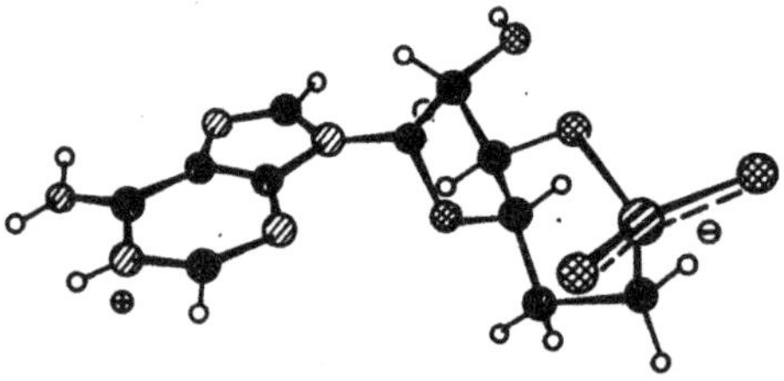

Röntgenstrukturinterpretation des 5'-Methylen-Analogen nach M. SUNDARALINGAM u. Mitarb. [100, 101].
Für das eigentliche cAMP liegt bisher leider noch keine Analyse in detaillierter Wiedergabe vor.
Sowohl das Methylenanaloge (oben in der syn-Form wiedergegeben) wie auch das cAMP zeigen syn/anti-Übergänge und Formen.

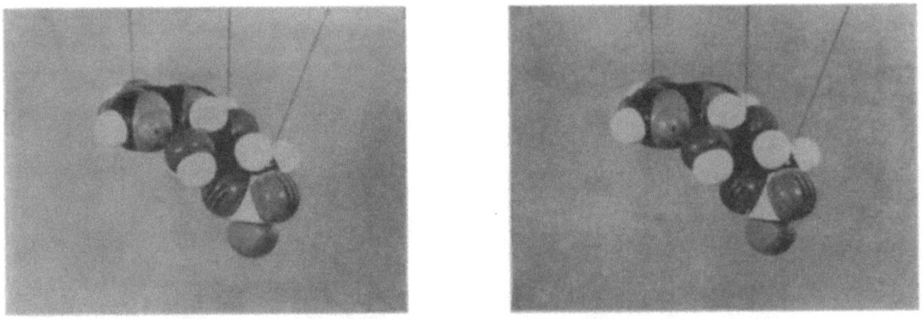

CPK-Kalottenwiedergabe des cAMP in einer den Anordnungsmustern von Polynucleotiden ähnlichen anti-Form. — Die Reduktion von Nucleotidfunktionalitäten auf den kleinsten gemeinsamen Nenner — Minidomänenspektrum von Polynucleotidambitionen zwischen Hydrophilie und -phobie.

des Inneren und der Reihung hydrophiler Zentren von Phosphatdominanten entlang der äußeren Strangwindungen. Ein Kranz wasserkontaktfreudiger Phasenmuster — abhängig im Geometriespiel vom Faltungszustand des Ribosefächers — das ganze ein System dynamisch ausgewogener Phasenbeziehungen in der Stabilisierung besonderer übergeordneter Domänenhierarchien zwischen hydrophil und hydrophob.
Zwei Faltungsmuster des Zuckers sortieren Nucleoside, Nucleotide sowie ihre Oligo- und Polymeren in zwei Familien: unterschieden durch eine Grundsatzorientierung am

Stack-Orientierungen von Nucleosiden und Nucleotiden in einer Drei-Typen-Einteilung nach W. D. S. MOTHERWELL u. N. W. ISAACS [91]:

Typ I: Das zweite Molekül innerhalb des stacks wird durch eine einfache Translationsoperation erhalten. Die Basen besitzen nur beschränkte Überlappungsbereiche — hauptsächlich infolge wechselseitiger Behinderung der Zucker.

Typ II: Die Moleküle lassen sich durch eine zweizählige Schraubenachse — senkrecht zur Basenebene — ineinander überführen. Die Zucker sind auf gegenüberliegenden Seiten des stacks angeordnet. Die Basenüberlappung ist stärker als unter I.

Typ III: Das Muster des stacks wird durch eine zweizählige (oder pseudozweizählige) Drehachse — parallel zu Basenebene — erzeugt. Die Basenüberlappungsbereiche sind in diesem Typ am ausgeprägtesten.

Beispiele:

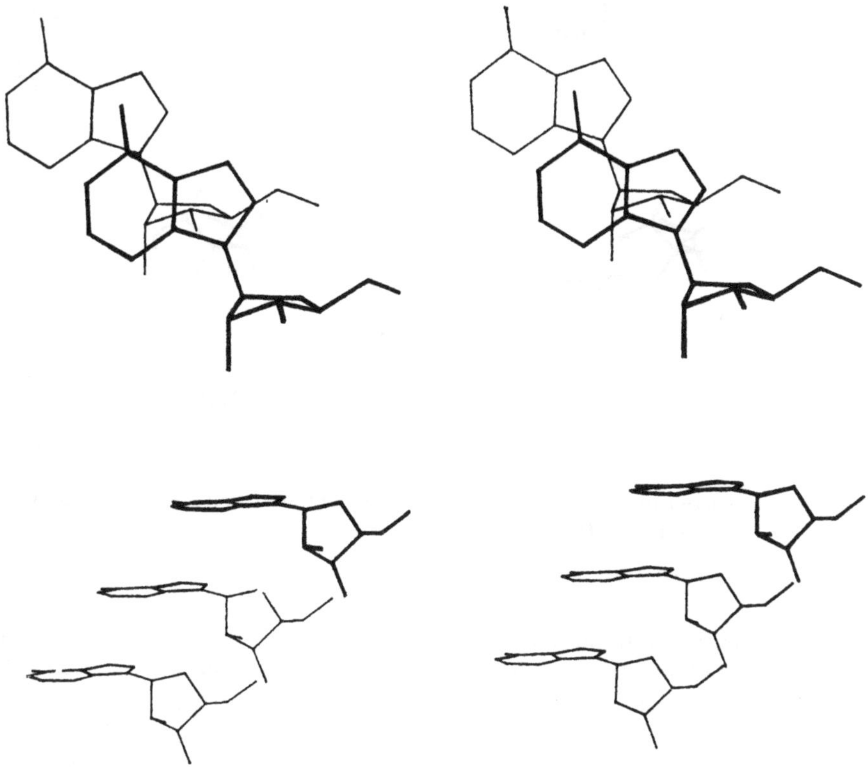

Inosin-Stacks (Typ I) — Auf- und Seitenansicht — relativ zur Basenebene.

C-3': einmal in der „endo"-Form in die Richtung des C-5'-Substituenten, bzw. in der „exo"-Alternative diesem entgegengesetzt orientiert [75, 82—124].

Für die Polyribonucleotide baut sich damit in der Energieminimal-Anordnung eine eher extrovertierte Wendel mit relativ starkem tilt und twist der Basenpaare auf. Die nicht in Esterbindungen engagierten 2'-OH-Gruppen der Ribose stabilisieren das System wahrscheinlich nicht — wie man ursprünglich annahm — durch intra- sondern durch inter-Strang-H-Brücken. Für die RNA-Helices von Homopolyribonucleotiden wurden bisher zwei strukturelle Anordnungen, zwei kanonische Formen nachgewiesen,

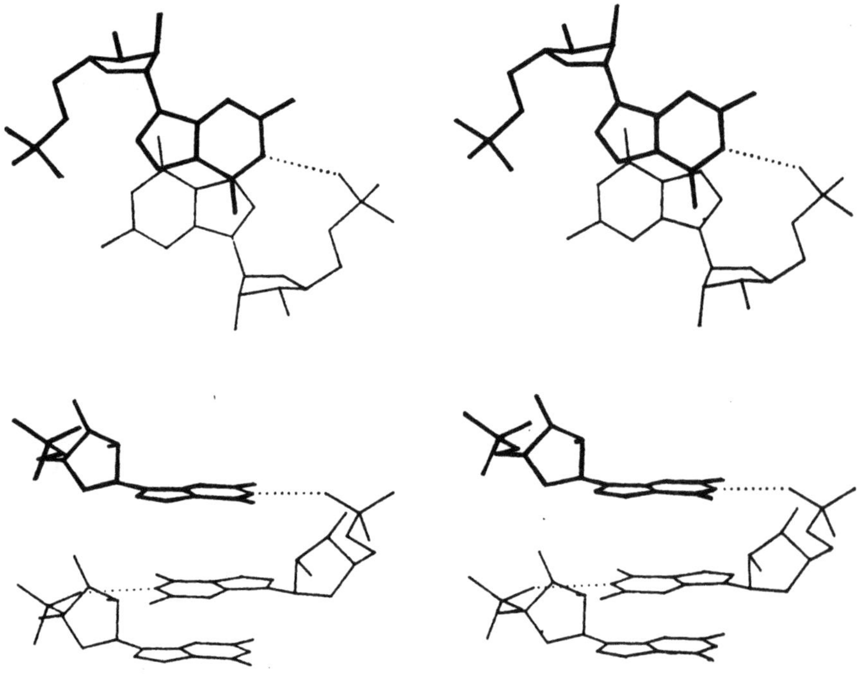

Guanosin-5'-phosphat-stacks — Aufsicht und Seitenansicht relativ zur Ebene der Basen (Typ II).

die z. T. experimentell durch unterschiedliche Wassergehalte „einstellbar" sind. In ihren generellen Konformationen sehr ähnlich, unterscheiden sie sich noch am ehesten in der bei RNA-Strukturen ohnehin — durch die auseinandergezogene Schichtung bedingt — schon recht ausgeprägten inter- und intra-Strang-Überlappung der Basen. Möglicherweise kommt diesem Konformationsduplett, vielleicht auch noch gewissen Anrainerstrukturierungen eine spezifische Bedeutung in der Funktionalität von messenger-, transfer- und ribosomalen RNA-Systemen zwischen Transcription und Translation zu [110].

Die deutlich größere „Milieu-Aufgeschlossenheit" der RNA-Helices macht schließlich für gewisse monotone Sequenzen Dreistrangsysteme möglich, deren Konformationen — bisher eher spekulativ — in jüngster Zeit durch detaillierte Röntgenstrukturunter-

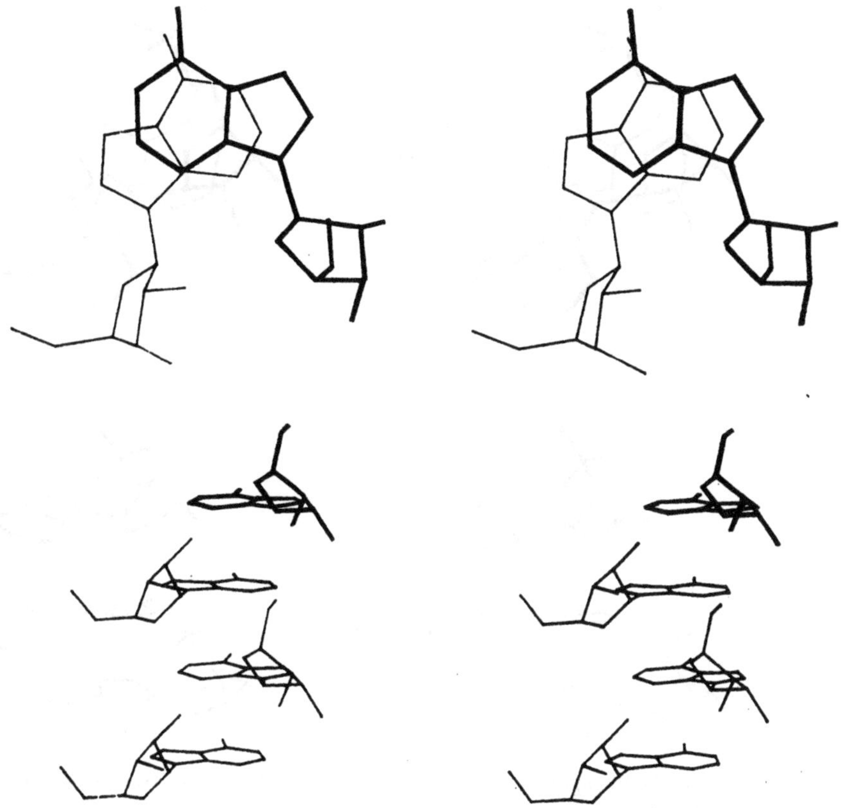

Inosin-dihydrat-stacks (Typ III) — Aufsicht und Seitenansicht relativ zur Basenebene.

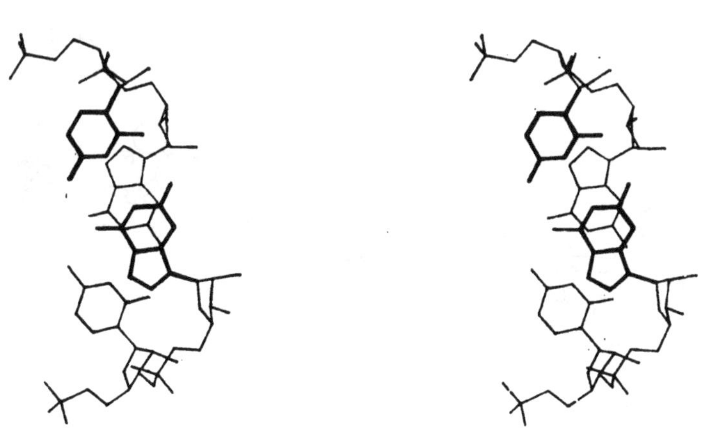

Ableitbar vom stack-Typ III resultiert das stack-Muster der 11-RNA [91, 114]. Die Anordnung zeigt ebenfalls zweizählige Drehachsen parallel zur Basenebene. Blick in Richtung der 11-RNA-Helixachse und senkrecht zur zweizähligen Drehachse.

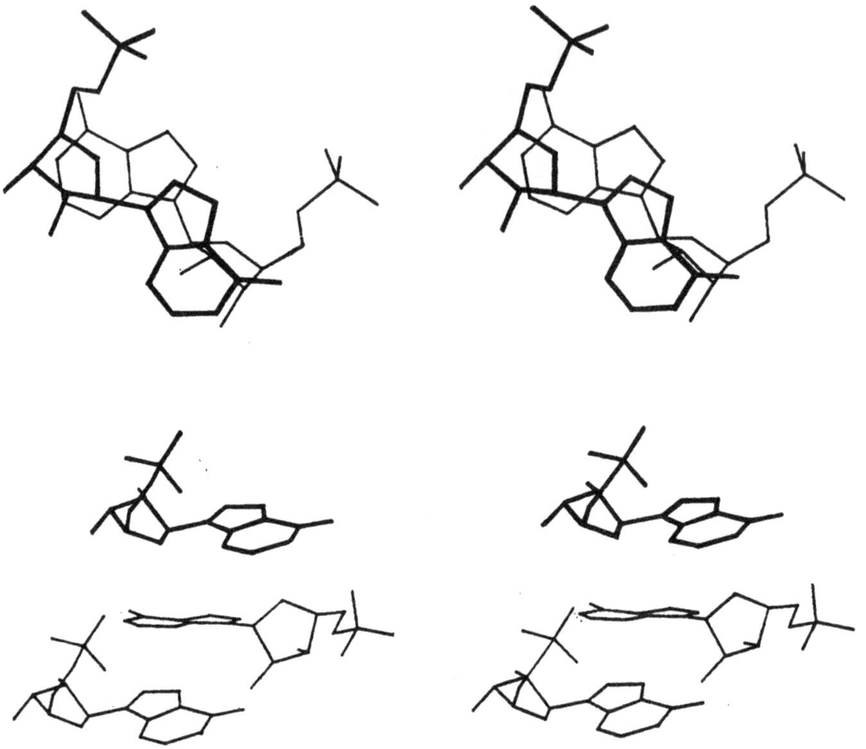

Inosin-Na-Phosphat-stacks (Typ III). Senkrecht und seitwärts zur Ebene der Basen gesehen.

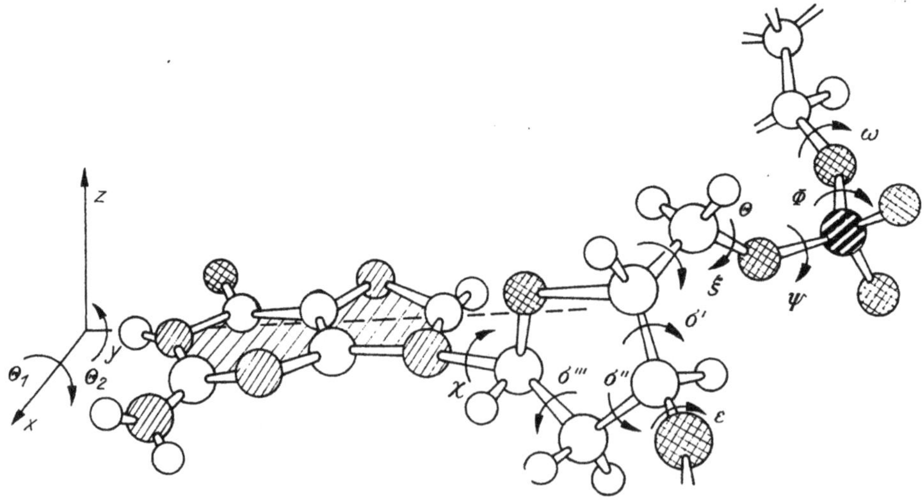

Konformations-Winkel-Nomenklaturschema für ein Nucleotidelement. Hier in etwa der B-Form entsprechend. Beim Übergang zur A-Form klappt der Zucker von C3′-exo nach C3′-endo, und die Diederwinkel um die C5′-O(5′)-Bindung spielen nach trans.

Die „double helix at atomic resolution“ nach Befunden und Darstellungen der Arbeitsgruppe um Rɪᴄʜ [98].
Die Ehrenrettung der A/U-Wᴀᴛsᴏɴ/Cʀɪᴄᴋ-Paarung in der atomaren Auflösung einer „Protodoppelhelix“!

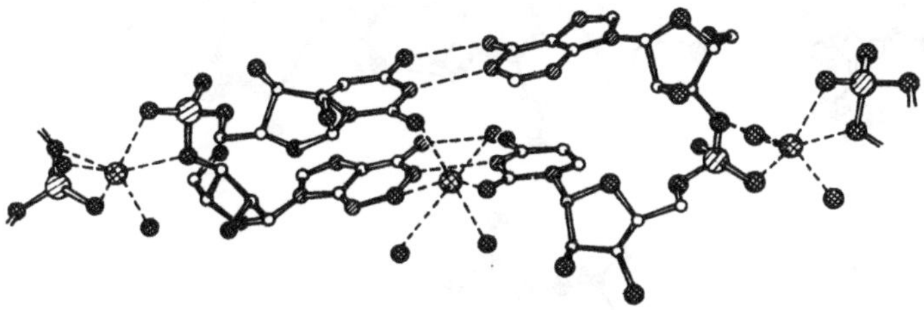

Perspektivischer Blick aus der kleinen Furche heraus: Man beachte insbesondere die Wasser/Basen-Koordination eines Na in der kleinen Furche eines A/U-Paares.

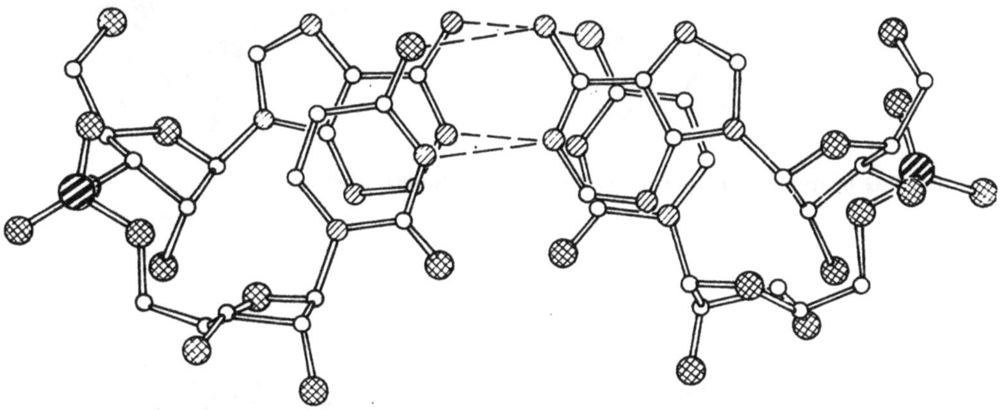

Base-stacking und -pairing der Minihelix in der Aufsicht.

Computer rechnen inzwischen die Koordinationen in die DNA-Struktur weiter:

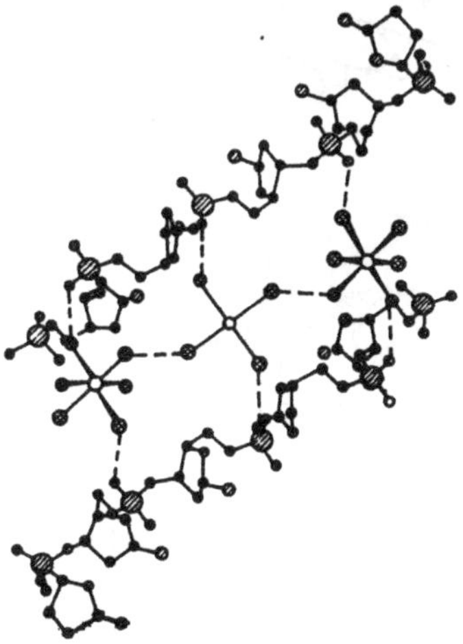

Na^+-Hydrat nach V. B. Sʜᴜʀᴋɪɴ u. Mitarb. [385].

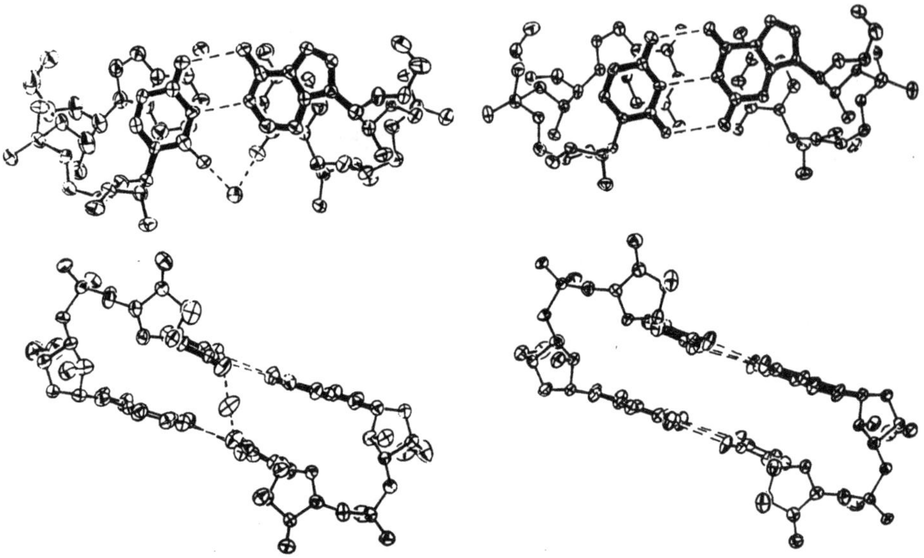

U/A- und C/G-Paarungen in Rotationsellipsoid-Darstellungen sowie:

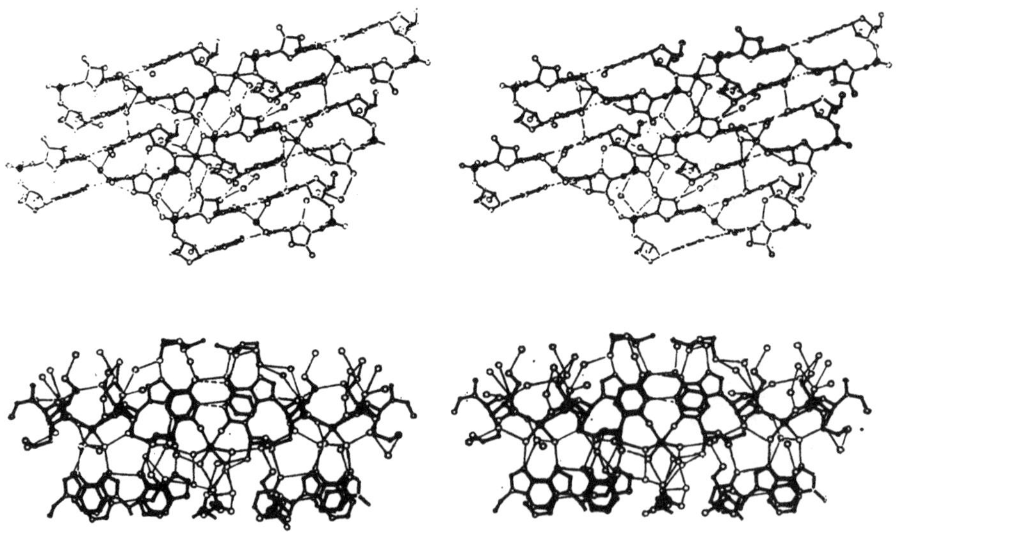

— entsprechende Stereodarstellungen der Wasserumgebungs- und Koordinativmuster nach A. Rich u. Mitarb. (J. Mol. Biol. 104 (1976) 109).

suchungen und komplexe Computersimulationen der Schule um ARNOTT sehr viel besser abgesichert werden konnten. ARNOOTS Befunde bestätigen erste Modellbauexperimente von FELSENFELD u. Mitarb., wonach beispielsweise Poly(U) · Poly(A)-Triplexstrukturen durch WATSON/CRICK- und HOOGSTEEN-Paarungen zustande kommen. Sowohl für Purin/Pyrimidin- wie auch Purin/Purin-Triplex-Strang-Systeme, die heute angefangen bei präbiotischen Aspekten, über therapeutisch sich abzeichnende

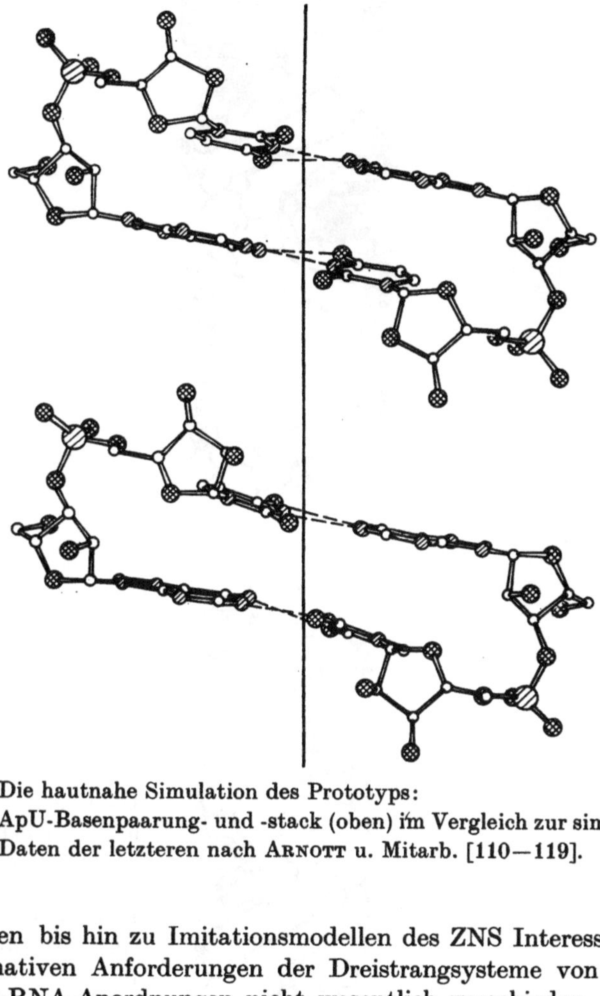

Die hautnahe Simulation des Prototyps:
ApU-Basenpaarung- und -stack (oben) im Vergleich zur simulierten 11-RNA (unten).
Daten der letzteren nach ARNOTT u. Mitarb. [110—119].

Anwendungen bis hin zu Imitationsmodellen des ZNS Interesse finden — sind dabei die konformativen Anforderungen der Dreistrangsysteme von denen herkömmlicher 11- bzw. 12-RNA-Anordnungen nicht wesentlich verschieden. Eine Anzahl von eher „synthetischen" Möglichkeiten weiterer Konformationsvarianten ursprünglicher „künstlicher" Homopolynucleotide wurde neben den ZNS-Modellierungen insbesondere auch durch die Entdeckung langer monotoner Poly(A)-Sequenzen in den Funktions-, Erkennungs- und Signalregionen unterschiedlicher RNA-Verbände plötzlich brennend aktuell [110—120, 142, 150, 151, 171—215, 341—345, 351, 369—385, 439—521].
Prinzipiell ähnliche bzw. gleiche Duplex-Helixstrukturen lassen sich unter Verwendung von Desoxyribose-Anlenkungen der Basen an die Polyesterstränge aufbauen. So entsteht für die DNA einmal die zunächst nicht in die ersten WATSON/CRICK-Betrachtungen

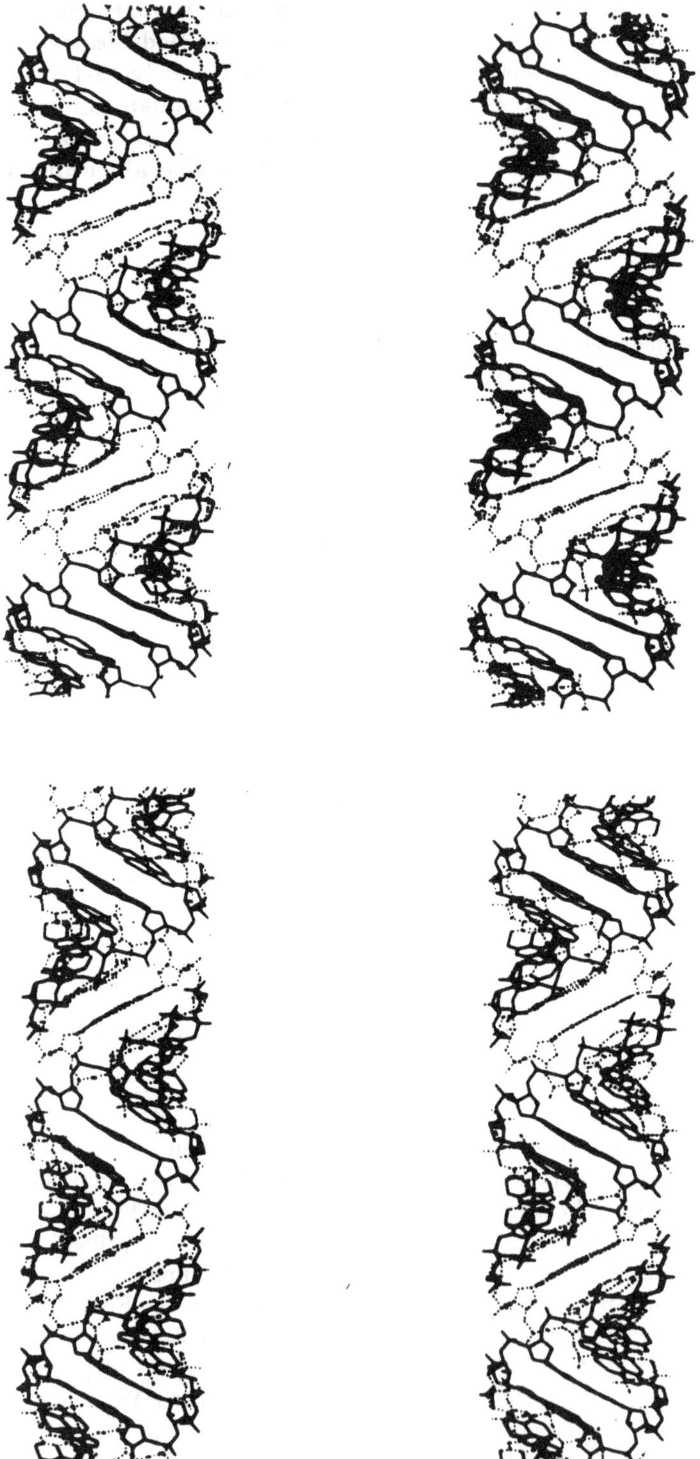

Die Hochrechnung der Dinucleotide in Polynucleotidstrukturen offenbart nach Rich u. Mitarb. (Biochem. Biophys. Res. Commun. 69 (1976) 979) die ausgeprägte Basendetermination der resultierenden Helixgeometrien.

oben: die lockeren, weiter ausladenden $(A\text{-}U)_n \cdot (A\text{-}U)_n$-Helices

unten: die festeren, kompakteren $(G\text{-}C)_n \cdot (G\text{-}C)_n$-Helices

Polynucleotid	Helix-Symmetrie	Genus	Zucker	pitch Å	h Å	t ∢°	γ ∢°
A-DNA	11/1	A	3'-endo	28,2	2,56	32,7	20,2
B-DNA	10/1	B	3'-exo	33,8	3,38	36	6,3
C-DNA	28/3	B	2'-endo	31,0	3,32	38,6	−7,8
D-DNA	8/1	B	3'-exo	24,2	3,03	45	−16,0
Poly[d(A-T)]	wie B- bzw.	D-DNA;	schlechter A-Übergang				
Poly[d(G-C)]	wie B- bzw.	D-DNA;	schlechter A-Übergang				
B'-DNA	10/1	B	3'-exo	32,9	3,29	36	−8,0
Poly(dA) · Poly(dT)	wie B'DNA;		kein A-Übergang				
Poly(dG) · Poly(dC)	11/1	A	3'-endo	28,2	2,56	32,7	20,2
			schlechter B-Übergang				
DNA in Lösung	Formen A, B, B', C, D, P, T, J_1, J_2			36—42: f (Basenmuster)			
A-RNA	11/1	A	3'-endo	31,0	2,82	32,7	16,0
Poly(A) · Poly(U)	wie A-RNA						
A'-RNA	12/1	A	3'-endo	36,0	3,00	30	10,0
Poly(I) · Poly(C)	wie A'-RNA						
Poly(I) · Poly(dC)	11/1	A	3'-endo	32,9	2,97	32,7	20,0
2 Poly(U) · Poly(A)	11/1	A	3'-endo	33,4	3,04	32,7	12,0
	12/1	A	3'-endo	36,5	3,04	30	12,0
2 Poly(dT) · Poly(dA)	12/1	A	3'-endo	39,1	3,26	30	8,5
2 Poly(dC) · Poly(dI)	11/1	A	3'-endo	34,8	3,16	32,7	10,0
2 Poly(U) · Poly(dA)	11/1	A	3'-endo	33,4	3,04	32,7	12,0
2 Poly(I) · Poly(A)	12/1	A	3'-endo	39,5	3,29	30	8,0
4 Poly(I)	23/2	B	2'-endo?	39,2	3,41	31,3	8,9
4 Poly(G)	23/2	A	3'-endo	38,6	3,36	31,3	8,9

h: Helixganghöhe/Basenpaar; t: Drehungswinkel; γ: tilt

Versuch einer Zusammenstellung von Parametern einiger wichtiger Polynucleotidgeometrien [30, 75, 78—99, 110—133, 142].

einbezogene A-Form, die in ihrer Ausprägung der 11-RNA entspricht. Das Fehlen der raumbeanspruchenden 2'-OH-Ribose-Funktion und ihr Ersatz durch den sehr viel kleineren Wasserstoff ermöglicht den DNA-Systemen aber darüberhinaus noch die Ausbildung einer sehr viel enger gewendelten, kompakteren, eher introvertierten B-Struktur, bei der die Basen — sorgfältig in das Innere eines steifen Zylinders gepackt — in recht minimalen inter-Strang-Überlappungen die massive Seele eines schlanken, schmalen Helixverbandes bilden. A-, B- und die bald danach aufgefundene sehr seltene, der B-Struktur ähnliche C-Form bildeten lange Zeit so etwas wie die drei kanonischen DNA-Ausprägungen. Es lag nahe, das konformative A/B-Wechselspiel, zu dem auf Grund der sterischen Voraussetzungen ihrer einpassungsfähigeren Zuckerstrukturen allein die DNA- fähig ist, als die strukturelle Voraussetzung für Polymerase-Funktionsdiskriminierungen in Replication und Transcription zu betrachten. Inzwischen jedoch hat sich dieses eher einfache Bild weiter aufgefächert. Die drei kanonischen Formen erscheinen innerhalb der wohl doch sehr viel umfassenderen Informations- und Funktionsambitionen der DNA eher als aufgesetzte Akzente eines tatsächlich sehr viel breiteren Spektrums möglicher konformativer Spielarten [7, 8, 13, 26, 33—38, 75, 110—141, 351—401].

ARNOTT — und die Helixinterpretationen.
Helixausschnitte in Paarung- und stack-Beziehungen verschiedener Helixmuster:

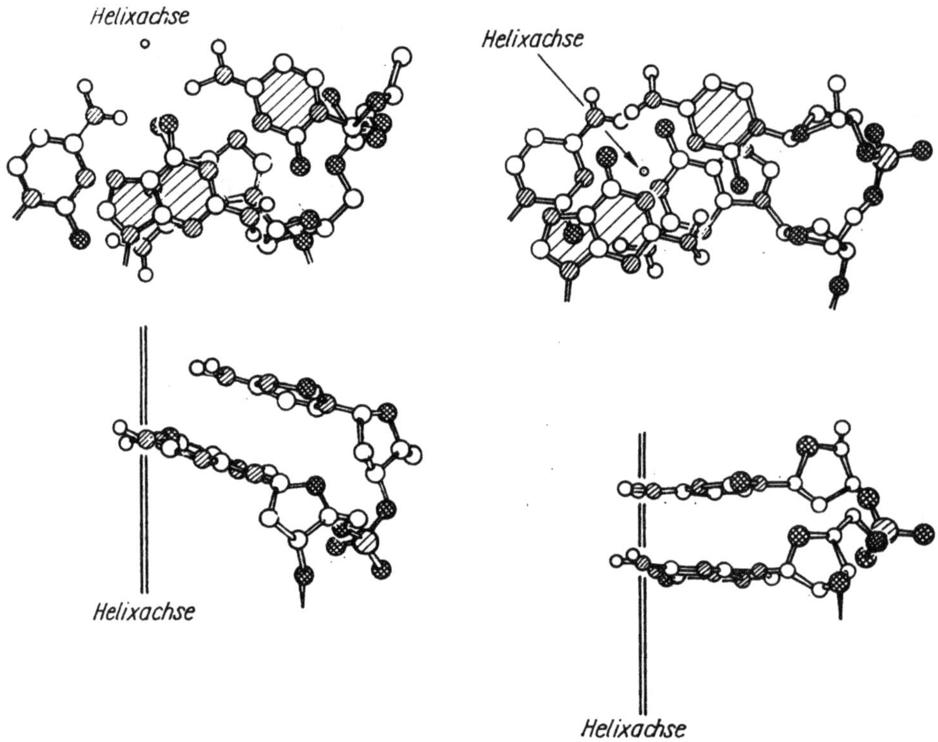

A- und B-DNA (links bzw. rechts)
Man erkennt die unterschiedliche Enge der Wendeln, die beträchtlichen Differenzen in tilt und twist der Basen, die charakteristischen C3′-endo/C3′-exo-Faltungen der Riboseringe sowie das differenzierte Spiel der Diederwinkel um die C5′—O(5′)-Bindung
Charakteristisch sind weiterhin die in der B-Form stark verminderten inter- und intra-Strang-Überlappungen der Basen-stacks.
Schema modifiziert nach S. ARNOTT [112].

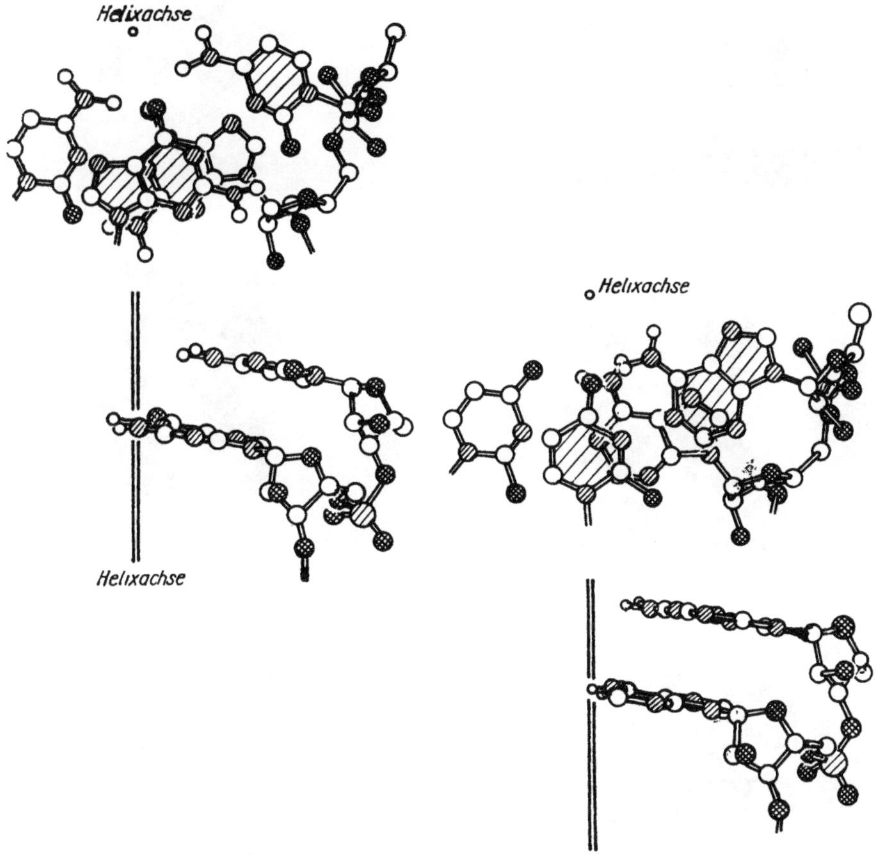

11- und 12-RNA (links bzw. rechts)
Die in etwa der A-DNA entsprechenden weiten Wendeln der RNAs mit starkem tilt und twist der Basenerkennungen sind mit geringen Winkeländerungen in 11- und 12-Wiederholungsperioden auffächerbar.
Schema nach S. Arnott [112] modifiziert.

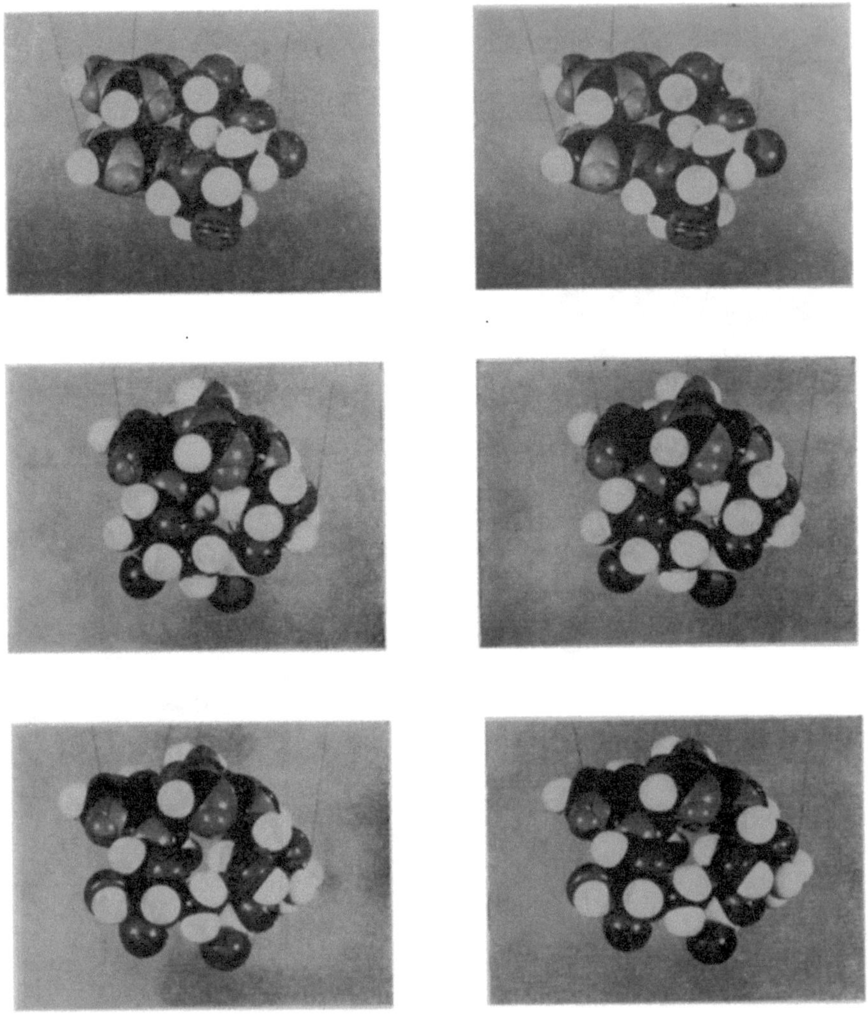

Stack-Muster:
Doppelhelix-stack-Ausschnitte in CPK-Kalottendarstellung. Von oben nach unten:
B-DNA
A-DNA (∼11-RNA)
12-RNA

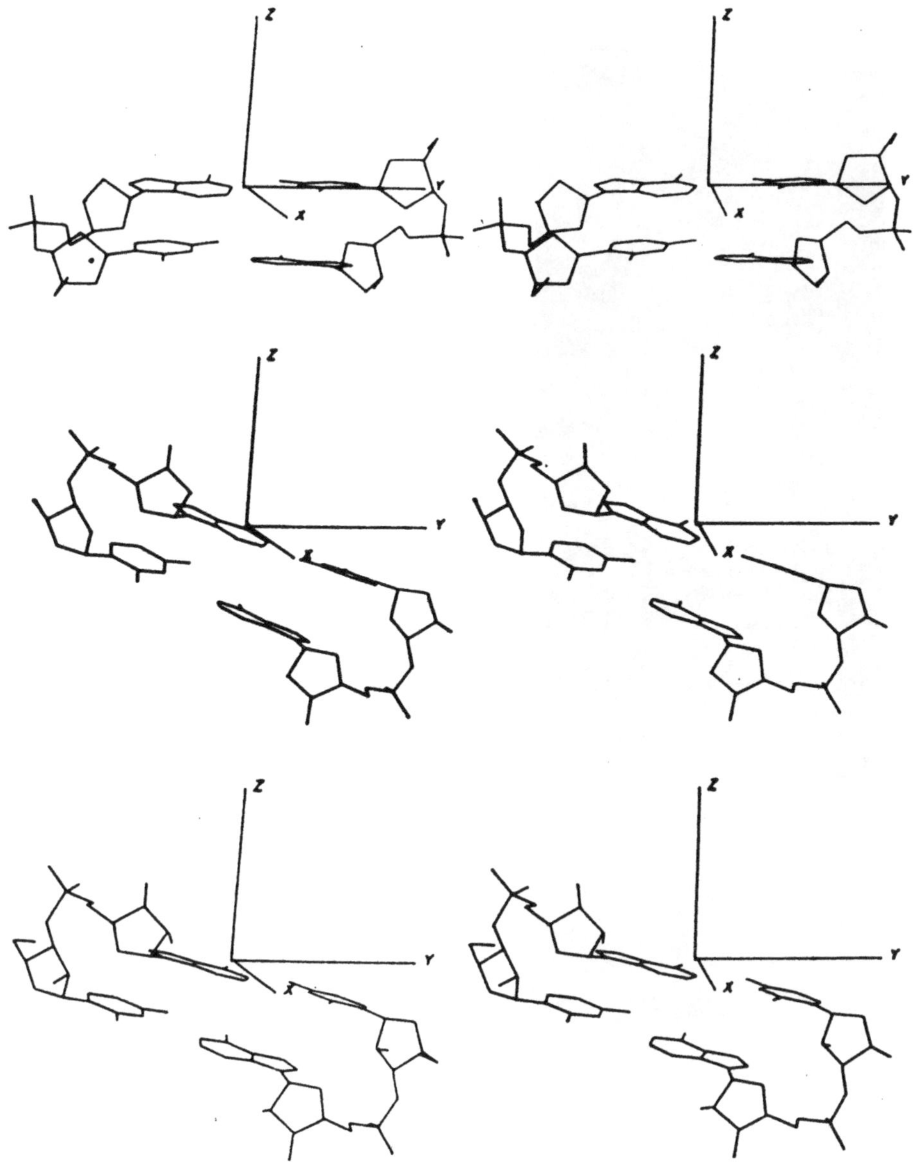

Stereodarstellung der drei wichtigsten Basenpaarungs- und -stack-Anordnungen in
B-DNA
A-DNA und
11-RNA,
modifiziert nach C. R. CANTOR u. L. KATZ [34].

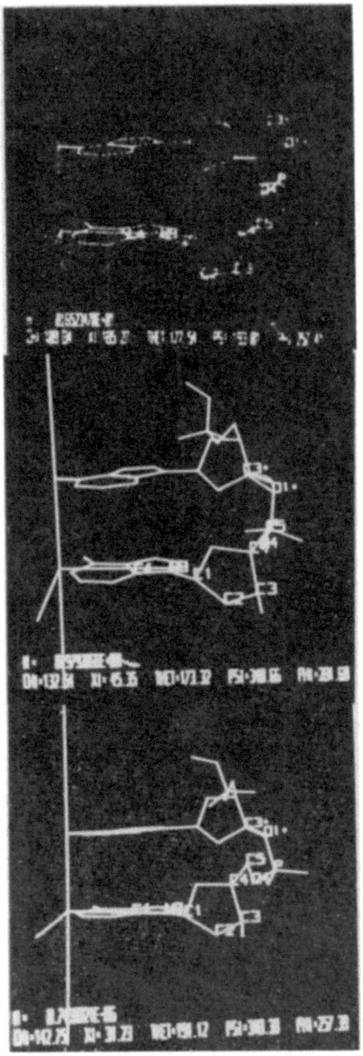

Stadien im „Computerbau“ einer B-DNA nach P. J. BOND [75].
Die vertikale Achse entspricht der Helixachse.
Die Bilder von oben nach unten entsprechen einem Prozeß fortlaufender Verbesserung der Angleichung der Lage der Nucleotid-Helixeinzelelemente an die vorgegebene, verstärkt gezeichnete „marker“-Position der O1—C4-Bindung.

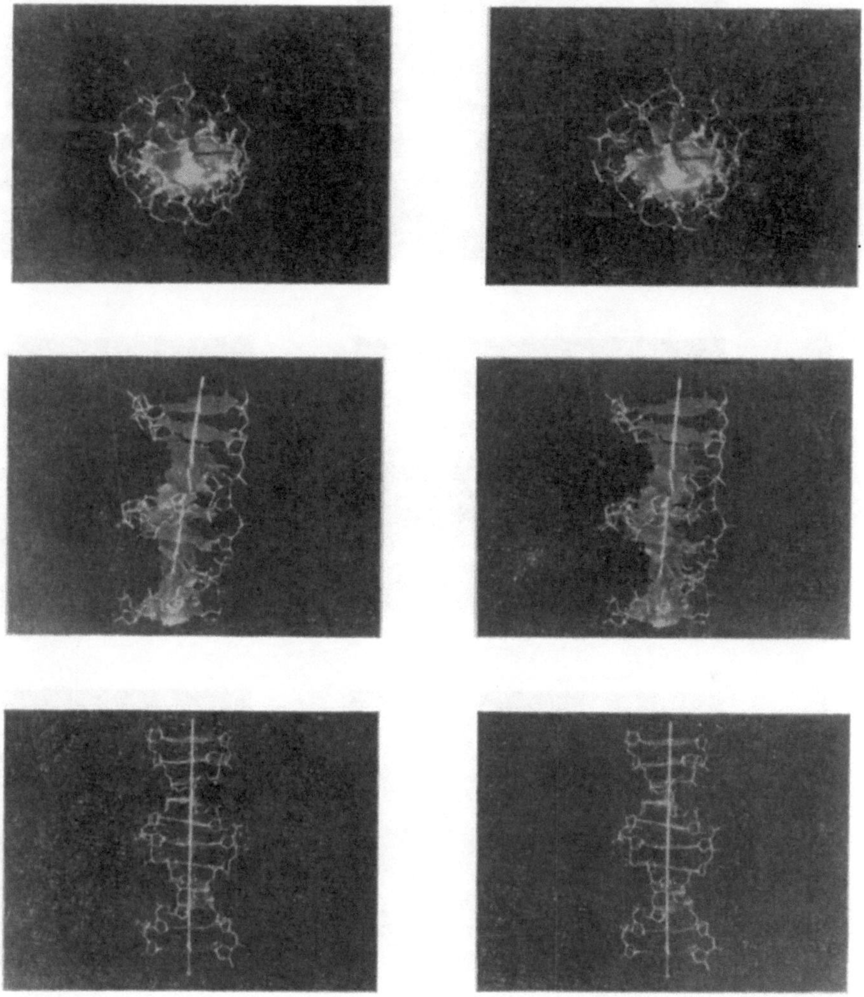

Helixmuster:
Die schmale introvertierte Doppelhelix der B-DNA mit schwachem tilt und twist der Basenpaare in Auf-, Schräg- und Seitenansicht (bezüglich der Helixachse). Die resultierende große (major, broad) und kleine (minor, narrow) Furche (groove) bilden unterschiedliche Erkennungszonen für mono-, oligo- und polymere template-Leser.

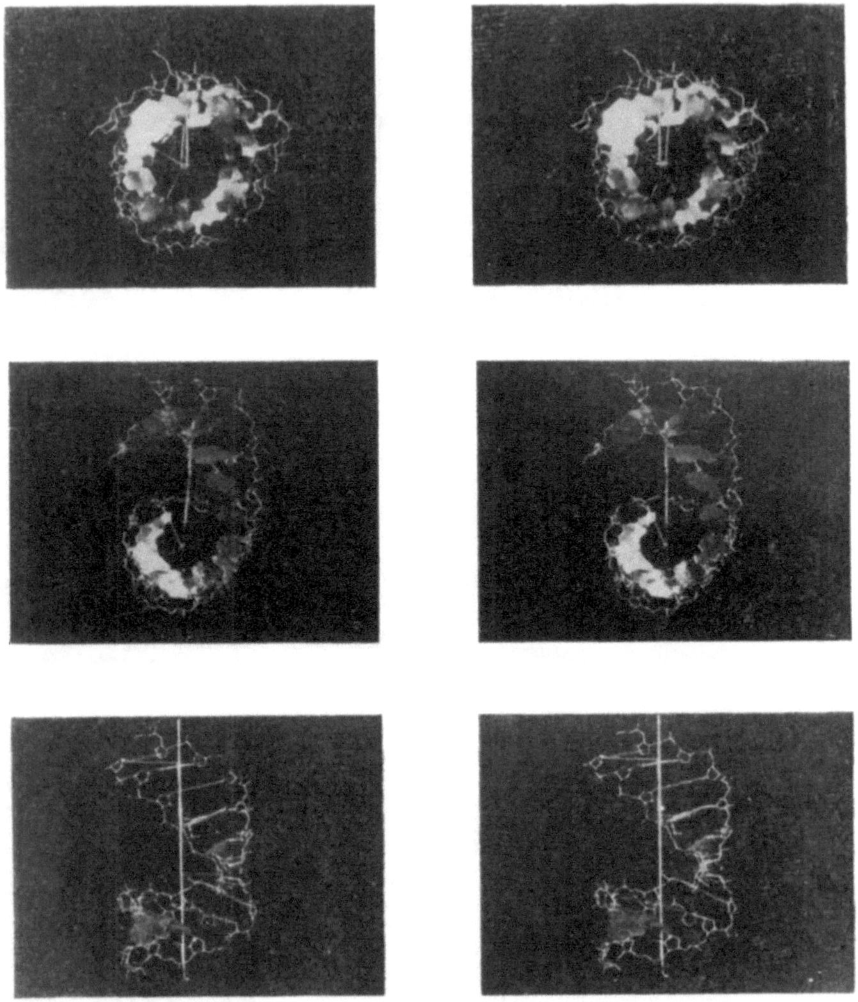

Helixmuster:
Die weit ausladende, eher extrovertierte Doppelhelix der 11-RNA (bzw. A-DNA) mit starkem tilt und twist der Basenpaare in Auf-, Schräg- und Seitenansicht (bezüglich der Helixachse).
Die A/B-Sortierungen der DNA schaffen u. a. Voraussetzungen für Polymerasediskriminierungen in Transcription und Replication.
Die Unterschiede im vertikalen Abstandsmuster der großen und kleinen Furche der B-Form werden im A-Typ nivelliert. Aus großer und kleiner werden in vorwiegend horizontaler Differenzierung die tiefe (deep) und die flache (shallow) Furche.

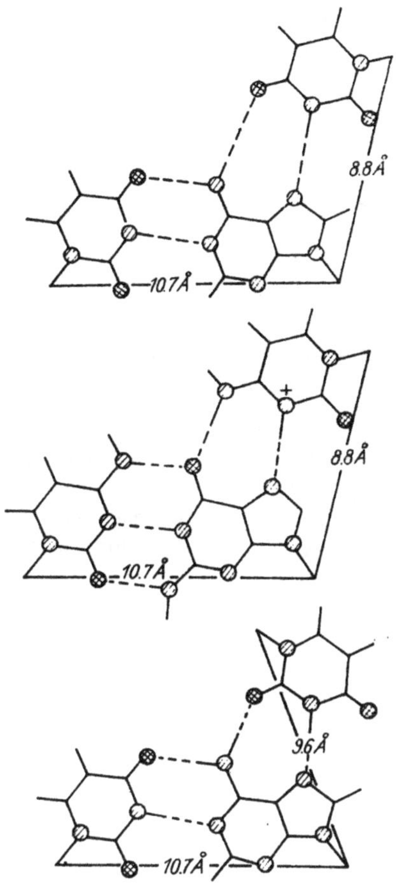

Wichtige Pyrimidin/Purin-Triplexpaare nach S. ARNOTT u. P. J. BOND [119].
Paarungen, die für viele Polynucleotidbezirke monotoner Basensequenzen relevant sein dürften. Triplexsysteme zwischen Regelhierarchien in Virologie/Onkologie und Immunologie sowie Engrammprägungen im ZNS [119, 171–215, 22, 130–133, 336–345).
Von oben nach unten:
U · A · U
C · G · C (protoniert) — isostrukturell mit (U · A · U).

Der ursprüngliche Miles-Vorschlag für die Triplex-Paarung von 2Poly(U) · Poly(A), der sich weder durch model-building noch durch Computersimulation konformativ in einen Triplex-Verband einpassen läßt [57, 58, 59, 75, 97, 110–124, 171–176].

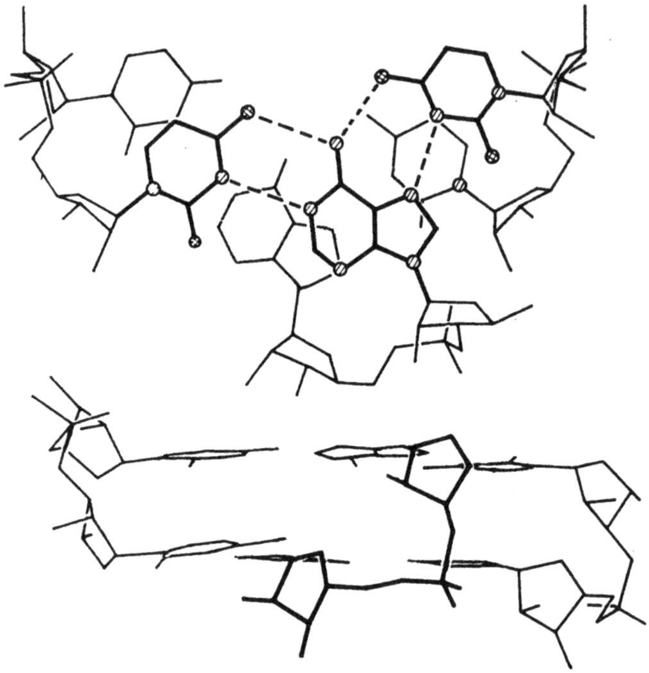

Der Poly(U) Poly(A) · Poly(U)-Triplex.
Projektionen der 12-helicalen Dreifachhelix in Richtung und senkrecht zur Helixachse.
Schema nach S. ARNOTT u. P. J. BOND modifiziert [119].

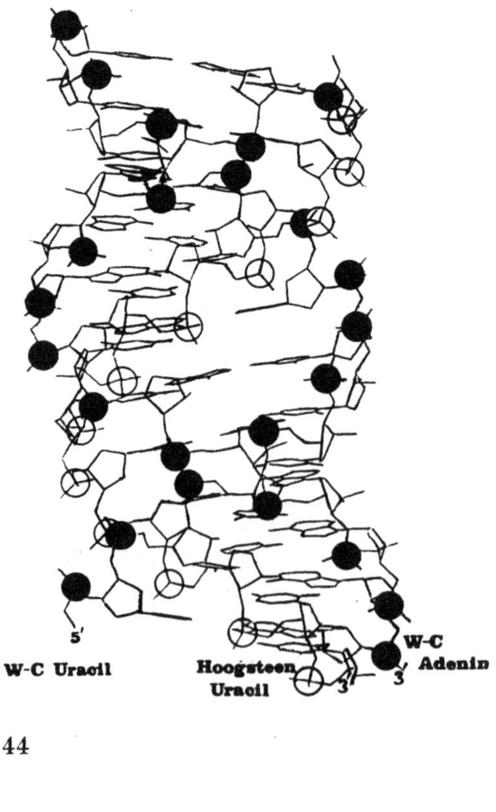

Poly(U) · Poly(A) · Poly(U)-Triplex in einem größeren Ausschnitt senkrecht zur Helixachse (Computerdarstellung).
Freundliche Überlassung von P. J. BOND (vgl. auch [142]).

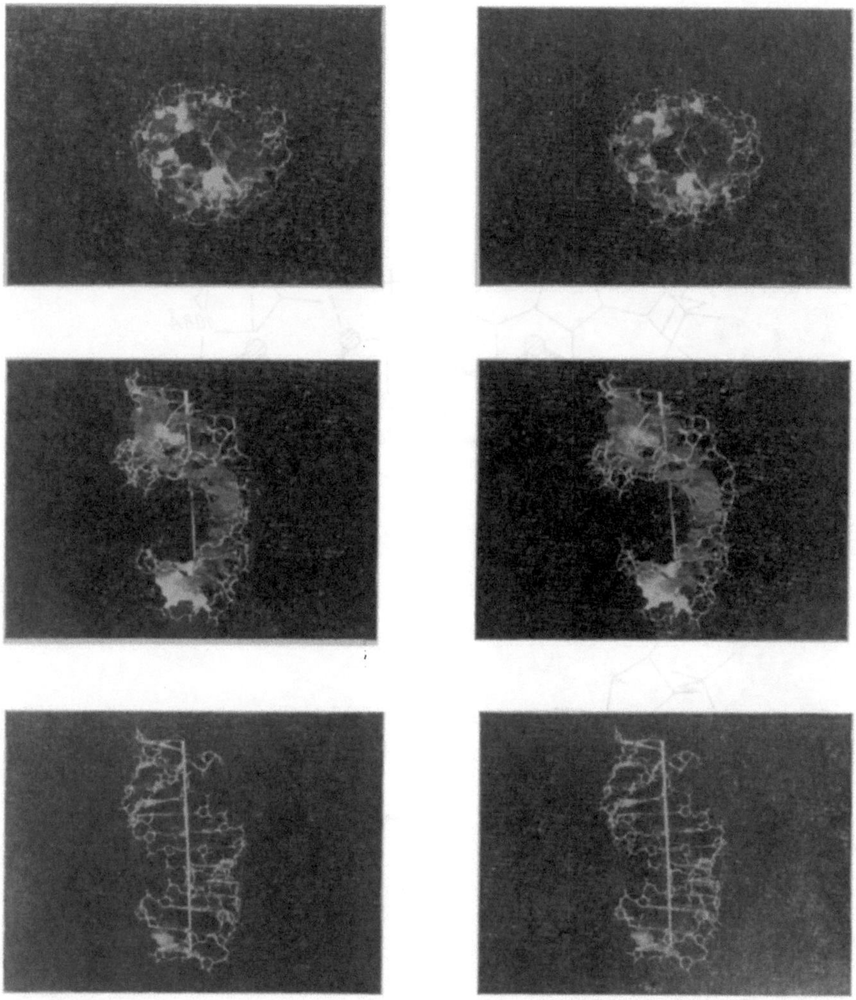

Helixmuster:

Die erst in jüngerer Zeit durch S. Arnott u. P. J. Bond [119] aufgeklärte 2Poly(U) · Poly(A) Tripelhelix. Ein in konformativer Gestaltung den Duplex-RNA-Formen verwandter Triplex mit Watson/Crick- und Hoogsteen-Anordnung seiner Basenpaarungen. Der Hoogsteen-$(U)_n$-Strang läuft in der tiefen Furche parallel zu seinem $(A)_n$-Partner.

Von oben nach unten in Auf-, Schräg- und Seitensicht bezüglich seiner Helixachse.

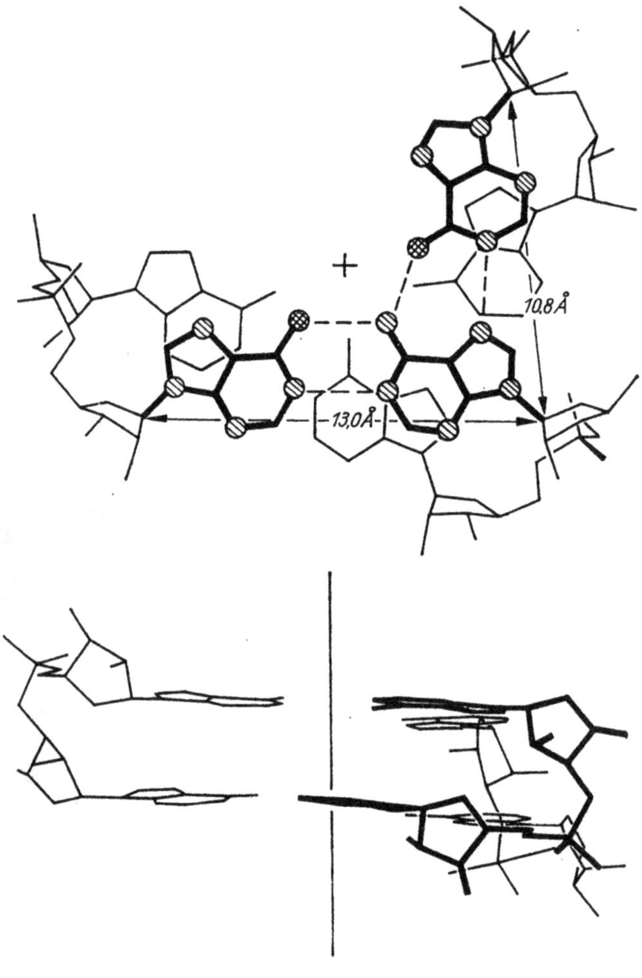

Der für Praebioticsimulationen interessante Poly(I) · Poly(A) · Poly(I)-Triplex [118, 171–215].
Teilausschnittprojektionen in Richtung und senkrecht zur Helixachse nach S. ARNOTT u. P. J. BOND [118].
Die verblüffenden konformativen Deckungen des „All-Purin-Triplex" im Vergleich zu herkömmlichen Purin/Pyrimidin-Duplex- und -Triplex-Anordnungen lassen eine evolutionäre Vorläuferrolle durchaus möglich erscheinen.

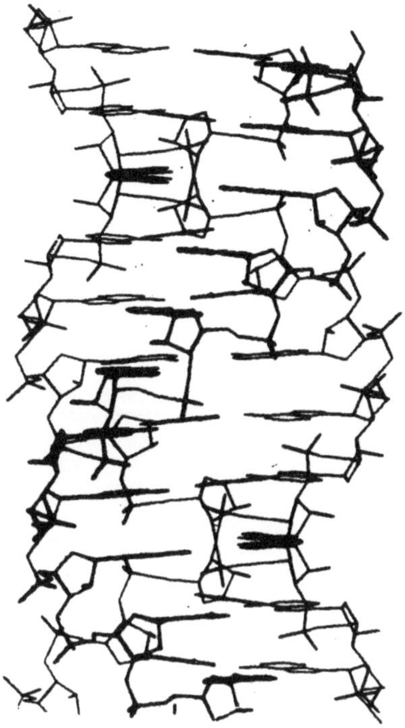

Gesamtansicht der Computerdarstellung des Poly(I) · Poly(A) · Poly(I)-Triplex senkrecht zur Helixachse.
(Freundliche Überlassung von P. J. Bond.)

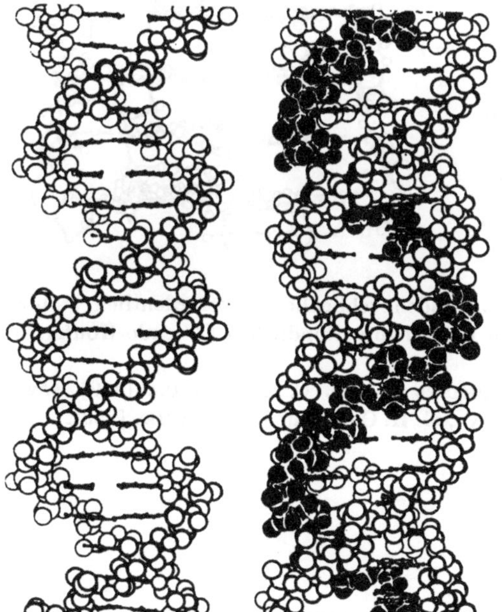

Die DNA ist in ihren A-Formen ebenfalls Triplexstrukturen zugänglich.
Vergleich einer normalen Poly(dA) · Poly(dT) in „herkömmlicher" 10er-B-Anordnung mit der Poly(dT) · Poly(dA) · Poly(dT) — einer 12er Tripelhelix des A-Typs mit C3'-endo-Furanoseringen, nach S. Arnott u. E. Selsing [370].

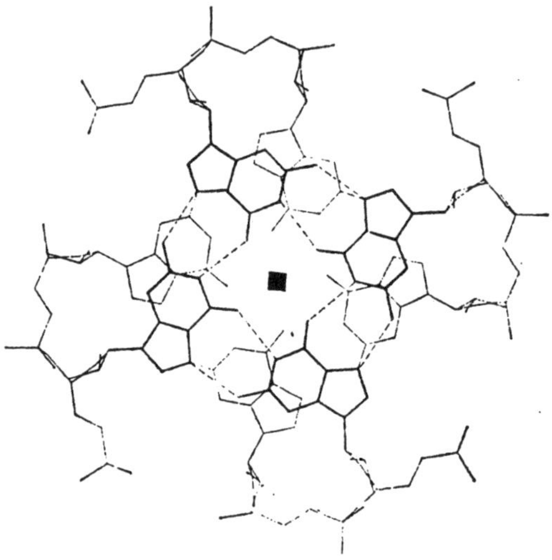

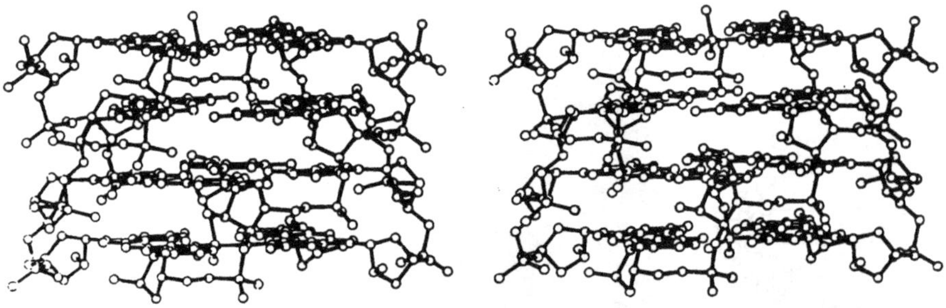

Poly(I) und ganz besonders Poly(G) bilden schließlich außerordentlich stabile, kompakte Quadruplexe mit der dem RNA-Typ verbindlichen C3'-endo-Konformation. (Für 4 Poly(I) evtl. C2'-endo.)
Aufsicht nach S. ARNOTT, R. CHANDRASEKARAN u. C. M. MARTTILA [379], sowie Stereoseitensicht nach S. B. ZIMMERMAN, G. H. COHEN u. D. R. DAVIES [383].

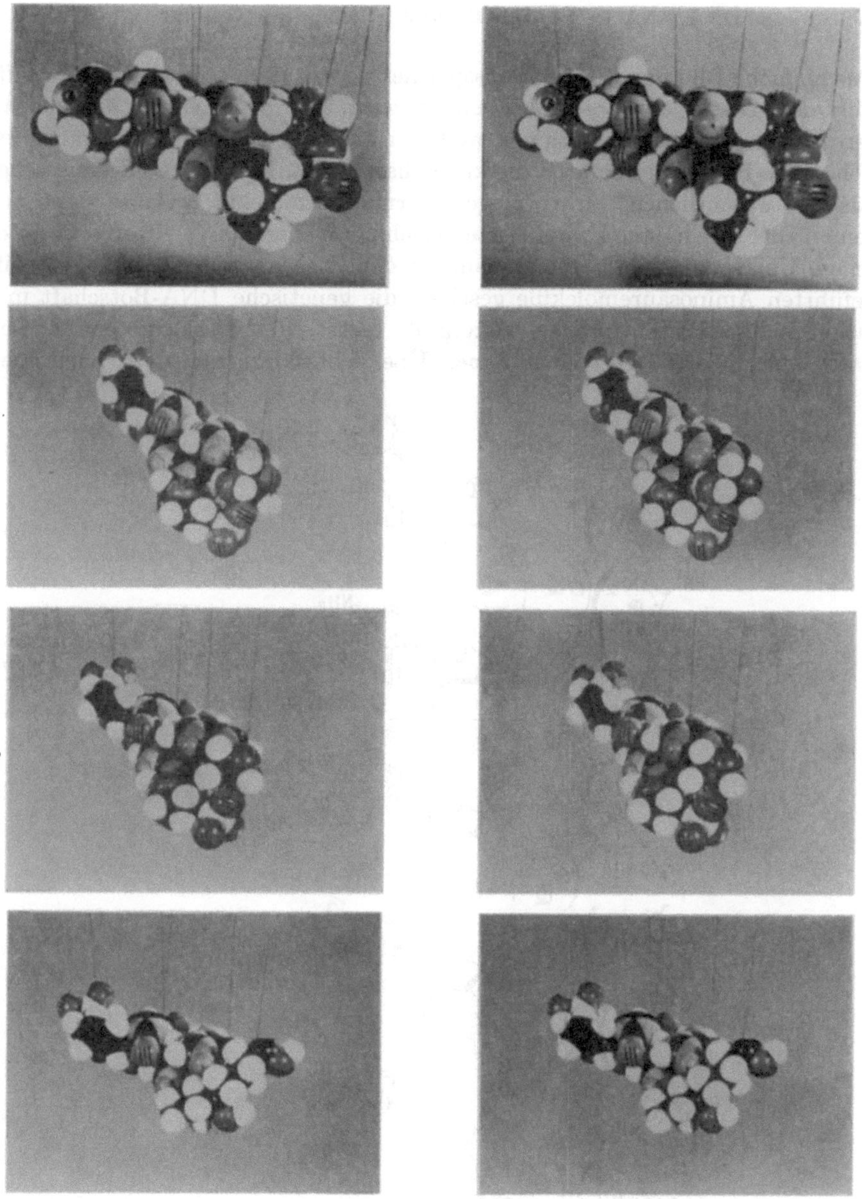

Basenpaarungs- und stack-Muster in CPK-Kalottendarstellung:
Von oben nach unten Helixausschnitte folgender Strukturen: B-DNA, A-DNA, 11-RNA und eines hypothetischen 2 Poly(U) · Poly(vA—vOH)-Triplex. Infolge des limitierten Kalottensatzes ist letztgenannte Struktur nur eine ,,von fern modellierte" Abwandlung des eigentlich hier gemeinten 2 Poly(U) · Poly(A).
Da es sich bei dem hier vorgestellten Analogen jedoch gleichzeitig um die etwas idealisierte Form ,,präparativer Haustiere" des Verfassers handelt [171—176, 521], mag dieses Abweichen von der klaren Linie der Polynucleotidformen vielleicht entschuldbar sein.

1.3. DNA/RNA — Funktions- und Informationssysteme

Das einfache Bild des Informationsspeichers DNA, der — passiv dem Zugriff von DNA-Polymerasen ausgesetzt — dazu benutzt wird, seine Information in Replicationsschritten in neue Tochtergenerationen weiterzugeben, von dem in der Transcription DNA-abhängige RNA-Polymerasen die kleine handliche „Blaupause" des messengers ziehen; das „im wesentlichen" einsträngige Informationsmolekül, welches dann zu den Ribosomen eilt; hier in eine komplizierte Maschinerie eingeführt — in Kooperation mit eben jenem Übersetzungsinstrumentarium, zu dem sich noch die an tRNA-Vehikeln herangeführten Aminosäuremoleküle gesellen, die genetische DNA-Botschaft in der Translation in die Proteinsprache weitergibt, dieses, den Prokaryoten abgeschaute Bild hatte sich auf den Wert einer reinen Übersichtsskizze reduziert, noch ehe sich unser

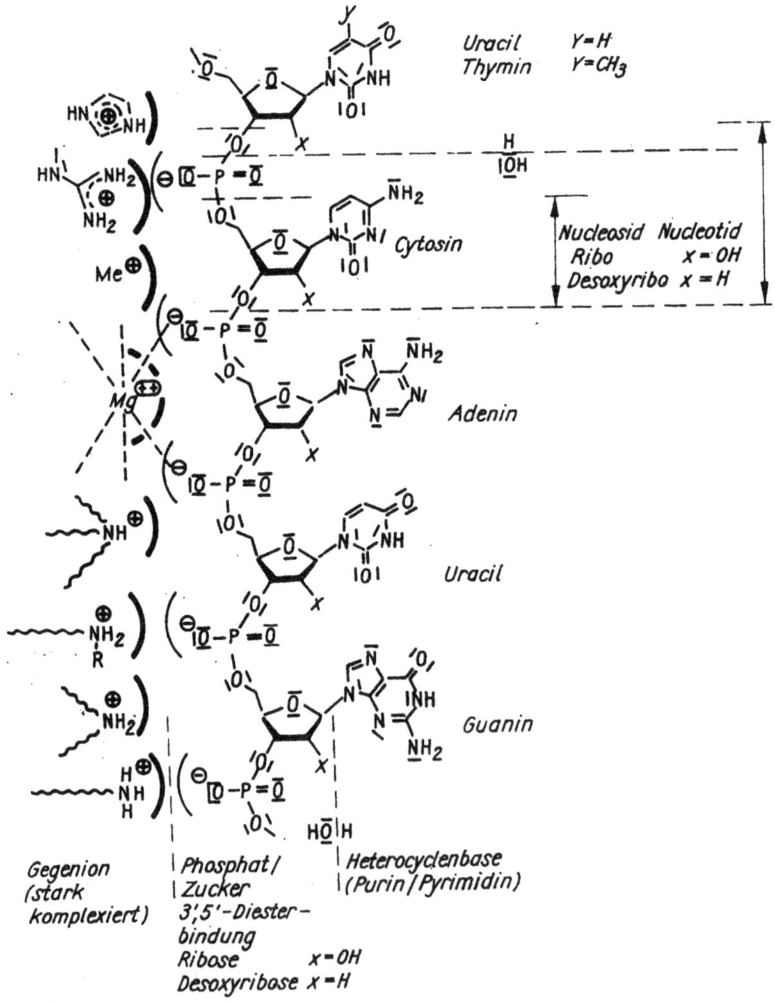

Schemazeichnung einer Polynucleotidkette mit potentiellen Gegenionenmustern — stärker modifiziert nach H. R. Mahler u. E. H. Cordes [30].

Blick in den Eukaryotendschungeln verlor [14, 15, 29–41, 45–56, 60, 238–332, 351–521].

Wenn sich vor geraumer Zeit die Physiker lange und ausdauernd stritten, um eine nicht „begreifbares", besser von uns im Augenblick anschaulich nicht simulierbares Dual-

Monomereffektor-Nucleinsäure-Wechselwirkungen
Beispiele:

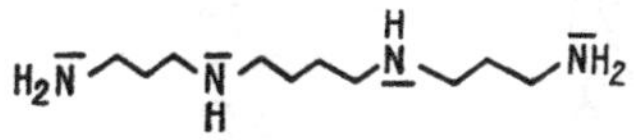

Spermin

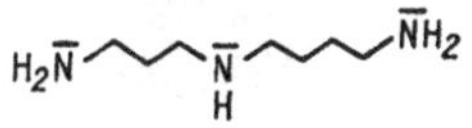

Spermidin

Elektrostatische Assoziation und Helixstabilisierung: Spermin und Spermidin in der kleinen Furche der B-DNA [216–218].

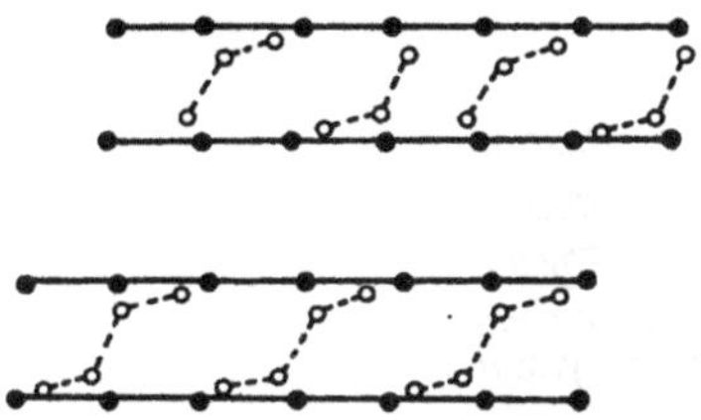

Schemazeichnung der elektrostatischen Wechselwirkungen der beiden Polyamine in der kleinen Furche der B-DNA nach E. J. Herbst u. R. B. Tanguay [160, 216].

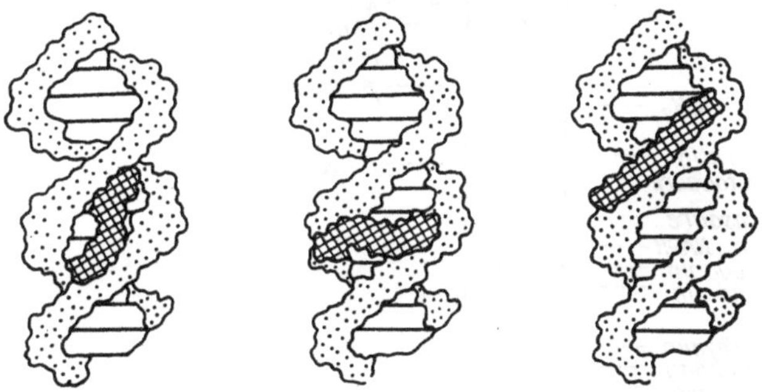

Spermin-DNA(B)-Komplexe (links und Mitte: inter-Strang- (kleine Furche), rechts: intra-Strang-Wechselwirkung (große Furche) und -Stabilisierung nach T. A. Smith [218].

phänomen von „Welle" und „Teilchen" zu verdeutlichen, so haben Biologen und Biochemiker im Evolutionsprozeß zwischen „Henne und Ei", „DNA und RNA", „Nucleinsäuren und Proteinen" jetzt sicherlich ein Problem ähnlicher Tragweite zu bewältigen. Doch wie die Physiker inzwischen aus den Schwierigkeiten eines Dualismus in die Uferlosigkeit von Elementarteilchen-Pluralitäten stürzten, so sind arme Biologen und Chemiker analog dazu dabei, zu begreifen, daß auch in der belebten Materie nichts mehr

Monomere Effektoren in Wechselwirkung mit Nucleinsäuren [133–241], Phasendirektion von Polynucleotid- bzw. Nucleoproteindomänen aus kompetitiven und allosterischen Bereichen? [172]:

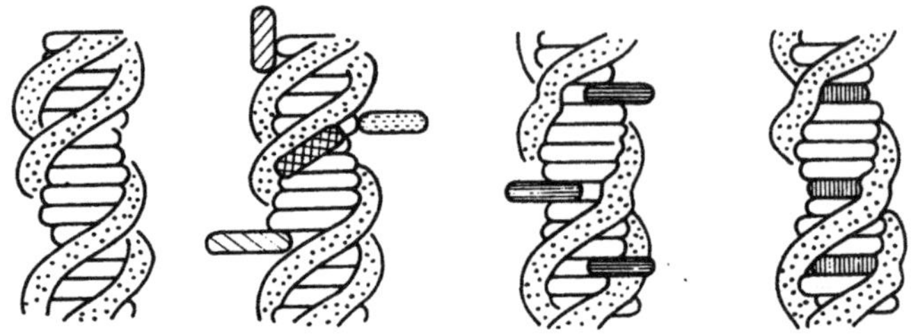

Schemazeichnung verschiedener Helixwechselwirkungen. Assoziation an Strang- und stack-Bereiche, partielle und vollständige Intercalationen (intra- und inter-Strang) in den Basen-stack.

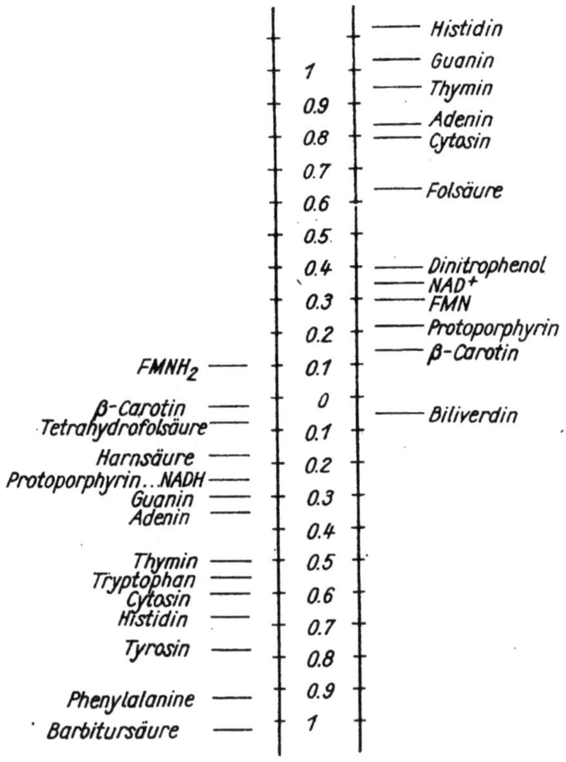

EDA-Ambitionen von Nucleobasen und einigen anderen Effektorstrukturen. Schema nach A. Pullman u. B. Pullman [65].

Monomereffektor-Nucleinsäure-Wechselwirkungen

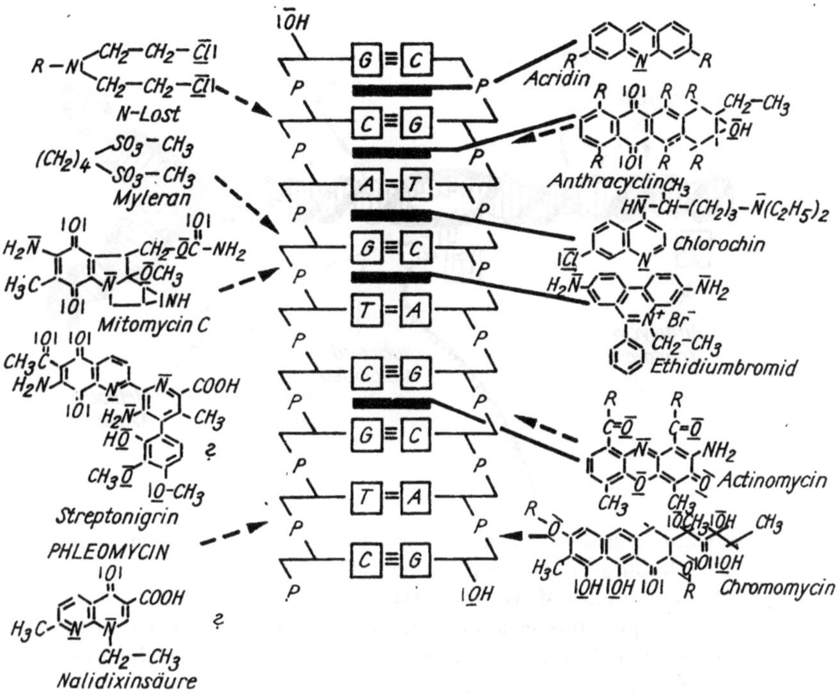

Beispiele:
Kovalente und intercalierende Fixierungen
Versuch eines Übersichtsschemas wichtiger Effektorgruppierungen und ihrer Wechselwirkungsmöglichkeiten nach W. Kersten [160]. Pfeile zeigen vorzugsweise Bindung an gewisse DNA-Basen oder sonstige funktionelle Punkte des Makroverbands an, Balkenstriche bedeuten Intercalation. Effektoren links blockieren vorzugsweise die Replication, rechts die Transcription.

einfach zu sein scheint und die komplexe Pluralität der Organismen den komplexen Erscheinungsformen materiellen Daseins unterhalb eines bestimmten „levels“ in nichts nachsteht.

Der bisher in der Wissenschaft so erfolgreiche und eigentlich immer noch exakteste Weg analytischer Zergliederung mit anschließender Rekonstitution des Befundmosaiks erweist sich immer mehr als eine, und in der Vereinzelung zunehmend erfolglosere Näherung. Der spielerische, früher eher als unwissenschaftlich betrachtete Weg tastender komplexer Zusammenschauen eines „trial and error“-Prinzips — vielleicht ungenauer im Detail, aber konturierter in übergeordneten Bezüglichkeiten — gesellt sich mehr und mehr gleich berechtigt und ergänzend zur einfachen Analyse und Synthese hinzu. Beide jedoch — wissenschaftlicher Perfektionismus und kybernetische Suchstrategien — scheinen in Irrgärten von Komplexitätsmustern gegenwärtig eher in Randbezirken und Oberflächlichkeiten hängen zu bleiben. So wird dann wohl als dritte Komponenten in abstrahierender Zusammenschau der originären Bemühungen wieder der umstrittene Weg der Simulierung, Analogisierung und Modellierung an Attraktivität gewinnen.

Monomeren-Effektor-Nucleinsäure-Wechselwirkungen:

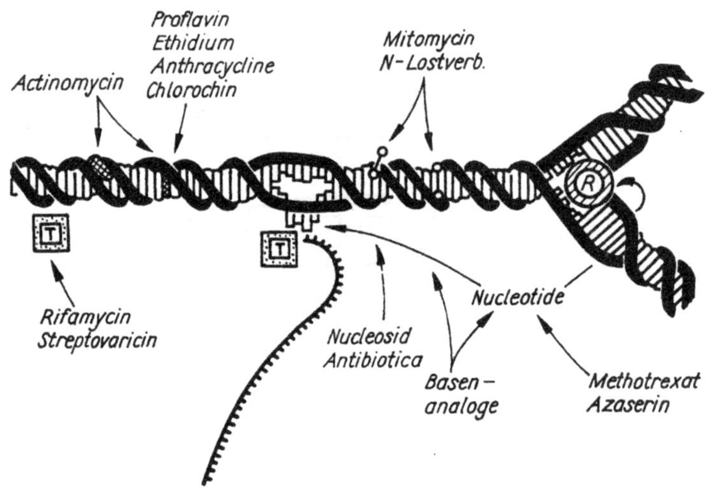

Effektorfunktionen von einigen wichtigen Monomeren bezüglich Replication (R = Replicase) und Transcription (T = Transcriptase, vor und während der Überschreibung) nach M. Waring [165].

Da prinzipiell Intercalationen sowohl in B- wie in A-Typen möglich sind, könnte die wechselweise Vorliebe für diese Anordnungen eine Ursache unterschiedlicher Replications- und Transcriptionsbeeinflussungen durch Intercalatoren sein.

Beispiele:

Kovalente Fixierung

Courtauld-Kalottenmodell der Intra-Strang-Fixierung zweier Guaninbasen durch bifunktionelle N7-Alkylierung mit N-Lost (daneben sind auch Inter-Strang-Vernetzungen denkbar).

Die Komplexität der Probleme erfordert die Komplexität unserer Problemerkennung und -lösung. Unser Bild wird ein immer nuancierteres, feiner abgestuftes Mosaik werden müssen, ein Muster, in dem das Ganze zunehmend die Strukturierungen seiner Teile überlagern wird.

Wir scheinen noch weit von jenen Zeiten eines horizontal und vertikal gleich tragenden und angefüllten Verständnisses entfernt, weiter als simplifizierte Einblicke uns vielleicht

Monomereffektor-Nucleinsäure-Wechselwirkungen
Beispiele:

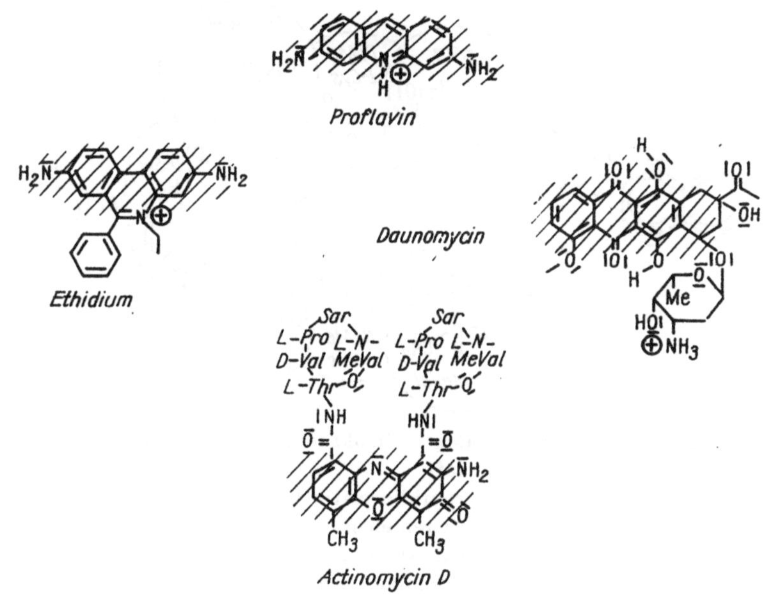

Die Intercalation:
Einige typische Effektorstrukturen, die auf Grund flacher Aromatenteile zur Intercalation in den Basen-stack befähigt sind [160–169. 172, 219–232].
Die basenpaaranalogen Intercalatoren [521] zeigen bisweilen ausgesprochene Sequenzspezifitäten. Zusätzlich verändern Blockaden der großen oder kleinen Furche ihr Wirksamkeitsspektrum.

im Augenblick vorgaukeln mögen. Die B-DNA-Struktur — in erstaunlichem Maße vom Konzept bis zur konformativen Ausgestaltung, von ihrer Aussage hinsichtlich Information und Funktionalität so richtig, daß selbst die modernsten Spürmethoden das molekulare Arrangement nicht wesentlich mehr veränderten — hat in ihrer bestechenden Ästhetik eher die Rolle eines Fanals gespielt, als daß ihre anscheinend so offen liegenden Struktur/Funktions-Relationen in tatsächlich gesichertes Wissen umgesetzt werden konnten.

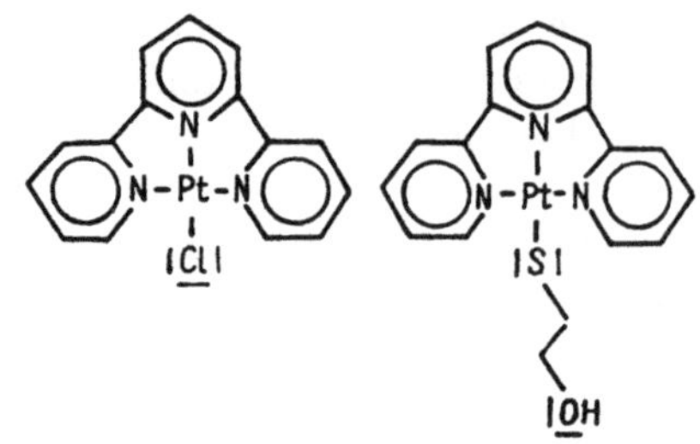

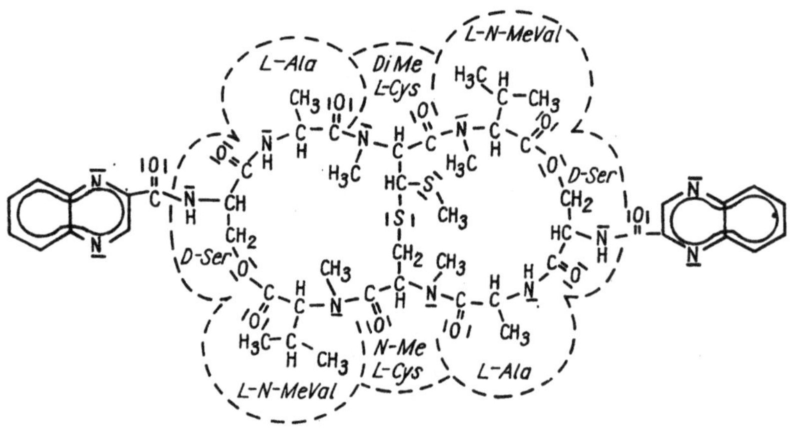

Die Palette basenpaaranaloger Strukturen [172, 521] mit Intercalationsneigung fächert sich immer breiter auf:

Carcinostatische 2.2'.2''-Terpyridin-platin(II)-Komplexe nach K. W. Jennette u. Mitarb. [402] (oben) intercalieren ebenso wie

Echinomycin nach M. J. Waring u. L. P. G. Wakelin [404] (unten), letzteres mit seinen beiden Chinoxalin-Chromophoren gleich zweifach. Der symmetrisch verbrückte Octadepsipeptidring, der die beiden stack-Partner verbindet, sorgt für spezifische Anpassung an verbindliche DNA-Sequenzen.

Besonders die letzte Verbindung könnte zu ebenso spezifischen wie gefährlichen, DNA-unique-Sequenz-maßgeschneiderten Kombinationen mehrfach intercalierender Basenpaar analoger mit template-gepaßten Zwischenstücken anregen.

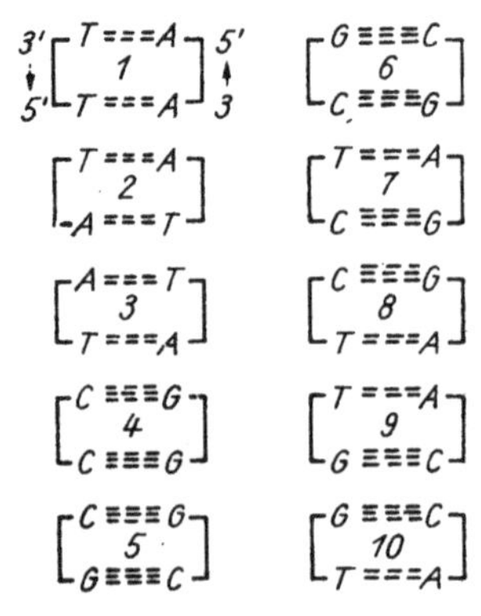

Zehn Möglichkeiten von stack-Selektivitäten bei der Intercalation von monomeren Effektoren zwischen verschiedene Basenmuster nach E. J. Gabbay u. Mitarb. [228].

Intercalationsmodelle:

Modell einer Intra-Strang-Intercalation nach N. J. PRITCHARD u. Mitarb. [161] — Acridinium intercalierend im Einzelpolydesoxyribonucleotidstrang — in zusätzlicher elektrostatischer Wechselwirkung mit einem Phosphat.

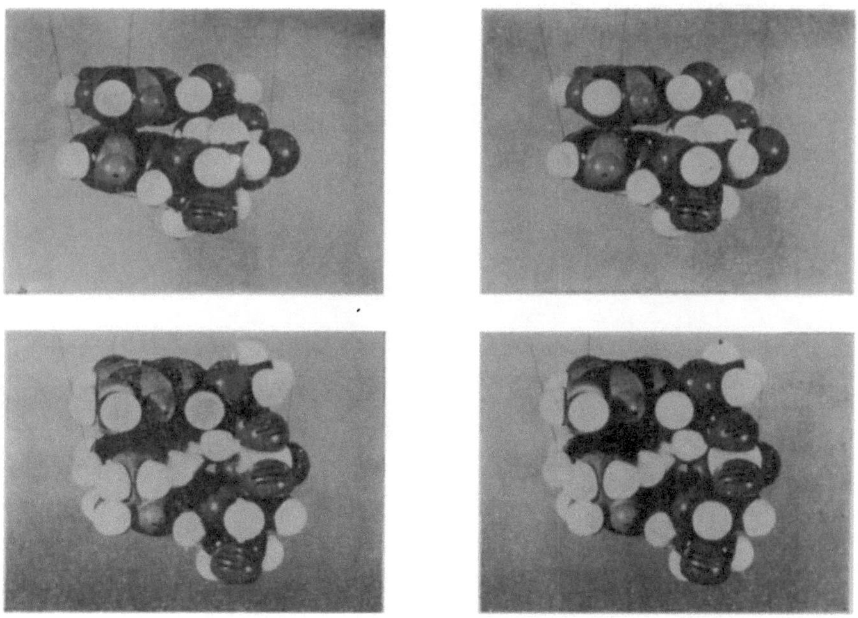

Das Intra-Strang-Intercalationsmodell in CPK-Kalottendarstellung
oben: B-DNA-stack;
unten: Proflaviniumion in Wechselwirkung mit einem Phosphat und intercalierend im „Biß" des stacks.

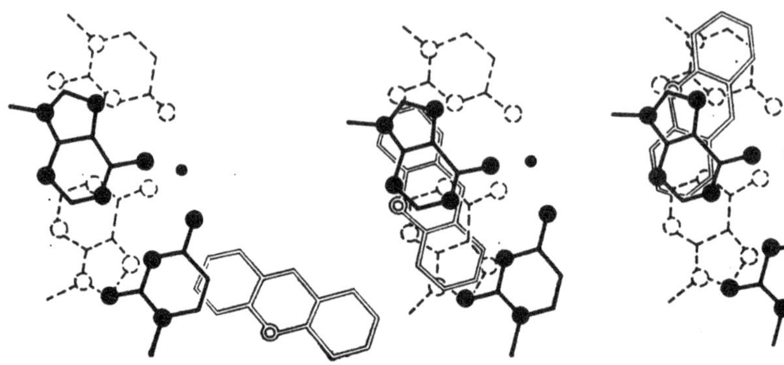

Acridin-Intercalationen sind jedoch weit komplizierter. Neben dem Pritchard-Modell spielen sicher noch losere Assoziationsformen, aber auch Inter-Strang-Assoziationen eine Rolle [160–169, 172, 224–229].
Acridinium-stack-Assoziationen und Intercalationen nach W. C. Galley u. R. M. Purkey [163].

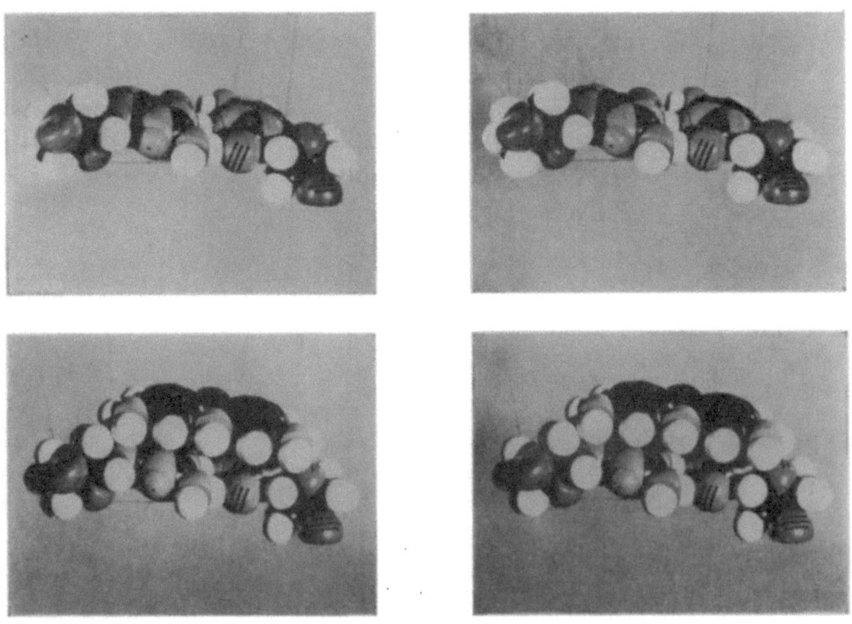

CPK-Kalottendarstellung der Inter-Strang-Intercalation von Proflavinium in einen B-DNA-stack.
oben: G-C-Paar in B-DNA-Anordnung;
unten: Proflavinium in Interstrang-Intercalationsposition über dem Basenpaar.

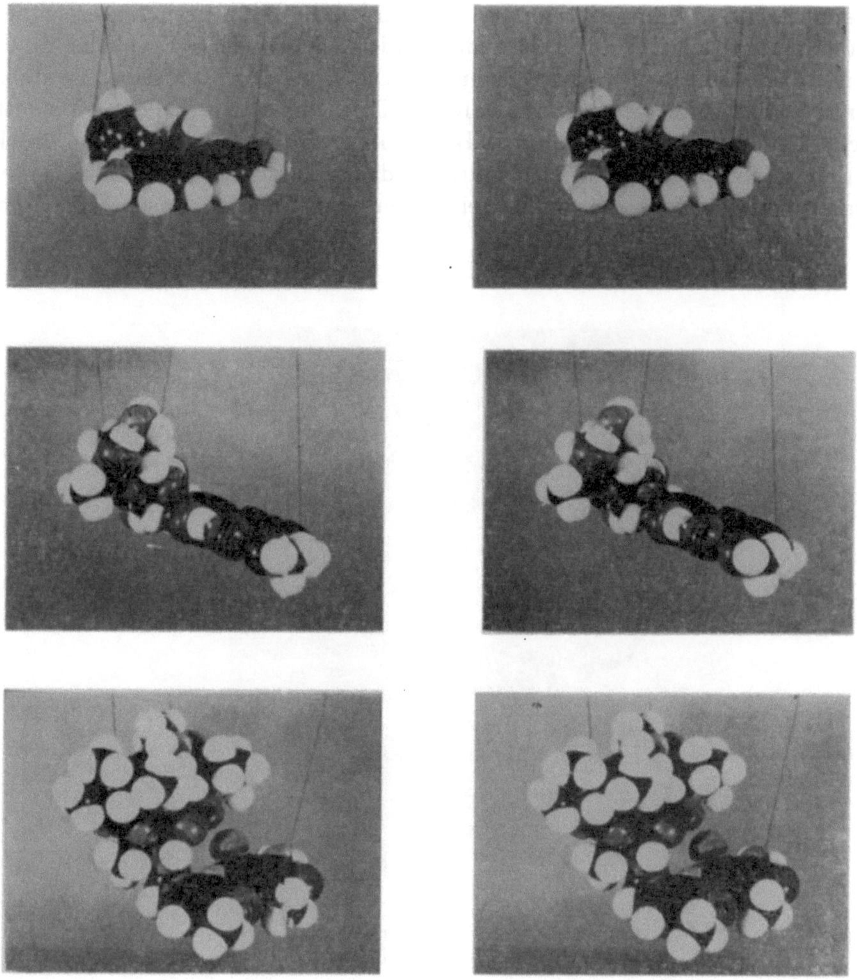

Drei Intercalationseffektoren mit unterschiedlichen zusätzlichen Stabilisierungsmechanismen in CPK-Kalottendarstellung.
Von oben nach unten:
Ethidium: flache Aromatenstruktur mit den Intercalations- und Ionenwechselwirkungsvoraussetzungen des Acridinium und Proflavinium. Der abgewinkelte Aromat und die Alkylgruppierung hängen wahrscheinlich in die große Furche der B-DNA hinein [160].
Daunomycin: Intercalierende flache Aromatenstruktur und auf Grund von hydrophoben, polaren und Ionenkontakten anschmiegsames „Hydromuster" zur Verankerung an der B-DNA [160].
Actinomycin: Intercalationsbeflissene Aromatenstruktur mit zwei komplexen Cyclodepsipeptidflügeln zur sterisch diffizil eingepaßten Wechselwirkung in der kleinen Furche der B-DNA [160]. Im Kalottenmodell ist das nach unten hängende „Hirschgeweih" (Cyclodepsipeptid) weggelassen.

Replication und Transcription, zwei so offenkundig strukturell vorgezeichnete Prozesse, haben bisher allen Versuchen widerstanden, tatsächliche Einblicke in die diffizilen molekularen Mechanismen zu gewinnen. Die DNA-Struktur selbst ist dabei, sich von einem Monolith in viele wissenschaftliche Problemkreise aufzulösen. Was ist sie eigentlich? Eine Packung hydrophober Basen über eine eher hydrophobe Brückenstruktur an eine hydrophile Kette angelenkt, ein durch komplizierte vertikale und horizontale Orientierungssysteme zusammengehaltener und fixierter Basenstapel, eine — wenn

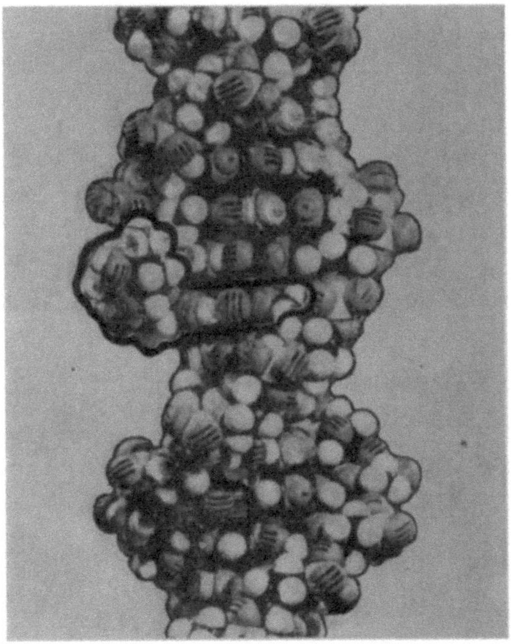

Intercalation von Daunomycin in die große Furche einer B-DNA nach W. J. PIGRAM u. Mitarb. [223]. Modell des Daunomycin/B-DNA-Komplexes in CPK-Kalottendarstellung. Zur besseren Übersicht ist das intercalierende Molekül stark umrandet hervorgehoben. Man erkennt den sandwich-Einschub in den DNA-stack, die gute sterische Passung der Nichtaromatengruppierung des Daunomycin an den Helixverband und die zusätzlich stabilisierende elektrostatische Wechselwirkung zwischen Zucker-Ammonium- und Strang-Phosphatgruppierung.

man so will — durch unterschiedliche Domänenbezüglichkeiten modulierte hydrophobe Phasenmelodie, in einem komplexen Erkennungssystem zusammengehalten, nach außen verwandten komplexen Erkennungs- und Regelhierarchien zugänglich, profan strukturell eine Wendeltreppe voller nuancierter Information für Proteinsysteme, die sie unter vielgestaltigen Aspekten „begehen“ [130—133, 351, 389—455].

Der Indiziennachweis der Intercalation nach M. WARING [167].
Das Prinzip der Beweisführung ist einfach:
Jeder intercalative Einschub erfordert im Bereich der Insertion eine lokale Aufwindung der Doppelhelix. Damit ändert sich die Zahl der Basenpaare/Windung. Für circulare DNAs bedeutet das mithin eine Änderung im Twist der Sperhelix, die sich bei fortlaufenden Intercalationen experimentell durch die Änderungen des Sedimentationskoeffizienten verfolgen lassen.
Praktisch nehmen bei Intercalationsprozessen zunächst die Windungen des rechtgängigen Supercoils ab, die S_{20}-Werte fallen. Der Prozeß durchläuft ein Minimum der S_{20}-Parameter, wenn die zunehmende Aufwindung der Superhelix zum Verlust der Supercoil-Struktur führt. Bei fortlaufenden Intercalationen wird schließlich die cirkulare DNA in einen erneuten, nunmehr linksgängigen Supercoil — mit parallel zu den Einschüben sich vergrößernder Zahl der Supercoil-Wirkungen — gezwungen.

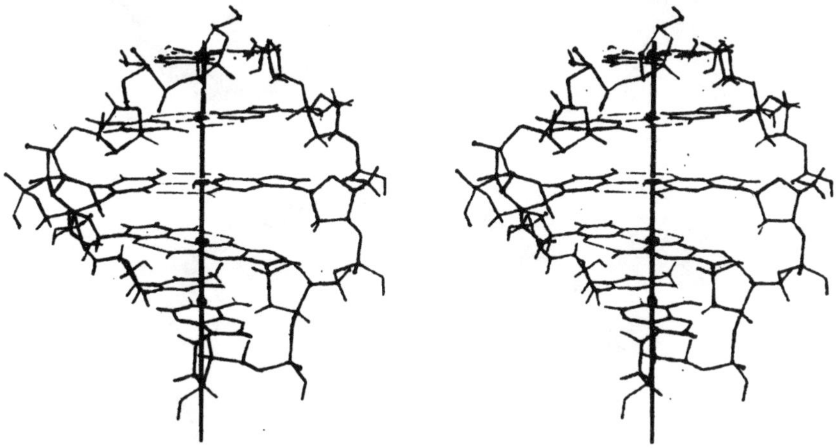

Dreiding-Modell-B-DNA-Struktur

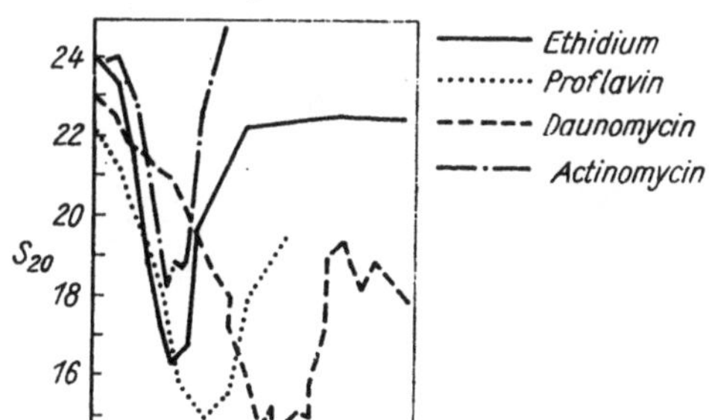

Zusammenstellung der Abhängigkeiten von S_{20}-Werten und Zahl der intercalierenden Moleküle für einige typische DNA-Intercalationspartner (modifiziert nach M. WARING [167]).
Kurvenverlauf für Ethidium, Proflavin, Daunomycin und Actinomycin.

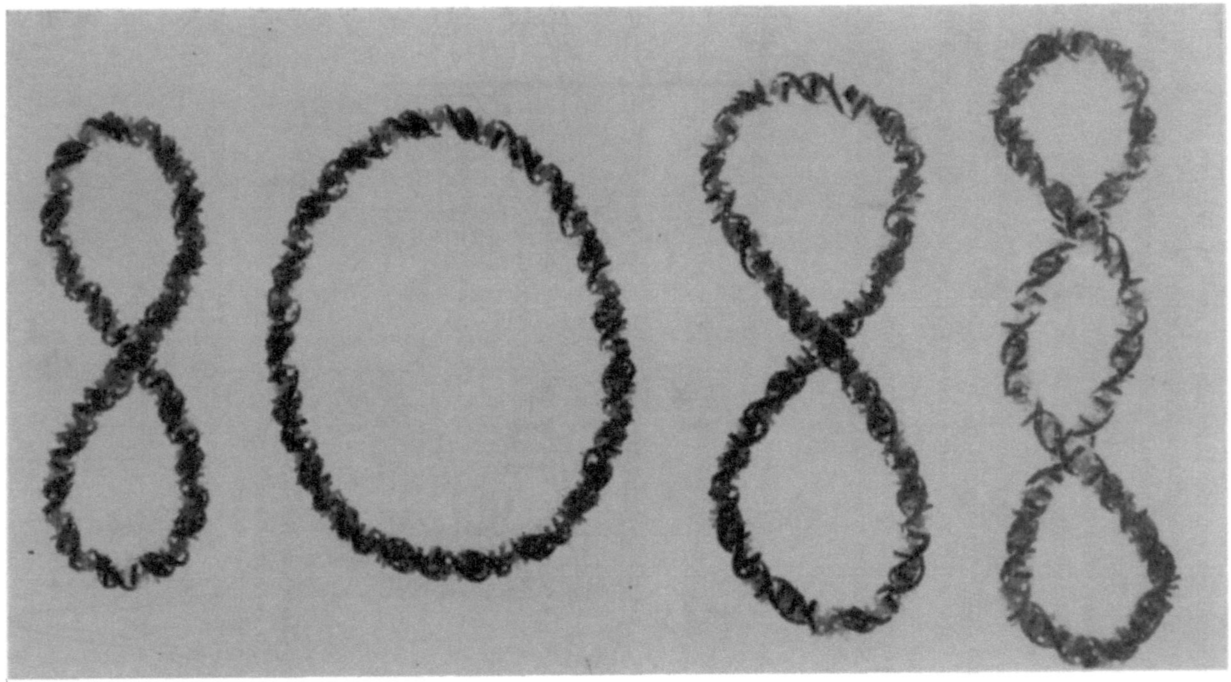

Von links nach rechts die Verdeutlichung des Gangs der Supercoil-Windungen einer circularen DNA in Abhängigkeit von statistisch intercalierenden Effektormolekülen (dunkel markierte Holzplättchen) nach M. Waring [167].
Verlauf: rechtgängige Superhelix, aufgehobenes Supercoil, zunehmende Windungszahl einer sich zunehmend einschnürenden linksgängigen Superhelix.

Steroiddirektion von Nucleoproteinsystemen.

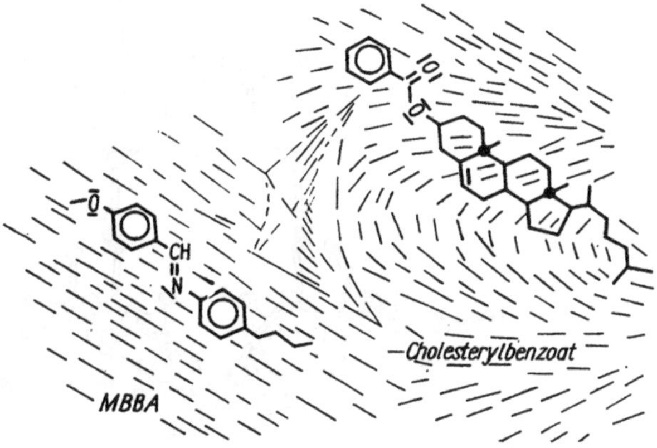

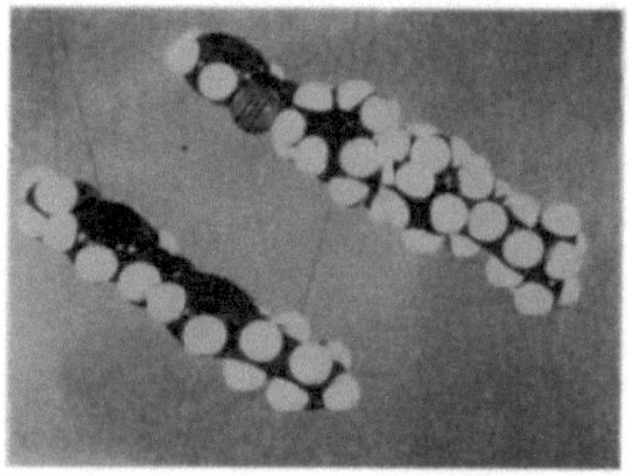

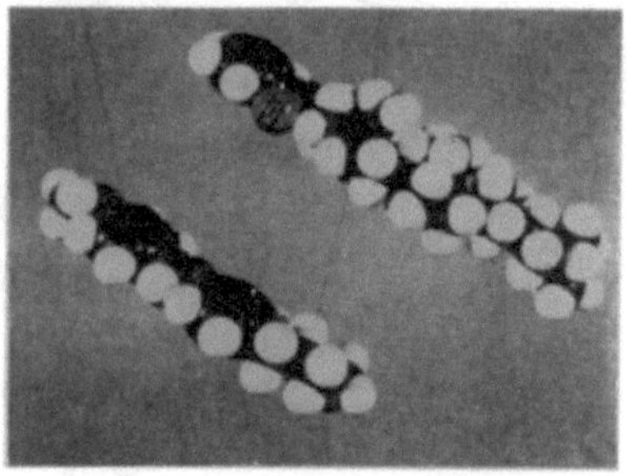

Diese Vorgänge besitzen inzwischen eine „nahe Analogie“: Phasenumklappvorgänge von nematischen in cholesterinische Bereiche bei Dotierung von nematischen Komponenten mit optisch aktiven Partnern [160, 167, 225, 230–233].
MBBA – KELKERS Standardsubstanz mit breitem nematischen Phasengebiet.
Cholesterylbenzoat: ein typischer Vertreter cholesterinischer Mesophasenbereiche.
Schemazeichnung und CPK-Modelle.
Steroiddirektionen in Nucleoproteinsystemen: vielleicht so etwas wie diffizile Schalter von Phasenumorientierungen in Netzwerken kooperierender Domänenbezirke.
Ein neuer Dualismus zwischen Molekül und Phase in den komplexen Aktionsmustern biopolymerer Strukturierungen und Funktionalitäten.

SOBELL und das Actinomycin D [219, 220]:
Röntgenstrukturanalyse eines Actinomycin D/Desoxyguanosin-Komplexes mit weitgehenden Folgerungen:
Das zweizählig symmetrische Actinomycin

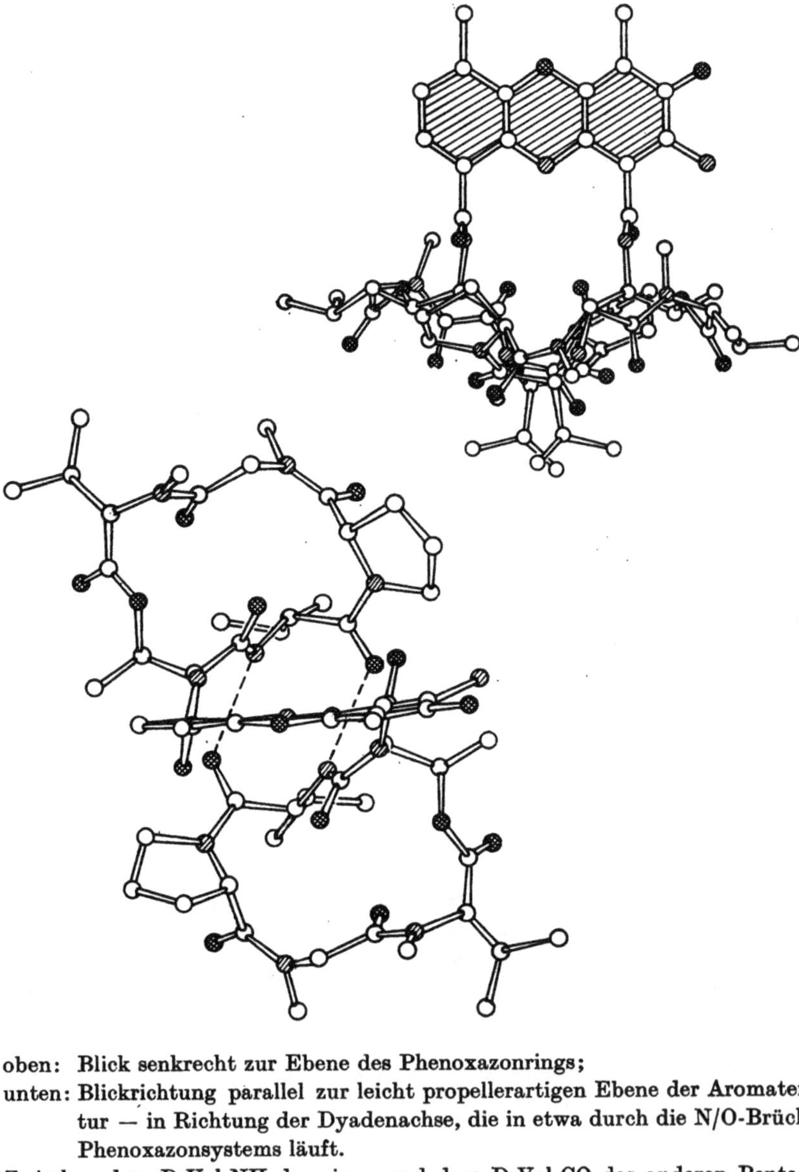

oben: Blick senkrecht zur Ebene des Phenoxazonrings;
unten: Blickrichtung parallel zur leicht propellerartigen Ebene der Aromatenstruktur — in Richtung der Dyadenachse, die in etwa durch die N/O-Brücken des Phenoxazonsystems läuft.

Zwischen dem D-Val-NH des einen und dem D-Val-CO des anderen Pentapeptidsubstituenten der Aromatenstruktur bestehen starke H-Brückenbindungen.

Der Actinomycin/Desoxyguanosin-Komplex besitzt zweizählige Symmetrie. Die beiden Desoxyguanosine stehen in Wechselwirkung mit den beiden Pentapeptidsubstituenten und stacken auf beiden Seiten des Phenoxazonsystems. Beide Desoxyguanosine liegen in anti-Konformation vor. Guanin ist durch eine starke H-Brücke zwischen seiner 2-NH_2-Gruppe und dem L-Thr-CO sowie eine schwache zwischen der NH-Funktion des gleichen Substituenten und seinem N(3) an die Pentapeptitstruktur fixiert; daneben spielen noch andere polare und hydrophobe Kontakte eine Rolle.

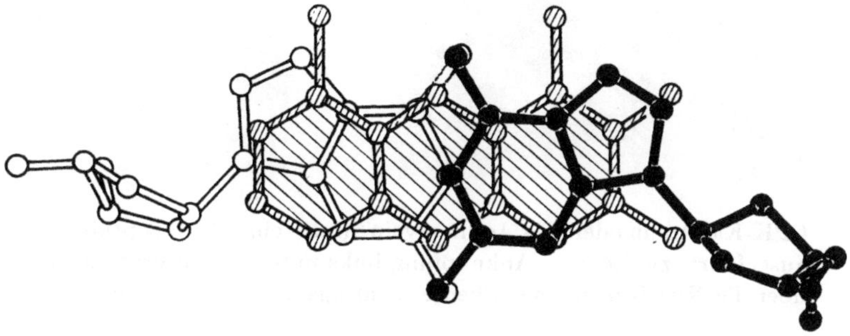

Blick senkrecht zur Ebene des Phenoxazonrings. Intercalation des Aromatenteils zwischen die beiden Desoxyguanosine.

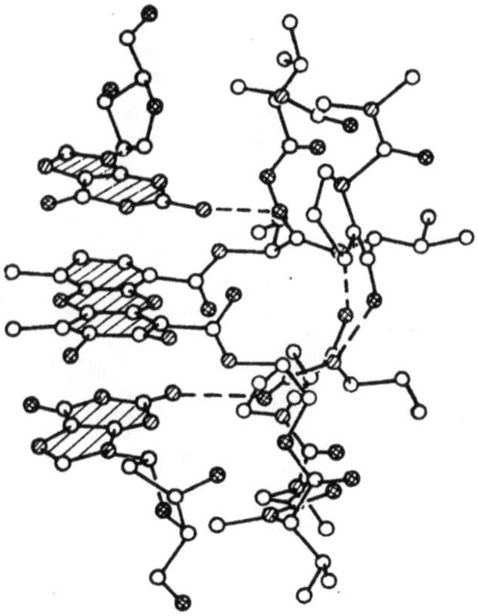

Blick senkrecht zur Dyadenachse. Schematisch voll ausgeführter Komplexaufbau mit eingezeichneten starken H-Brücken-Fixierungen, Schemazeichnungen nach H. M. Sobell u. Mitarb. [219, 220].

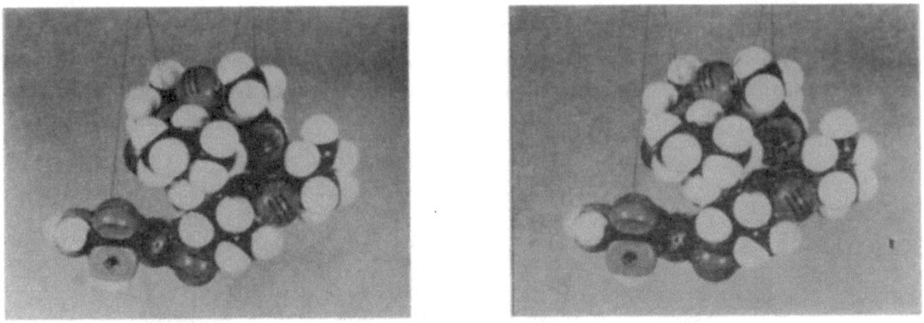

CPK-Kalottenmodell des Actinomycin (nur ein Pentapeptidsystem rechts oben ausgeführt, zweitens — Anknüpfung links unten — entfernt) Blick in Richtung der über die N/O-Brücken des Phenoxazonrings laufenden Dyadenachse.

Extrapolation der Befunde am Actinomycin/Desoxyguanosin-Komplex in die stack-Intercalation in eine B-DNA nach H. M. SOBELL u. Mitarb. [219, 220], vgl. auch [221, 222]:

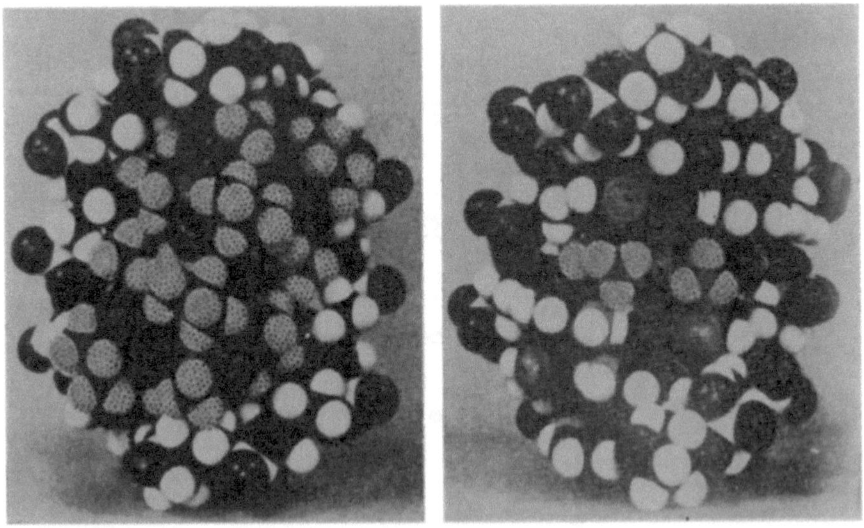

Model-building der Intercalation von Actinomycin in ein 6-Basen-Paarsegment einer B-DNA (d[A—T—G—C—A—T]-Stränge!) nach H. M. SOBELL u. Mitarb. [219] modifiziert. Blicke in Richtung der Dyadenachse; links: aus der Richtung der Pentapeptidsubstituenten (kleine Furche); rechts: aus der des intercalierten Phenoxazonrings (große Furche). Actinomycinteile grau-punktiert hervorgehoben.

Computer-Verdeutlichung der Actinomycin-Intercalation in eine B-DNA nach L. Katz in [220]:

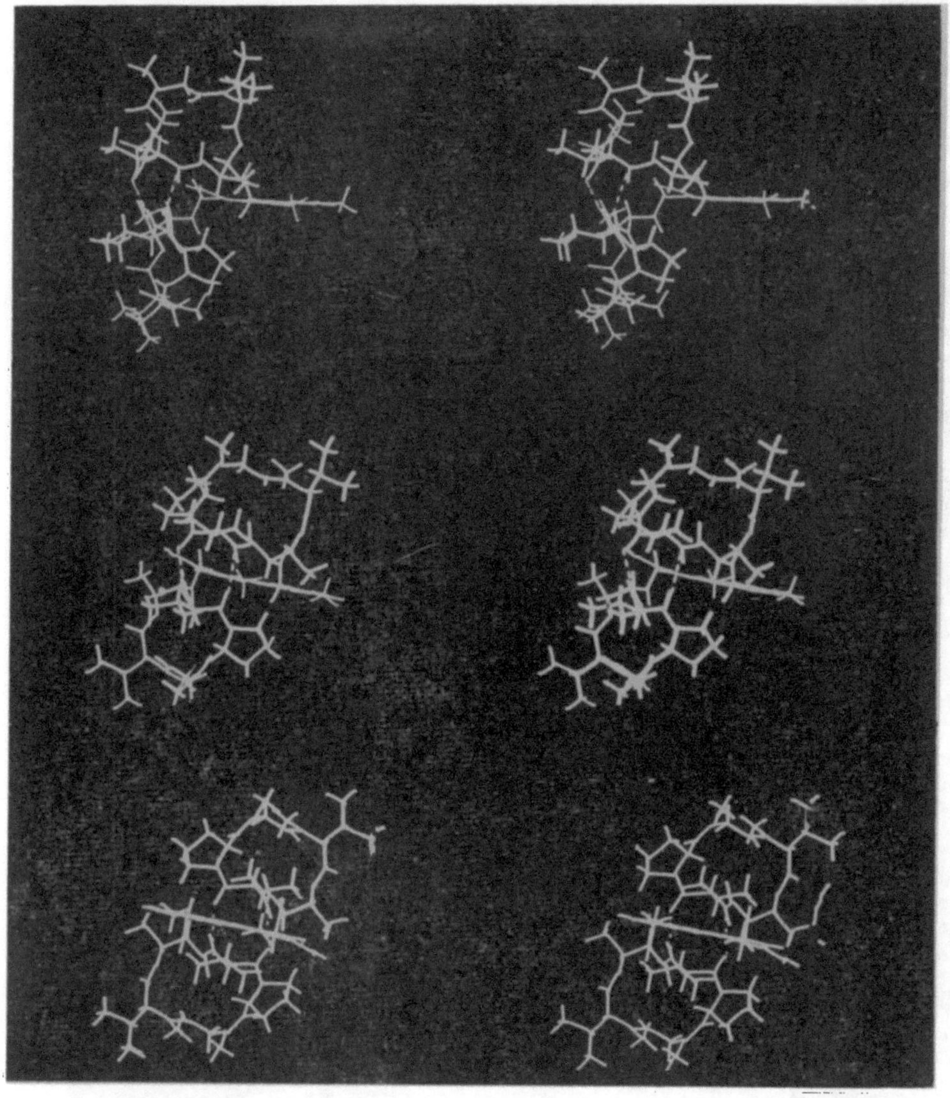

Actinomycin;
von oben nach unten in partieller Rotation;
unten Blick in Richtung der Dyadenachse.

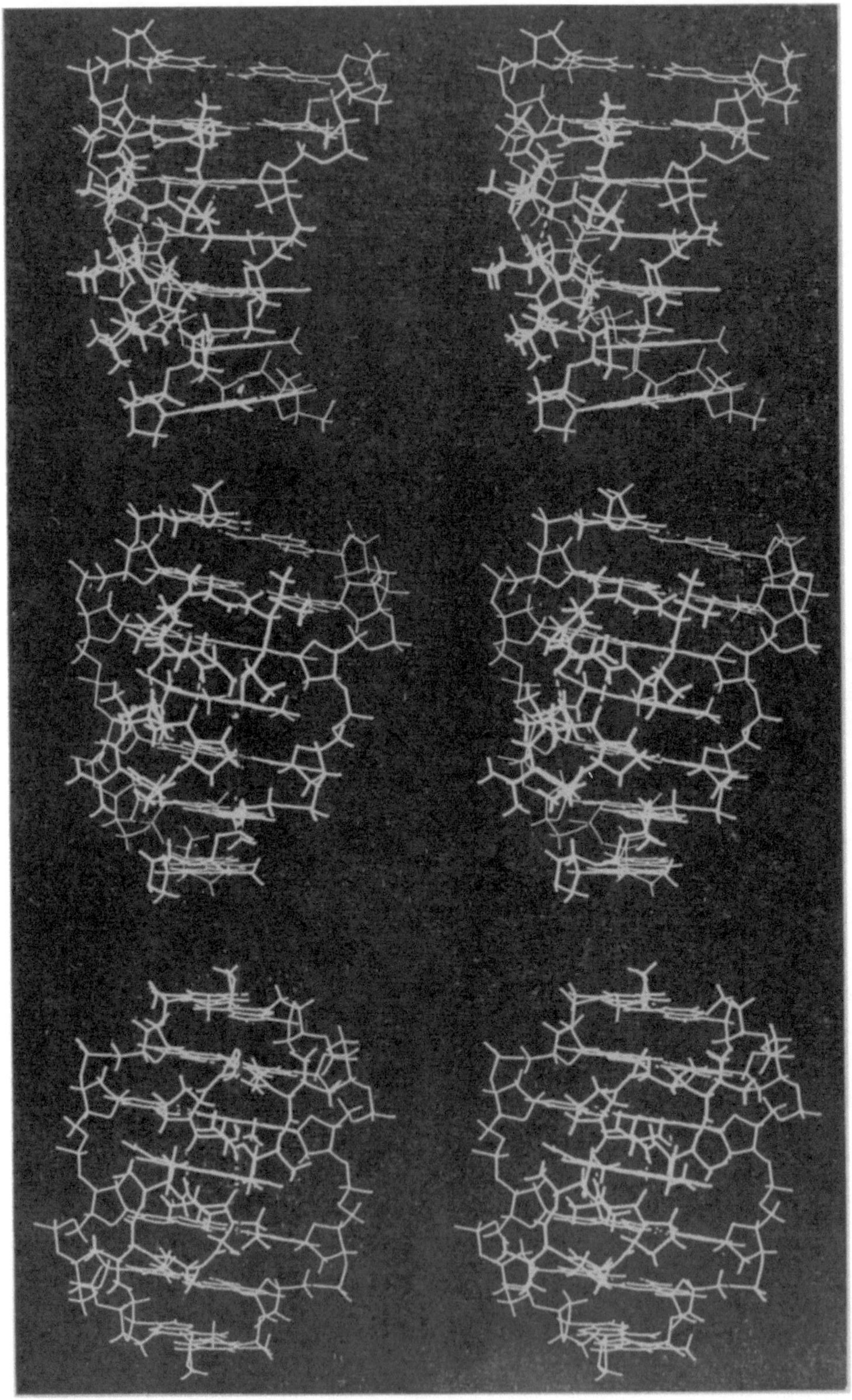

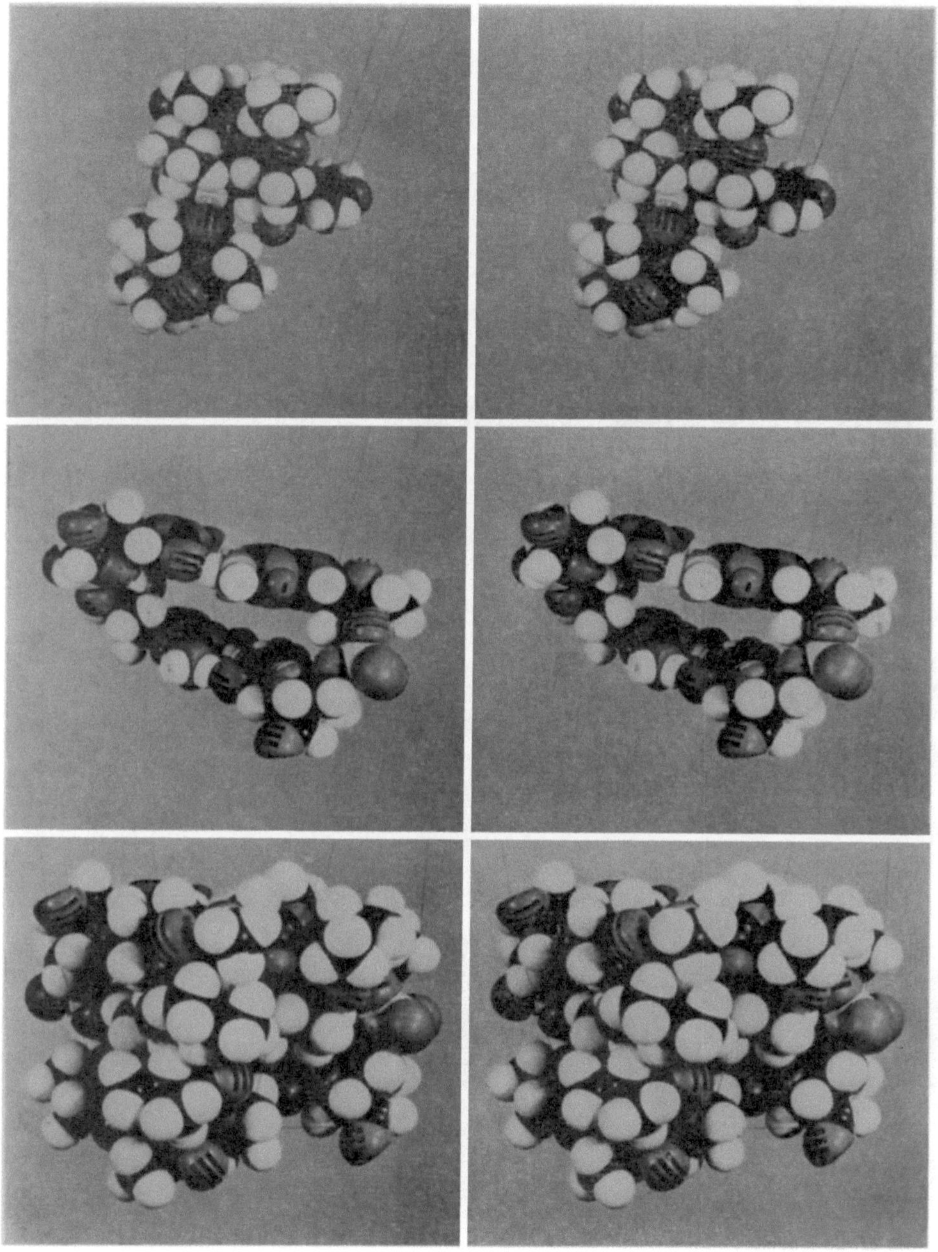

Blick in die kleine Furche:
CPK-Darstellungen von oben nach unten:
Actinomycin (analog S. 67 oben);
die sich öffnende Höhlung zwischen den (dG—dC) · (dC—dG)-Paarungen einer B-DNA;
Intercalation von Actinomycin (analog S. 68 unten).

← Actinomycin/d(A—T—G—C—A—T) · d(A—T—G—C—A—T)-Komplex.
Darstellungen wie auf vorangehender Seite in partieller Rotation. Im unteren Bild Blick in die kleine Furche in Richtung der Dyadenachse des Intercalators.

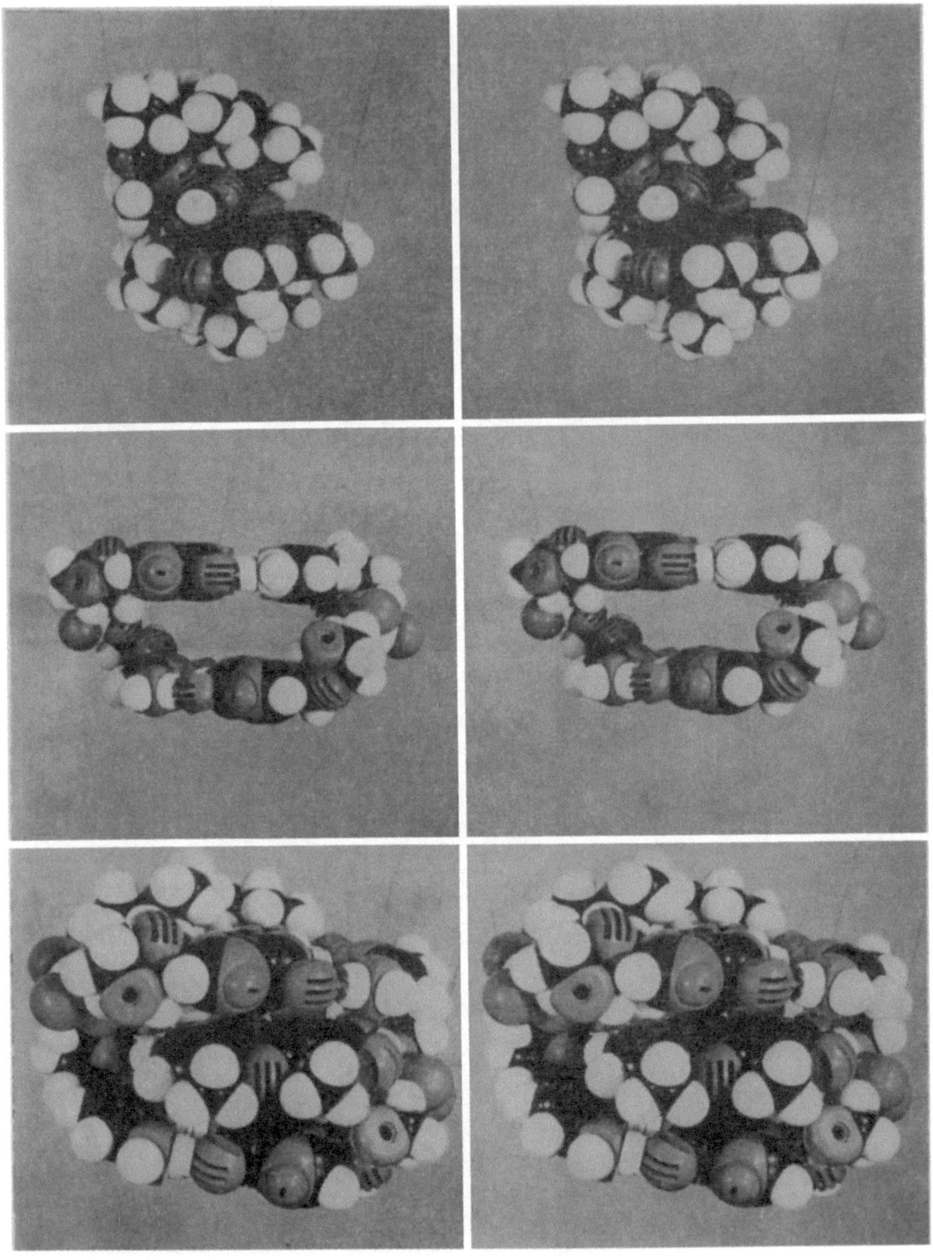

Blick in die große Furche:
CPK-Darstellungen von oben nach unten:
Actinomycin aus der Richtung des flachen Chromophors;
die sich öffnende (dG-dC) · (dC-dG)-Höhlung (vgl. vorige Seite) von der großen Furche her;
Intercalation von Actinomycin — Blick in die große Furche etwa in Richtung der Dyadenachse des Intercalators.

Der intercalative Einschub in eine B-Form ist generell von einer Änderung der Konformation der Zucker (C3'-exo nach C3'-exo(5'-3')C3'-endo) und der Phosphatesterbrücke (Diederwinkel um die C5'—O(5')-Bindung spielen nach trans) im Intercalationsbereich begleitet. Aus typischen B-Mustern entstehen damit A-analoge Domänen.

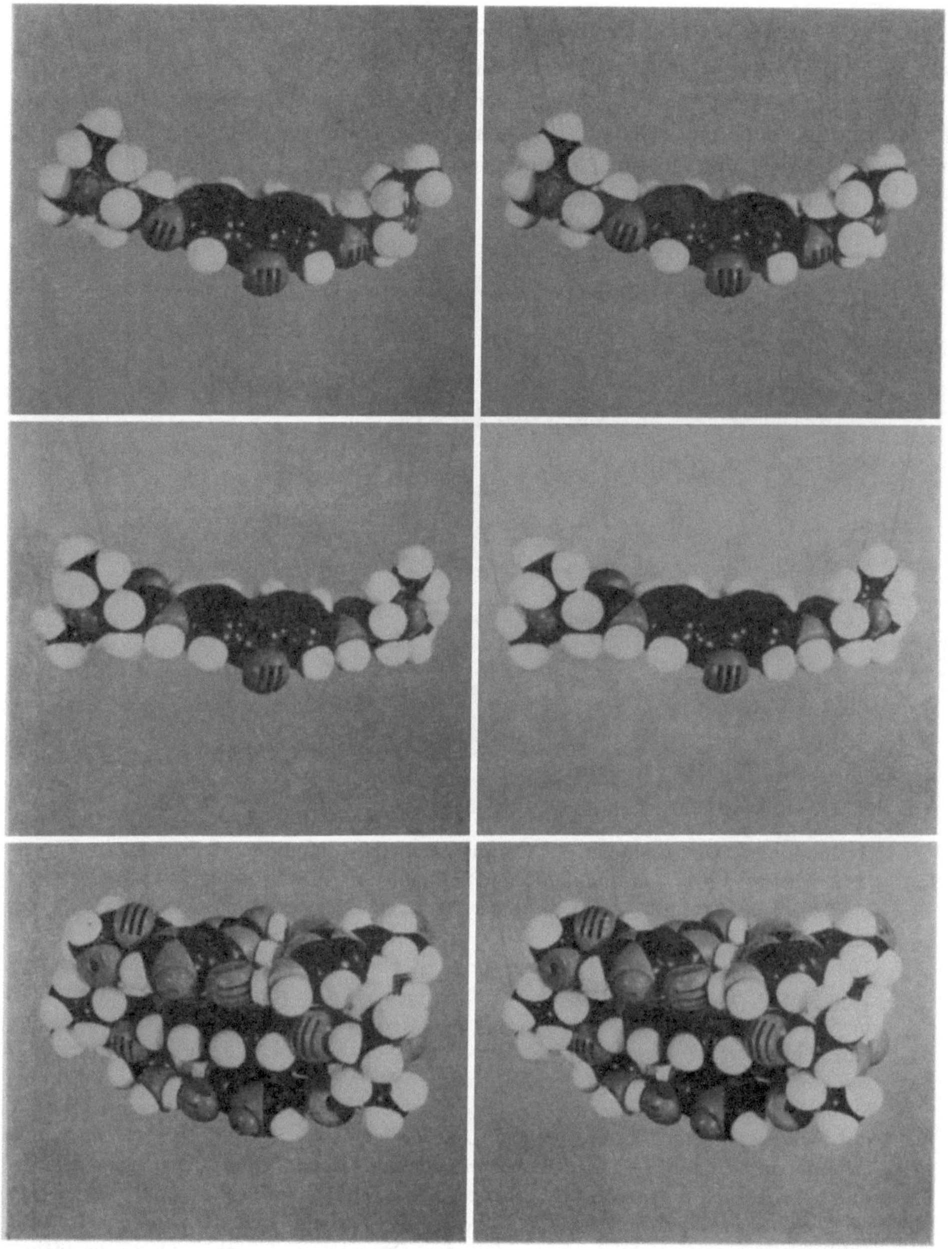

Intercalationen lassen sich auch als Wirkursache für eine Reihe „monomerer“ Interferoninducer diskutieren. Sowohl Tiloron (oben) (P. CHANDRA u. Mitarb., FEBS-Letters 41 (1974) 169) wie auch Fluoramide (mitte) (S. HOFFMANN u. Mitarb., [521]) — beide in vivo (Maus) interferoninduzierend — liefern Anhaltspunkte für spezifische Intercalationen. Die dadurch hervorgerufenen teilweisen Verschiebungen der B- in dsRNA-ähnelnde A-Muster im Domänenbereich der Intercalation könnten u. a. eukaryotische Mechanismen der „nicht-selbst-Erkennung“ provozieren. Das untere Bild verdeutlicht die Intercalationsmöglichkeiten der flachen Fluoren-9-on-Struktur in den (dC—dG) · (dC—dG)-Bereich einer DNA unter zusätzlicher Fixierung durch elektrostatische Kontakte zwichen Strangphosphaten und den Amino-terminals des Intercalators.

Ein komplexes Polyelektrolytsystem, durch unterschiedliche Gegenionen strukturierbar, manipulierbar, über Areale abgestimmter Gegenion- und Polaritäts-Muster regulierbar, empfindlich gegenüber jeder Milieuveränderung im Inneren und im Äußeren, ein fein ausgewogenes Moasik aus Domänenfunktionalitäten — aufgehängt in Netz-

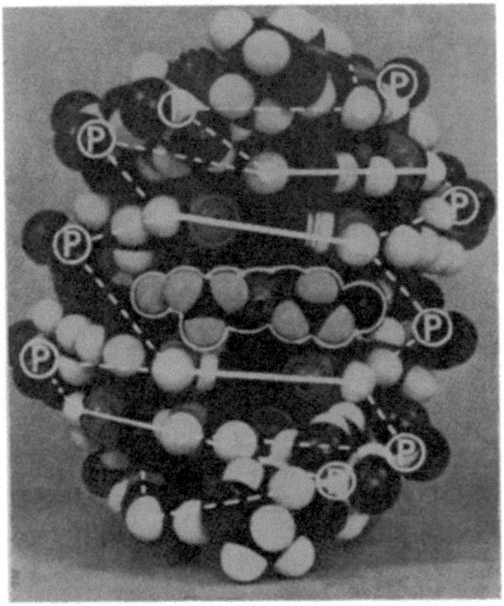

Actinomycin/DNA-Komplex — Primitivmodell — nach H. M. SOBELL u. Mitarb. [219, 220, 241, 267] — für das offene Problem der DNA/Proteinerkennung [221, 224 bis 226, 242—271, 275—295], GILBERT, MÜLLER-HILL, BEYREUTHER und viele, viele andere [275].
Die Actinomycin/DNA-Wechselwirkung — oben nochmals eine Wiedergabe des Komplexes nach R. E. DICKERSON [221] — und die Spezifität von Actinomycin in der Unterdrückung der RNA-Polymerase-Aktion führte SOBELL zur Annahme eines primitiven Repressor/Operator-Charakters dieses Komplexes [219, 267]. Falls ein Repressormolekül — ähnlich dem Actinomycin — über eine zweizählige Symmetrie verfügte, dann müßte, unter Zusammenfall der zweizähligen Achse mit der Dyadenachse der DNA, auch die Basensequenz des Operators eine zweizählige Symmetrie besitzen, — eine frühe extrapolierende Spekulation, die sich gegenwärtig durch Untersuchungen von K. BEYREUTHER u. Mitarb. sowie W. GILBERT u. Mitarb. über Struktur/Funktionspassungen von lac-Repressor und -Operator mit zweizähligen Basensymmetriebezirken für den Operator aufs schönste zu bestätigen scheint.

werken übergeordneter Domänenkooperativitäten. Nichts allein passives, nichts allein aktives, ein Informationsspeicher voller kooperativer Funktionalität, ein Funktionssystem voller Informativität. Keine drei kanonischen Formen, sondern eher ein Konformationsspektrum. Manipulierbar von außen, bedingt aber auch schon durch die eigenen Basenmuster, AT-reiche Regionen, die sich deutlich von GC-reichen unterscheiden, die einen andere Konformationen erstapelnd als die anderen, ein System —

empfindlich in Informativität und Funktionalität gegenüber Fremdmolekülen, die die Geometrien von Basenpaaren imitieren und die mit ähnlichen Kooperativitätsmustern in den stack-Prozeß einbrechen, in das vielgestaltige Kooperationsspiel zwischen stack-Assoziation und -Intercalation aufgenommen werden können. Über lange Evolutionsperioden von Störfaktoren in Regelgrößen umfunktioniert vielleicht die einen, aus

Eine Art Actinomycin-Analoges ist das Ethidiumbromid. Der für spezifische DNA-Sequenzen template-gepaßte Depsipeptidring des Antibioticums wird hier durch die abstehenden Phenyl- und Äthylgruppen etwas simplifiziert und damit auch sehr viel weniger spezifisch modelliert.

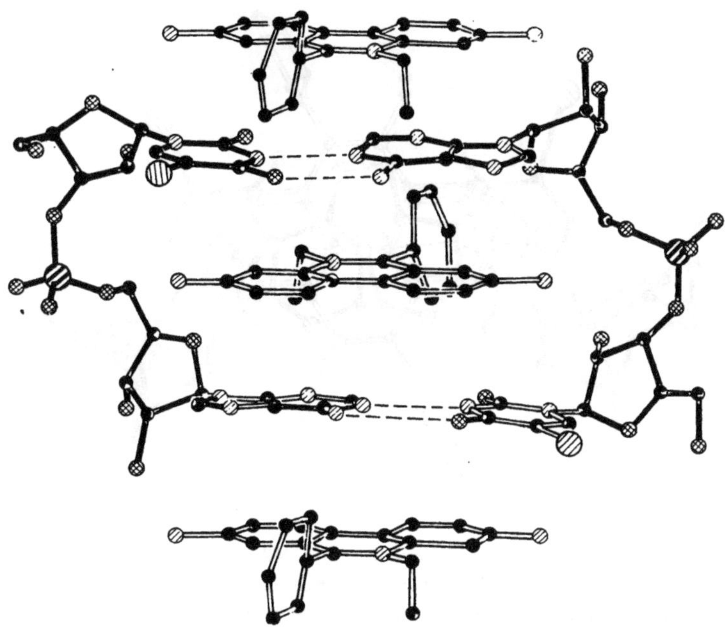

H. M. Sobell u. Mitarb. [401] machten den Ethidiumbromid/5-Joduridylyl-(3′,5′)-adenosin-Komplex ebenfalls in Hochauflösung zugänglich.
Seitenansicht

unserem gegenwärtigen synthetischen in vitro-Arsenal stammend und deshalb voller unangepaßter Überraschungen für die evolutionär hierauf nicht vorbereiteten DNA/RNA-Systeme heutiger Tage die anderen. Struktur/Effektor-Funktionen zwischen Carcinogenese und Hormonwirkung in den Grenzzonen eines breiten Spektrums möglicher Bioeffektorpotenzen unterschiedlicher Wege, Orte und Ebenen [25, 60, 130—238, 341—345, 351, 396—521].

DNA-Systeme zwischen Pro- und Eukaryoten-processings, Systeme zwischen dominierender Informativität und untergeordneter Funktionalität bis hin zu den hochentwickelten Chromosomenstrukturen höherer Organismen, die — in ihrer Feinzusammensetzung noch immer nur spekulativ — sicherlich für die zunächst os offenkundig überwiegenden Aufgaben der Proteininformation nur noch wenige Prozente ihres

Strangarsenals reserviert haben, deren umfangreiche Zwischenregionen ein bisher unerforschtes Mysterium geheimnisvoller Signal- und Operationsfolgen beinhalten. Systeme, in denen die analytische Trennung von Nucleinsäuren (DNA und RNA!) — und Protein-Mustern sicher ebenso ihre Bedeutung verliert wie die gedankliche Absepa-ration weiterer Regelgrößen wie beispielsweise unterschiedlicher Ionenmuster ,Spektren von Bioeffektormolekülen und schließlich „last" aber ganz gewiß „not least": der umhüllenden und umhüllten, regelnden und geregelten Wasserschwarmmuster. All das in Prozessen zusammengebündelt, die einerseits Spiele definierter Molekülverbände,

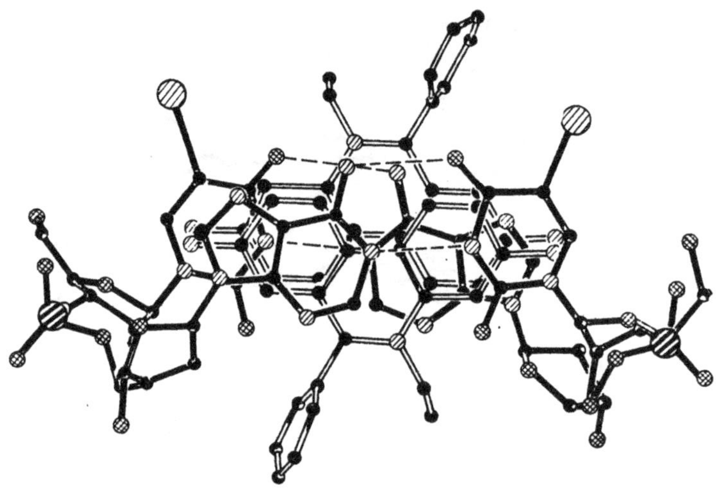

Aufsicht
Während für die Intercalations in die DNA bisher eine Anordnung der Phenyl- und Äthylgruppierung in der weiten Furche angenommen wird, gibt das Modell die Lokalisierung in der engen wieder. Eine unmittelbare Bezüglichkeit der Aussagen dürfte jedoch durch die Uracil-Substitution in Sobells Modell und seine sicher ungenügende Simulation eines DNA-Helix-Verbandes limitiert sein.

andererseits aber auch Aktionsmuster übergeordneter Phasensysteme darstellen, komplexe Erscheinungen, aus denen wir die molekular strukturierten Übersetzungskünste in Replication/Transcription und Translation herauslesen sollen.

1.3.1. Replication

Wir wissen heute einiges, und zugleich doch wenig über den Replicationsprozeß. Das ursprüngliche, so überzeugende Modell einer „Reißverschluß"operation wurde durch die anscheinend inversen Ableserichtungen der beiden Stränge verunsichert. Kornbergs Polymerase schien einen neuen Weg zu weisen, und in der Begeisterung über die ersten molekularen Einblicke in einen diffizilen, grundlegenden Mechanismus, in der Freude darüber, daß sich das zunächst nur statisch entwickelte und abstrahierend extrapolierte Bild der Informationsweitergabe dynamisch bestätigte, daß es tatsächlich experimentell gelang, in einer „template"-Reaktion nach den strukturell erschauten und funktionell erahnten Synthesekonzepten Nucleinsäuren templatespezifisch zu produzieren, übersahen wir wohl die unwahrscheinliche Kompliziertheit und Komplexheit des molekularen „Vererbungsproblems".

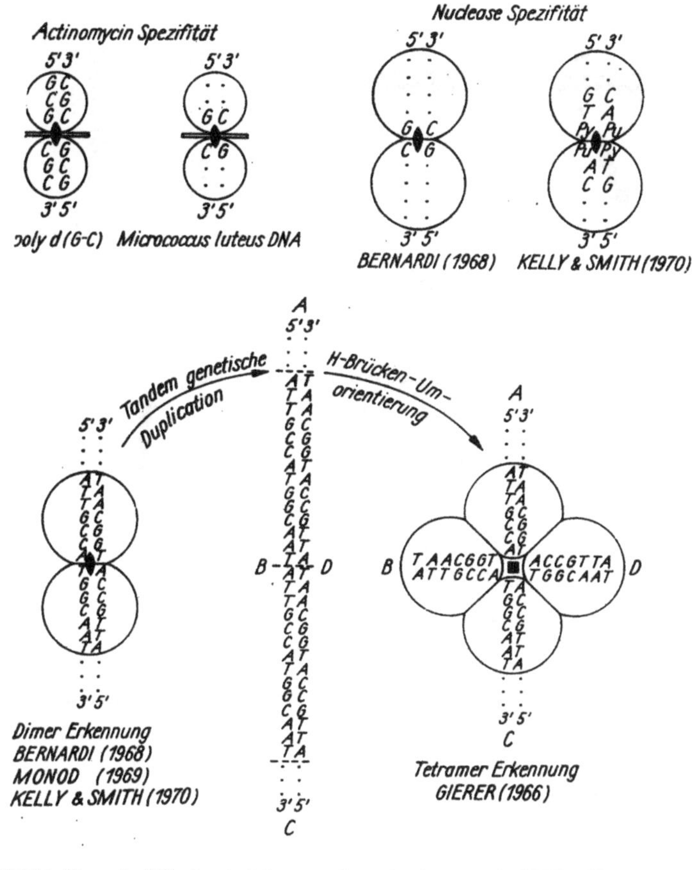

DNA-Protein-Wechselwirkung im Actinomycin/DNA-Komplex als Beispiel allgemeiner DNA/Protein-Erkennungen nach H. M. Sobell [267].
Schemaverdeutlichung eines generellen Prinzips von Protein/Nucleinsäurewechselwirkungen.

oben: Übereinstimmungen von Actinomycin- und Nuclease-Spezifitäten. Ein Molekül mit identischen subunits zweizähliger Symmetrie erkennt — unter Zusammenfall seiner zweizähligen Achse mit der Dyadenachse der DNA — Basenmuster zweizähliger Symmetrie am DNA-Doppelstrang.

unten: Ausdehung dieses generellen Prinzips auf Dimer- und Tetramer-Erkennungsvorgänge zwischen Protein-subunits und DNA-Erkennungsmustern.

Schemen modifiziert nach H. M. Sobell [267].

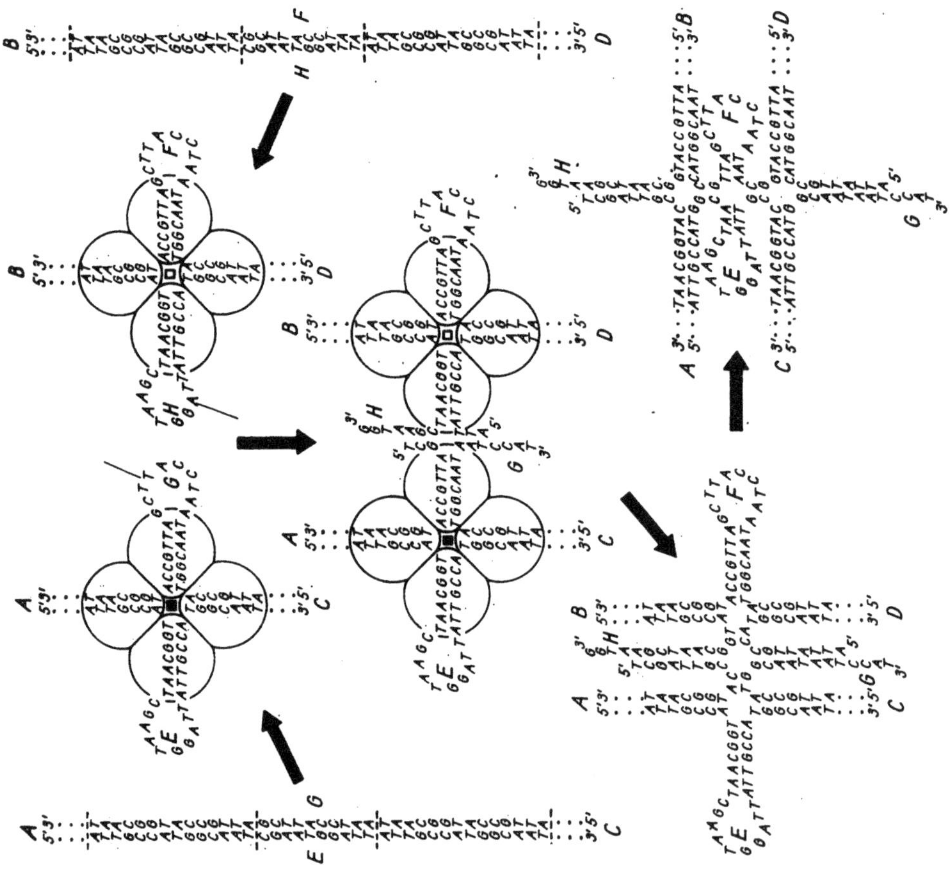

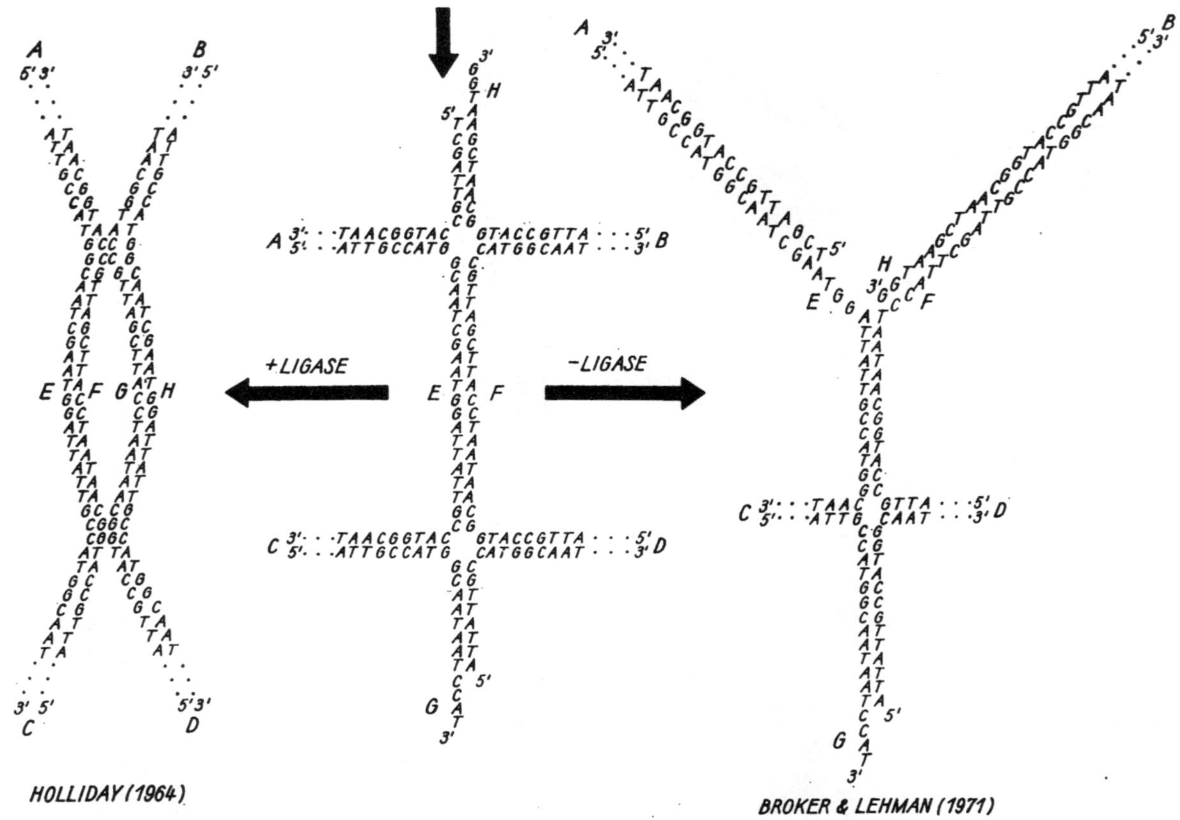

Schließlich ist SOBELLS Modell auch der Extrapolation auf genetische Austauschvorgänge in Eukaryoten zugänglich. Genetische Verschmelzungen und Austauschoperationen zwischen Dimer- und Tetramerprocessing nach H. M. SOBELL [267] modifiziert.

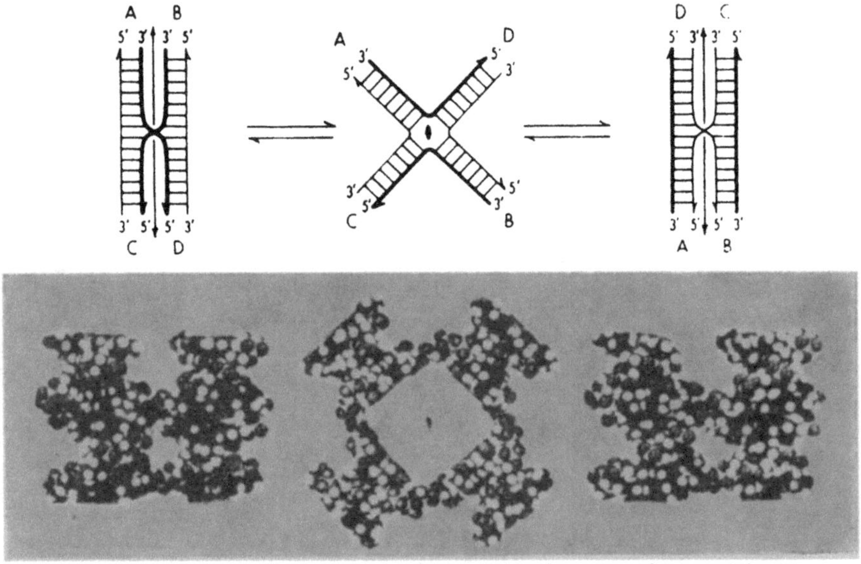

HOLLIDAY (1964) BROKER & LEHMAN (1971) HOLLIDAY (1964)

Symmetriefolgerungen für genetische Rekombinationsvorgänge nach H. M. SOBELL [399] — aufbauend auf dem SIGAL-ALBERT-Modell — zwischen zwei Formen des Kreuzstrangaustausches (crossed-strand-exchange) in HOLLIDAY-Anordnung über die Virenanordnung nach BROKER u. LEHMAN. Die Vorgänge führen bei genetischen Rekombinationen zur Strangäquivalenz.

Replication:
Die romantische Periode:
"it has not escaped our notice that the specific pairing we have postulated immediately suggests a possible copying mechanism for the genetic material", J. D. WATSON u. F. H. C. CRICK [7].
doch wie?

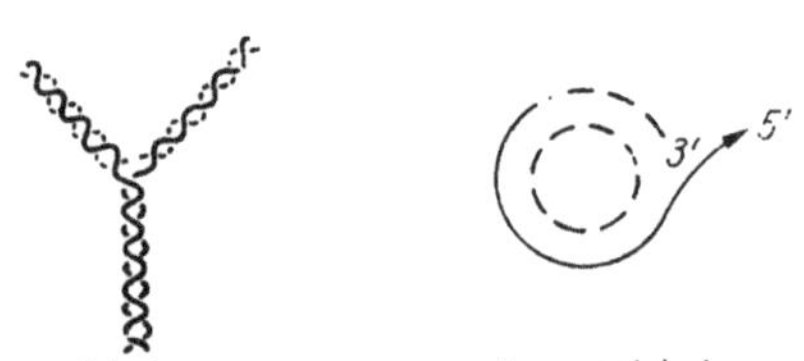

Symmetrische DNA-Replikation Asymmetrische
Stent 1971 (Rolling circle)

Übergang zur dogmatischen Periode:

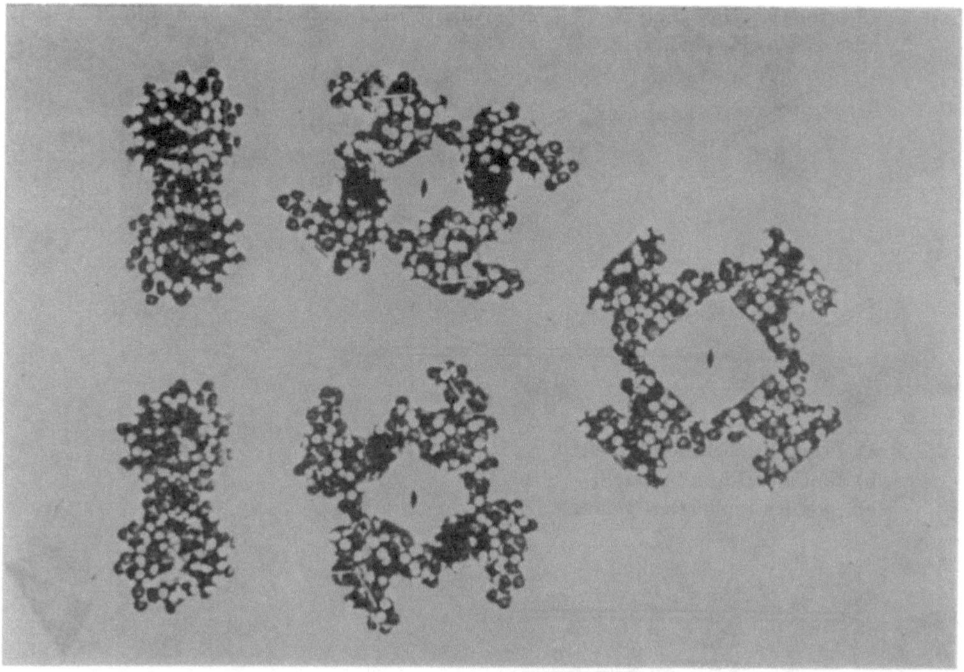

Einzelauflösung der Konformationsumorientierungsschritte von den Einzelketten zur HOLLIDAY-Anordnung des crossed-strand-exchange und von dort zur BROKER-LEHMANN-Viererbindung in CPK-Modelldarstellung.

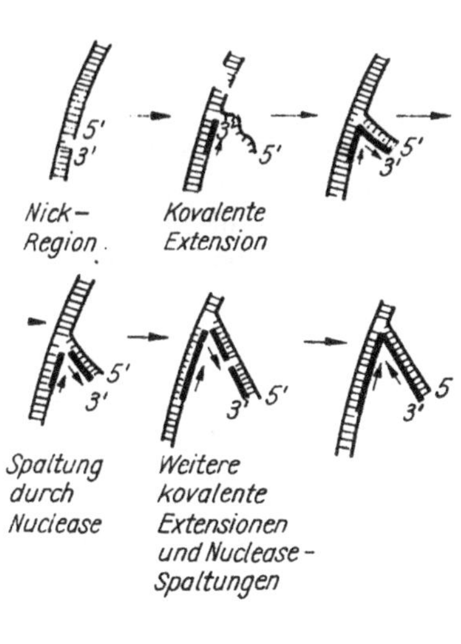

Symmetrische und asymmetrische Replicationsformen [30–35, 243, 271], und dann die Stunde der großen Euphorie: KORNBERGS Polymerase.

Ist der „copying mechanism" – etwas umständlicher zwar, als „die" Struktur uns suggerierte – entschleiert?

Die dogmatische Periode beginnt:

Die große Zeit der „Schemen“ — zweifelhafte Koordinaten in unausgefüllten Arealen unserer Unwissenheiten [283].

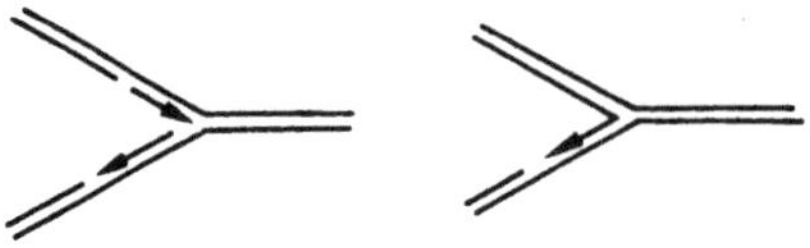

a b

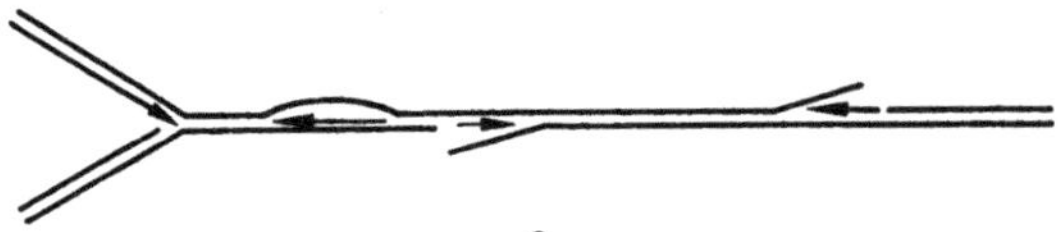

c

a) diskontinuierliches Modell;
b) „knife-and-fork“-Modell;
c) „prefork-replication“-Modell.

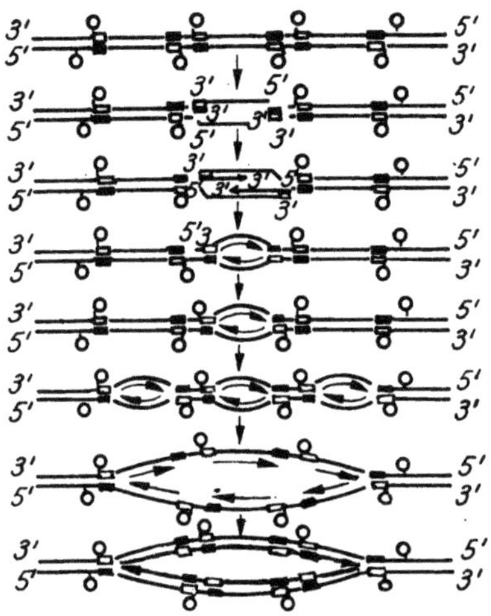

Der Übergang zur akademischen Periode:
Hypothese von P. Ioannou [284] und Walker [35] charakterisierte es so:
“Kornbergs DNA polymerase I, relegated from its supreme role of DNA replication to the humbler one of proofreading, has suffered further humilitation by being cut into two! One fragment contains the polymerase activity and the other the exonuclease function. DNA polymerase II has been purified and its mode of action studied. However, the same fate has befallen this enzyme as happened to polymerase I — a mutant deficient in the enzyme but happily replicating its DNA has been isolated. Thus DNA polymerase III is the enzyme essential for DNA replication. It is present in sufficient amounts in cells to account for the invivo rate of replication, and it uses deoxyribonucleoside triphosphates and DNA that has been partially degraded by exonuclease III as a template. It will not use linear duplex or single stranded DNA as template, requires a primer, and proceeds 5—3 by extension of the primer — ...”

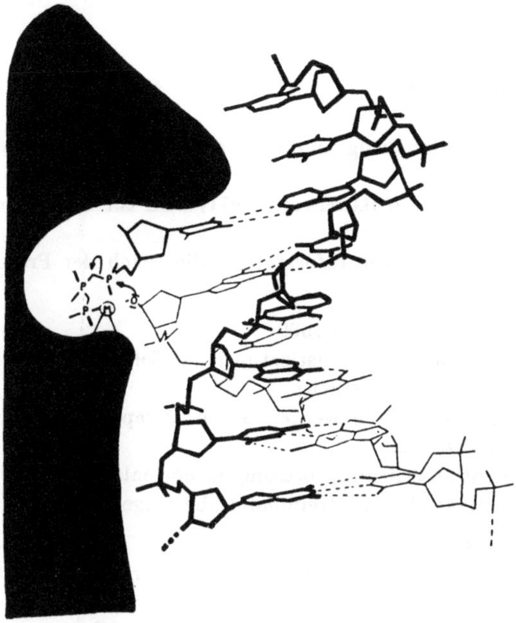

Doch schon existieren zumindest für die DNA-Polymerase I (E. coli) detailliertere Vorstellungen. Nach SLOAN u. Mitarb. (J. Biol. Chem. 250 (1975) 8913) stellt eine Mg^{2+}-Matrize mit ihrer Koordinationssphäre in Wechselwirkung mit Enzym, primer und template selektiv die 3-exo-Anordnung des einzupassenden Triphosphates in einer B-DNA-gerechten Passung ein und ermöglicht durch spezifische Bindungswinkelbeanspruchung des α-Phosphats den 3'-O-Angriff des primers auf das Substrat.

Und es warten noch andere Polymerasen —
Die wichtigste vielleicht der letzten Jahre, die CRICKS „Central Dogma" zum erstenmal ins Wanken brachte, vielleicht Abkömmling archaischer Informationslinien, wahrscheinlich sehr eng in archaische Entartungen unserer hochspezialisierten, hochdifferenzierten Organismenmuster verwickelt — von da Hoffnung für die Überwindung eines der ganz großen Plagen heutigen Menschheitsgeschicks:
TEMIN/MIZUTANIS und BALTIMORES „reverse transcriptase" [176, 181, 184–215].
Einige Vorstellungen zu möglichen Mechanismen nach R. C. GALLO [207] für

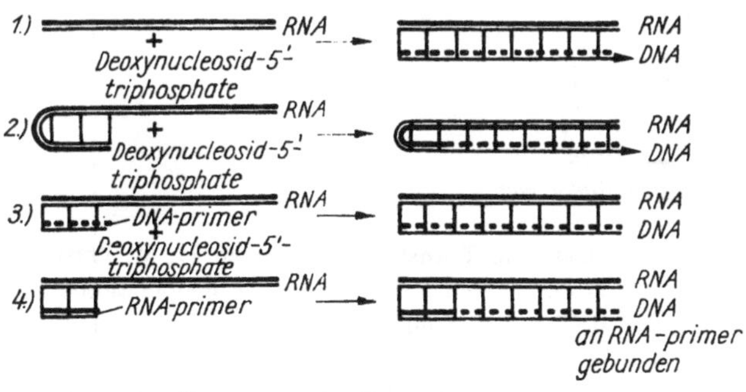

1. RNA-DNA-Übergang durch Revertase;
2. hier besitzt die 70S-RNA des Virus eine Komplementärregion mit freiem 3-OH, die als primer für die RNA-template dirigierte DNA-Synthese fungiert;
3. und
4. gehen von der Annahme kleiner DNA- und RNA-primer-Stücken aus, die im Virus anwesend sein könnten.

Virustheorien [171, 176, 181, 183—215, 521]

Provirus-Theorie/TEMIN 1962:

1. Genetische Krebsinformation dringt in die Zelle durch virale Infektion von außen ein.
2. Revertase (TEMIN/MIZUTANI u. BALTIMORE 1971) wird zur Überschreibung in das Zellgenom benötigt.
3. Proviren sind Stücke genetischer Information, die (nach der Protovirustheorie) gemeinsam agieren können.

Oncogen-Theorie/HUEBNER u. TODARO 1969:

1. Genetische Information für Krebs existiert in jeder Zelle;
2. Revertase nicht unbedingt erforderlich;
3. Neoplasie und ausgebildete Viren werden durch Derepression präexistenter genetischer Information erzeugt;
4. Oncogenie ist kein kontinuierliches processing in normalen Zellen;
5. Oncogene werden vertikal über die Keimbahn übertragen.

Protovirus-Theorie/TEMIN 1970:

1. Genetische Krebsinformation wird de novo synthetisiert;
2. Revertase ist erforderlich;
3. Malignanz und Tumorviren entstehen durch einen Prozeß genetischer Veränderungen, bei denen Teilabschnitte genetischer Information in kombinierter Aktion eine Zelltransformation durch „Mißevolution“ bewirken;
4. Revertase ist in normalen Zellen anwesend. Sie spielt dort eine Rolle in der Differenzierung;
5. Nur die Potenz für maligne Transformationen wird vertikal übertragen;

Zusammenstellung modifiziert nach B. J. CULLITON [210].

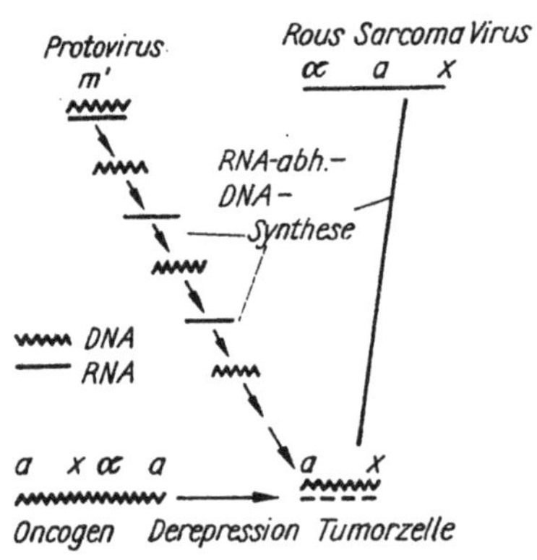

Mechanismus für neoplastische Transformation nach H. M. TEMIN [212]. Eine Tumorzelle besitzt a-x-DNA-Bereiche, die RNAs für neoplastische Transformationen informieren. Bei der RSV-induzierten Zelltransformation wird diese DNA über die virale RNA synthetisiert. Nach der Oncogen-Theorie existiert diese DNA in allen Zellen und wird bei der neoplastischen Transformation dereprimiert. Nach der Protovirus-Theorie wird diese Information durch aufeinanderfolgende RNA/DNA/RNA ...-Informationstransfers erzeugt.

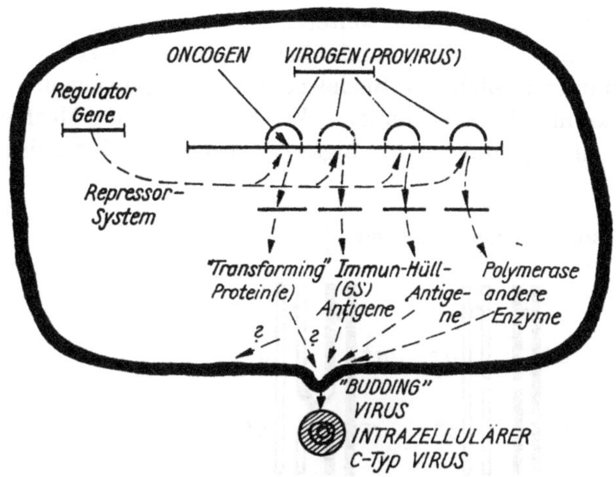

Oncogen-Hypothese nach G. T. Todaro u. R. J. Huebner [211].
Die Oncogen-Hypothese nimmt an, daß Tumore durch spezielle Transformationsproteine induziert werden, die von einem Oncogen codiert werden. Ein solches Oncogen ist Teil einer größeren Struktur: des Virogens (Provirus). Das Virogen hat die Fähigkeit, einen kompletten Tumorvirus zu synthetisieren. Theoretisch werden Oncogene in normalen Zellen durch Regulatorgene angestellt, die für ein spezielles Repressor-System codieren.

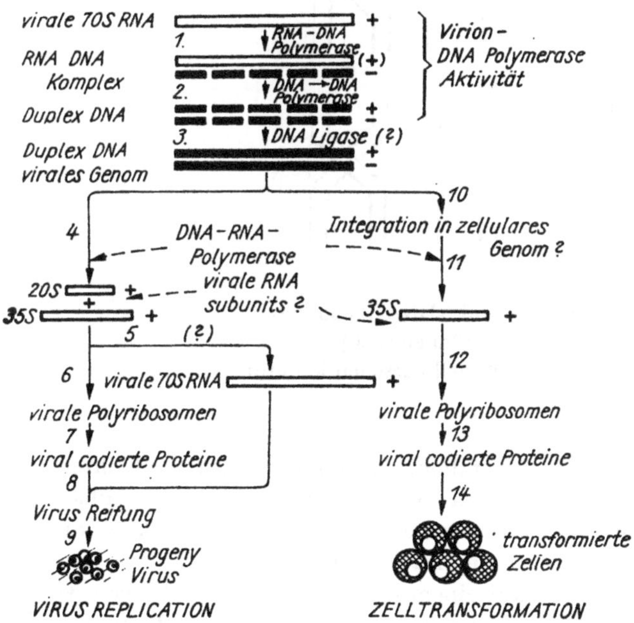

RNA-Tumorvirus-processing — unabhängig von den ,,reinen“ Zielvorstellungen der drei Hypothesen nach M. Green [213].

Seither haben wir eine ganze Schar von weiteren Bildern verbraucht. Kornbergs Polymerase wurde zur Ligase degradiert, und über „Polymerase II“ und „-III“ begaben wir uns auf die immer erfolglosere Suche nach der „eigentlichen“ Polymerase. Wir suchten sie frei und membran-gebunden. Wir suchten ihren Mechanismus und hatten die „Stückchen“übersetzungen der Ligase gelernt. Wir betrachteten Ozakis

Genetische Rekombinationsvorgänge:

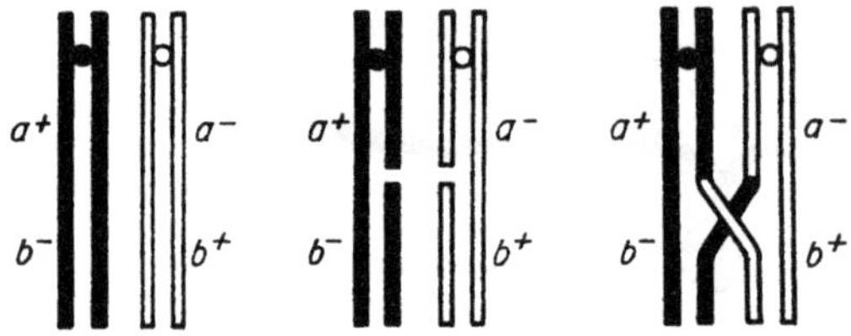

Die klassische Hypothese von links nach rechts:
zwei homologe Chromosomen im Vierstrangstadium der Meiose, Stadium nach nick-Bildung in zwei Nichtschwestersträngen,
Stadium nach kreuzweiser Rekombination.
Schema nach W. Klingmüller [266].

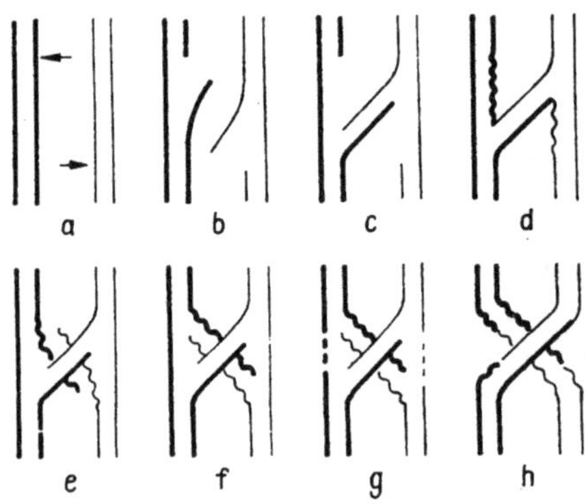

Eine komplexere „Hybrid“-DNA-Hypothese.
Schema nach W. Klingmüller [266].
Und wie das evtl. im Modell aussehen könnte:

„Stücke“ eine Weile mit Wohlgefallen, dann wurden wir auch ihrer müde. Nachdem wir im Grunde nichts fanden, was unsere strukturdirigierte Phantasie befriedigte, begannen wir an allen wieder zu zweifeln, zum Schluß schließlich auch an der Basenzuordnung über H-Brücken im Replicationsschritt.

Die neuen Anläufe beginnen auf einem nur etwas höheren Niveau wieder dort, wo die ersten sich in den komplexen Bezügen festfraßen. Wir möchten eigentlich doch einen Mechanismus „sehen“, der die H-Brücken benutzt. Warum sollten die Enzyme diese schöne Hilfestellung verschmähen? Ein Mechanismus, der auf die stack-Wirkungen und

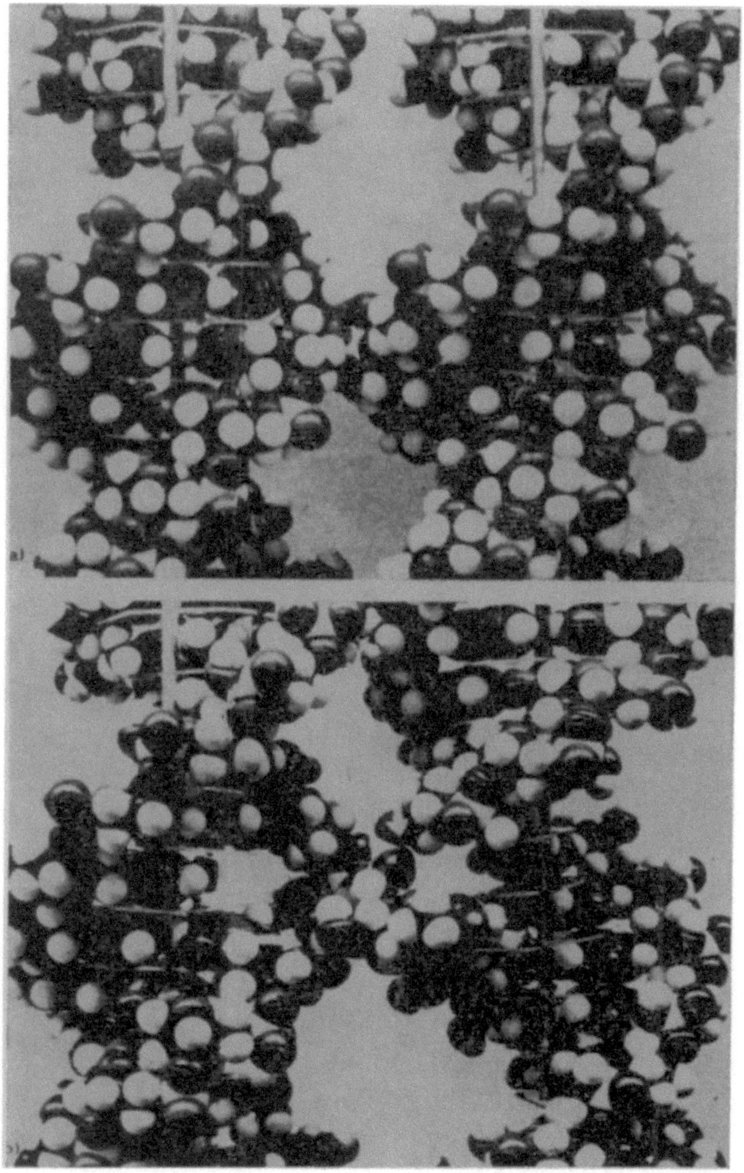

Strangaustausch innerhalb der genetischen Recombination nach N. Sigal u. B. Alberts [260].
CPK-Kalottenmodelle:
oben: zwei DNA-Doppelhelices im Austausch;
unten: die beiden homologen Basen über der Kreuzungsverbindung haben sich bereits von ihren Basenpartnern entfernt. Im weiteren Verlauf der Rotation werden die Basen ihre Partner austauschen und die Position der cross-connection wird um 3,4 Å — um die Höhe eines Helixelements — nach oben verschoben.

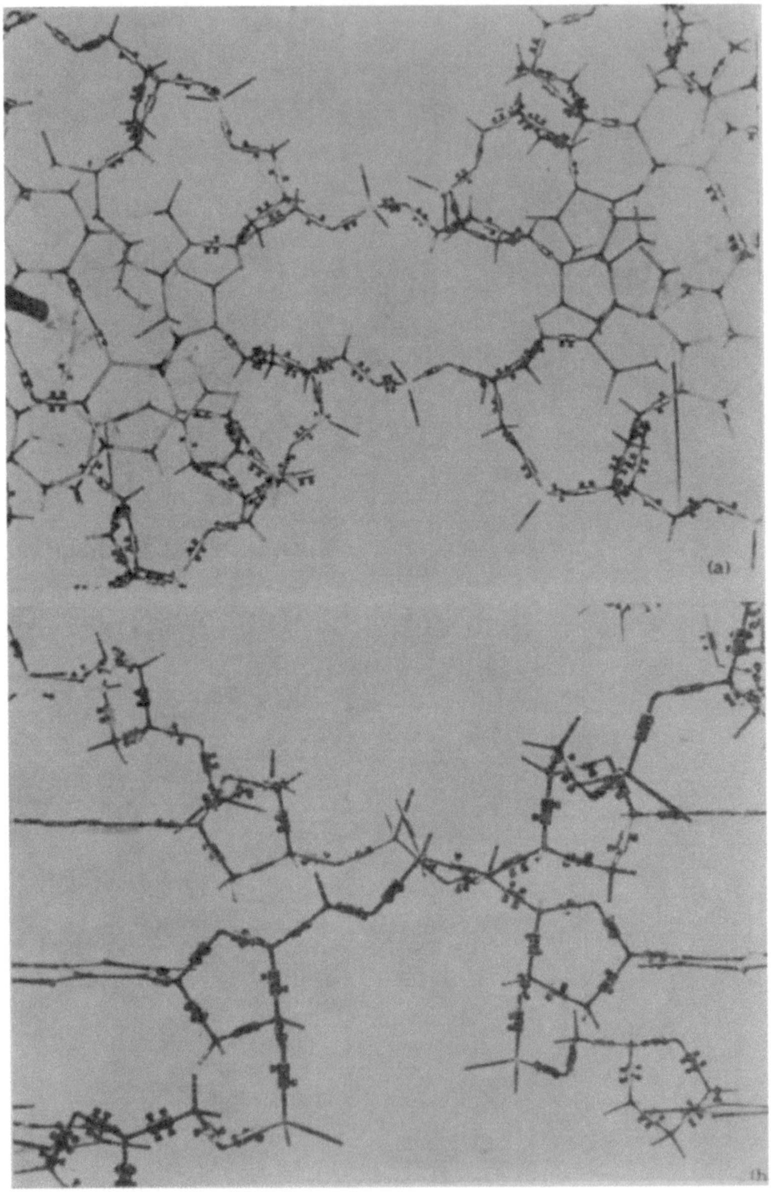

Der gleiche Vorgang wie im CPK-Modell – jetzt mit Kendrew-Skelettmodellen wiedergegeben:
Jede Helix umfaßt im wiedergegebenen Ausschnitt 5 Basenpaare. Die Kreuzverbindung ist zwischen dem zweiten und dritten Paar geknüpft.
oben: Blick parallel zur Helixachse;
unten: Blick senkrecht zur Helixachse.
Schema nach N. Sigal u. B. Alberts [260].

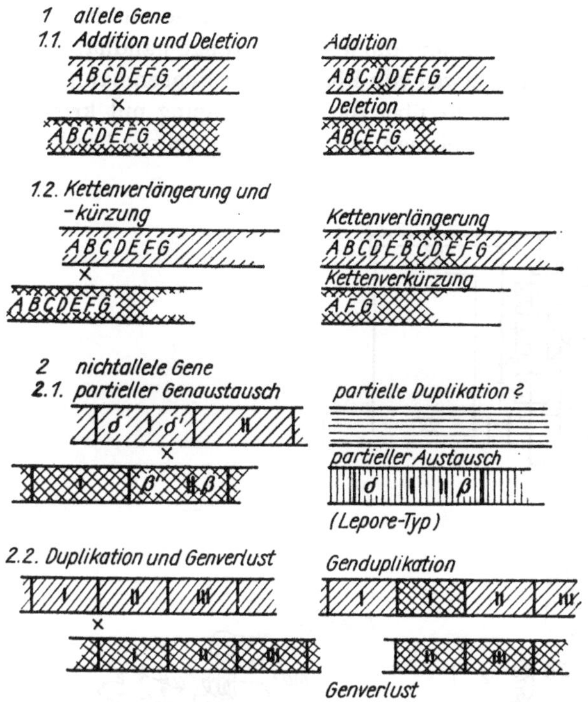

Evolutionäre Gengeschicke nach D.-H. LIEBSCHER [253].

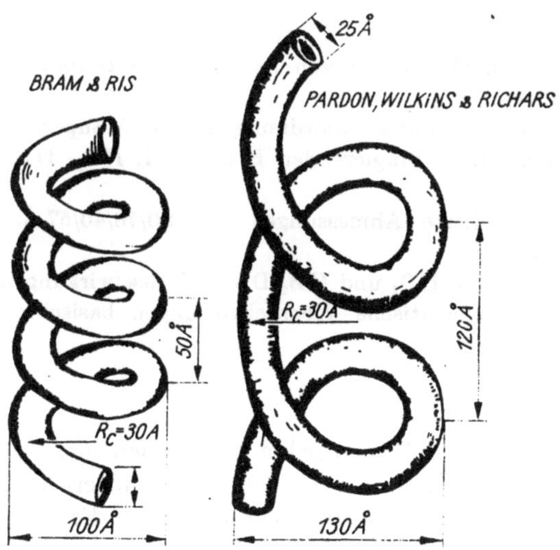

Skizzen zweier Nucleohiston-Modelle nach S. BRAM [416] (das BRAM/RIS-Modell in vereinfachter Wiedergabe).

-Unterstützungen nicht verzichtet; auch Enzyme müssen sie mit in ihr Kalkül einbezogen haben. Wir suchen Enzymformen, die uns die Stränge handhaben und dirigieren, und glauben, daß sie dazu vorher etwas von Phasen und Phasenmanipulationen gelernt haben sollten — ähnlich uns, die wir über die Beschäftigung mit kristallinen Flüssigkeiten mitbekommen haben, wie viel man mit wie wenig bei der Direktion von Phasen

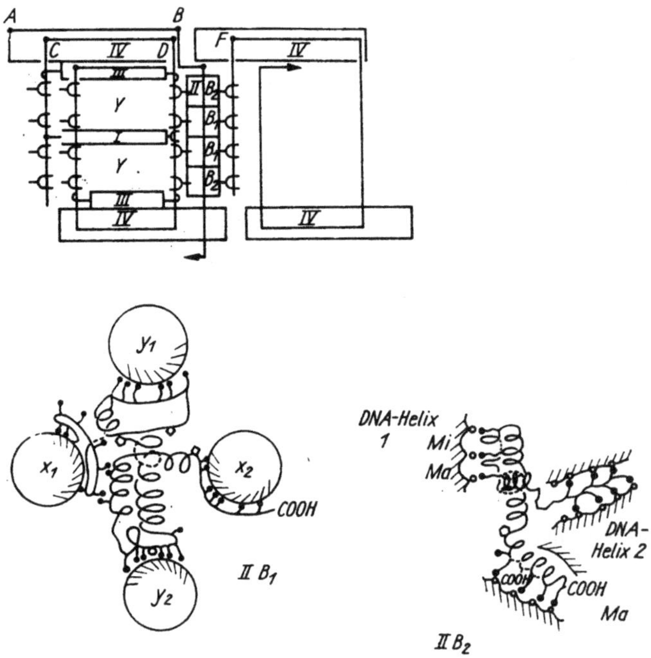

Modellvorstellungen zu Anordnungen und Operationsweisen von Histonen im Chromatin nach J. R. Smythies u. Mitarb. [412].
Das Chromatin ist danach eine Folge von „square-DNA-Helix-Packungen" mit je ca. 200 Basenpaarungen.
Das Schema gibt eine hypothetische Anordnung der DNA-Superhelices zwischen den als spacern und Operanden fungierenden Histonen I, IIB_1, IIB_2, III und VI wieder.
AB/CD/DF/AE sind postulierte Abmessungen mit 80/70/40/57 Å. Y markiert Bereiche saurer Proteine.
Detailvorstellungen der Histon IIB_1 und IIB_2/DNA-Wechselwirkungen über hydrophobe Kontakte und elektrostatische Wechselwirkungen basischer Aminosäurereste mit den Strangphosphaten.

und Phasenbeziehungen erreichen kann. Wir würden trotz allem gern so etwas wie das alte Reißverschlußmodell wiederfinden, und sei es ein intermittierendes mit gekoppeltem proofreading. Was aber erkennen Enzyme mit welchen Formgebungen: mit Mulden und Furchen Einzelstränge nach Crick, oder mit hervorspringenden, exponierten Seitenkettenbereichen Doppelstränge nach Müller-Hill u. Mitarbeiter?
Und während wir die wenigen Angström nach „unten", die uns die Elektronenmikro-

skopiebilder vorenthalten, einmal durch Spekulation und simulative Problemnachempfindung mittels unserer eigenen geistigen Abstraktions-, Simulations-, Analogisierungs- und Extrapolationskünste zu ersetzen versuchen, bemühen wir uns andererseits, die Dinge auch exakt durch die Erforschung, insbesondere die „Sichtbarmachung“ der molekularbiologischen Ebene voranzutreiben. Sehr viel komplexer, sehr viel auf-

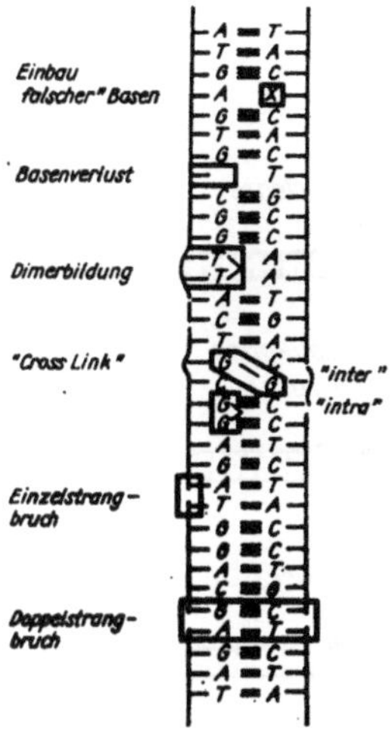

Die Evolution des Lebens war eine Evolution der Verfeinerung des Informationsprocessings. Aus schlampigen Anfängen heraus strebten die sich entwickelnden Systeme im Kampf gegen äußere und innere Störeinflüsse eine immer weitergehende Rauschfreiheit der diversen Informationsleitungskanäle an. Doch noch im Maximum höchstmöglicher Güte des Informationstransfers benötigt die Evolution eine winzige Bandbreite des Irrtums, mag er durch äußere oder innere Störfaktoren, durch thermodynamische Randbedingungen oder eingeplante Prozeßstrategien offen gehalten werden.
Die erste total richtige Informationsweiterleitung — über entsprechende Zeiträume aufrechterhalten — würde das Ende des großen Evolutionsprozesses bedeuten. Die Dynamik letzter kleiner oszillierender Unsicherheiten würde sich in der Statik letzter Permanenz festfressen.
Immerhin — Reparaturstrategien waren von Beginn an erforderlich. Die ironisierte „proofreader-Rolle von Polymerasen“ legt eine kurze Vorstellung einiger ihrer Mechanismen nahe [273, 274].

wendiger, letztlich aber — wie wir hoffen — methodisch erfolgreicher beginnt dieser zweite Anlauf auf ein zuerst als nahezu banal empfundenes Problem, welches für uns inzwischen schon uferlos geworden ist.
Wir werden mehr wissen, wenn die ersten experimentell fundierten Fragestellungen unserer Tage wie etwa die Bemühungen von Müller-Hill u. Mitarb. "how lac-repressor binds to DNA?" ein Einzelaspekt eines von der breiten experimentellen Basis her geklärten Kooperativmusters und -verhaltens von Nucleoproteinsystemen geworden sein werden [12, 14, 15, 17—25, 29—41, 45—56, 238—276, 351, 407—429, 449—454].

Möglichkeiten der Strangschädigung und ihrer Ausbesserung.
Mechanismen nach P. C. HANAWALT [274].

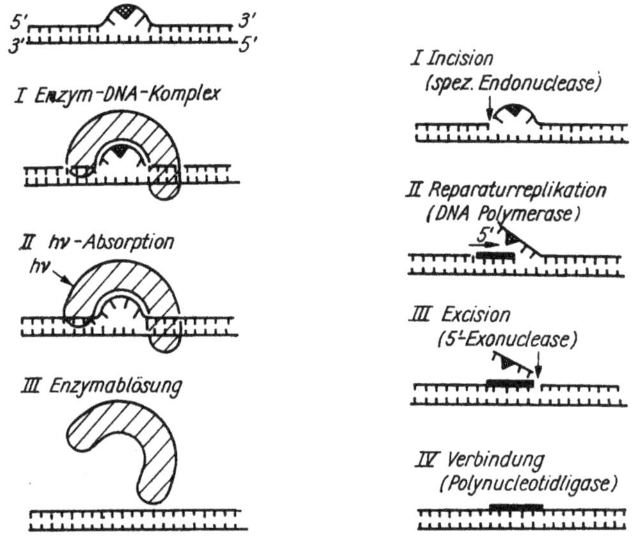

Enzymatische Photoreaktivierung (links).
Ein im sichtbaren Bereich photochemisch aktivierbares Enzym ist in der Lage, Pyrimidin-Dimer-Entartungen der DNA-Ketten wieder rückgängig zu machen.
Das Enzym ist mit der DNA verbunden. Sichtbares Licht aktiviert es zur Pyrimidin-Dimerenspaltung und zum anschließenden Verlassen des Reparaturkomplexes.

Mechanismen der „Dunkelreparatur".
Excissionsreparatur (rechts):
Ein aus Endonucleasen, DNA-Polymerasen, 5-Exonucleasen und Polynucleotidligasen bestehendes Reparatur-Enzymsystem erkennt unterschiedliche Schadensfälle der DNA, schneidet die entarteten Bezirke heraus, synthetisiert komplementär zum noch vorhandenen template den herausgebissenen Strangbereich neu und verleimt ihn schließlich wieder kovalent mit der Gesamtstruktur.

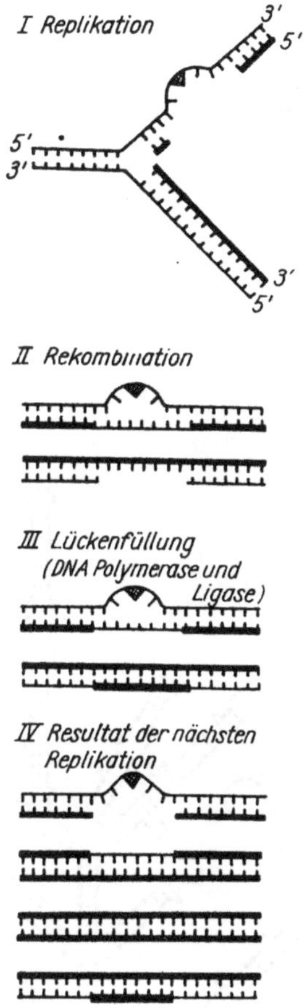

Postreplicative oder Recombinations-Reparatur.
Hier werden durch Polymerase/Ligase-gesteuerte Recombinationen Tochter-DNA-Stränge gebildet, die durch die recombinative Eliminierung von Schadensstellen wieder voll intakt sind.
Artifiziell bilden derartige Operationsstrategien heute u. a. die Basis eines zukunftsträchtigen „genetical engineering"

Genportraits

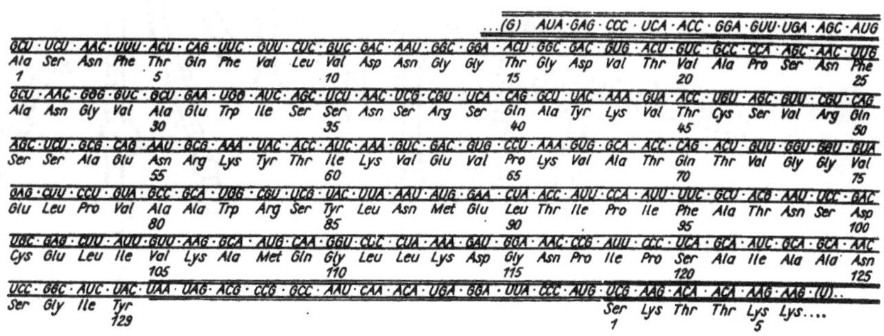

Nucleotidsequenz des Bakteriophagen MS 2-Hüllprotein-Gen nach W. Min Jou u. Mitarb. [261].
Nucleotid- und codierte Aminosäuresequenz. Das Gen ist in unübersetzte Intercistron-Regionen eingeschlossen. Die angegebenen Zahlen beziehen sich auf die Positionen der Aminosäuren im Hüllprotein (1—129) und im später beginnenden Polymerasemolekül (1—6).

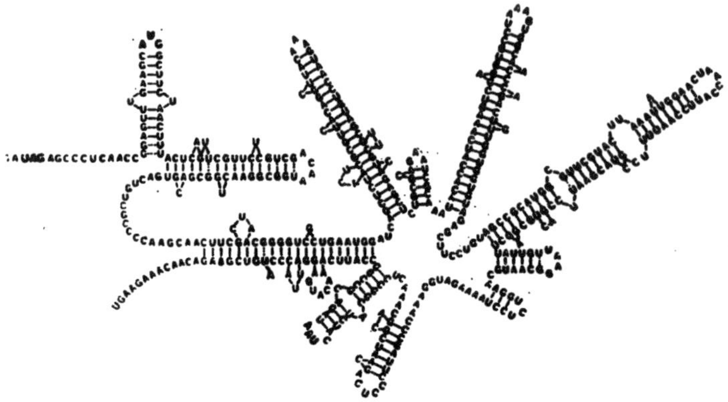

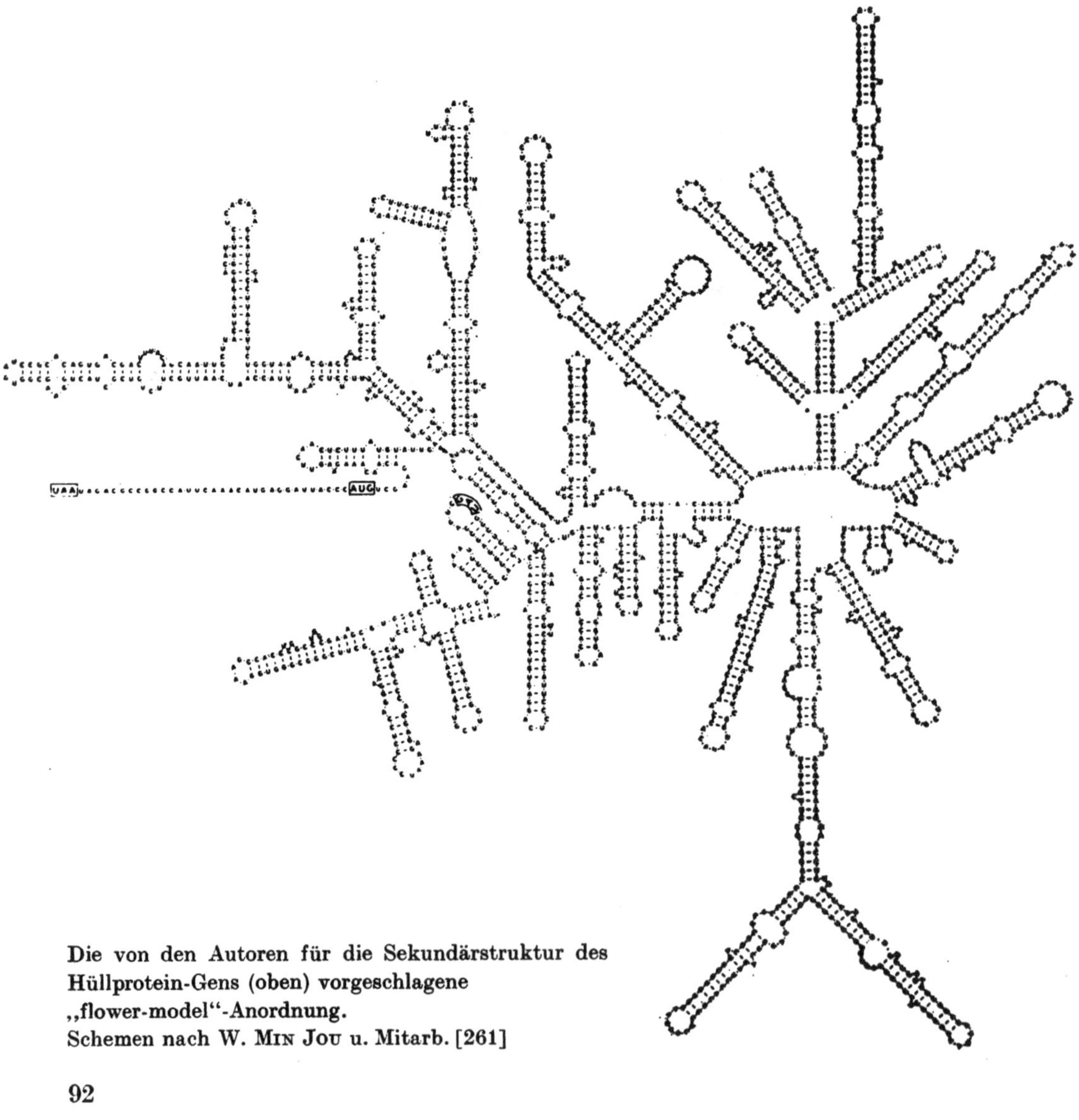

Die von den Autoren für die Sekundärstruktur des Hüllprotein-Gens (oben) vorgeschlagene „flower-model"-Anordnung.
Schemen nach W. MIN JOU u. Mitarb. [261]

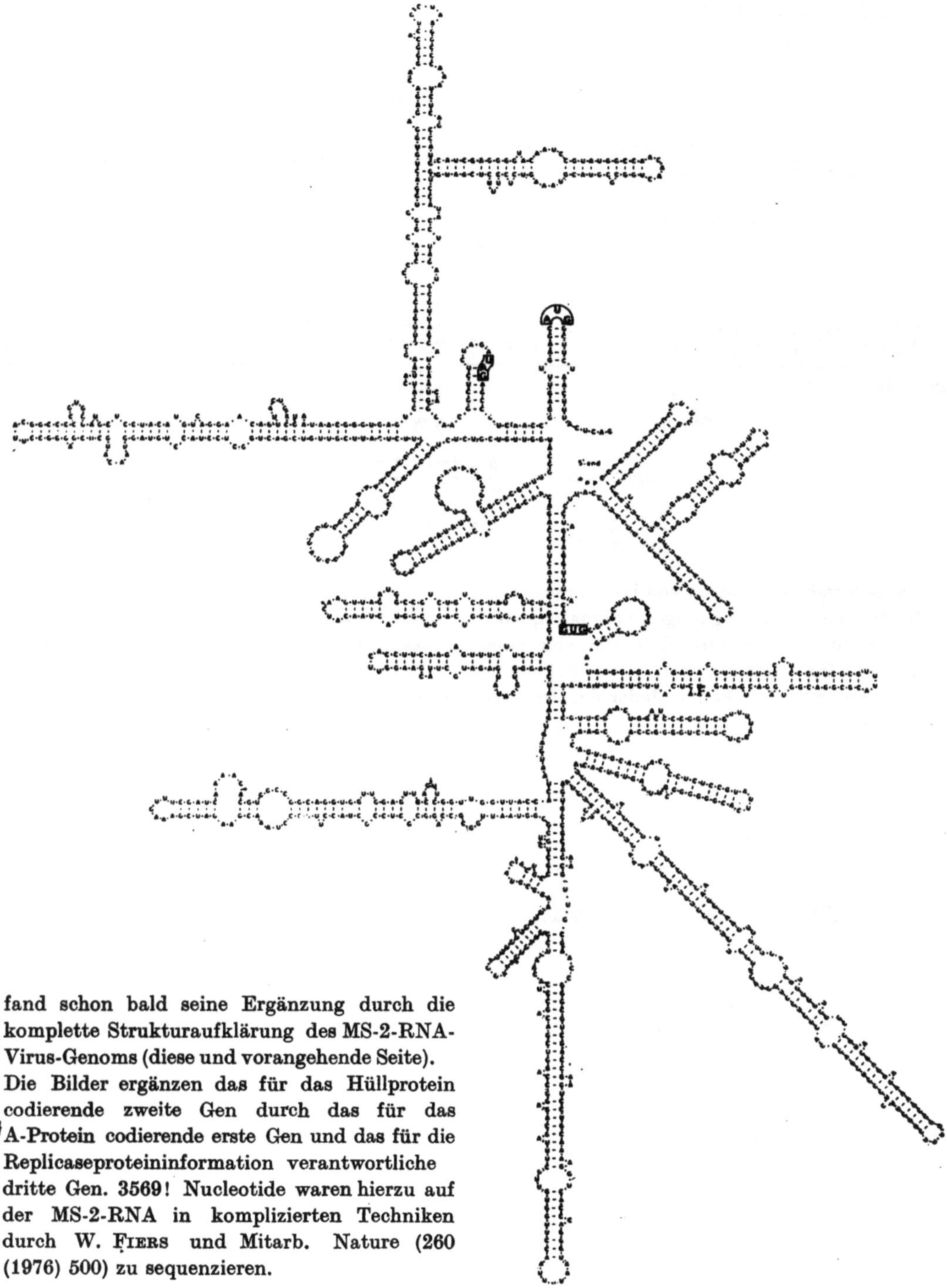

fand schon bald seine Ergänzung durch die komplette Strukturaufklärung des MS-2-RNA-Virus-Genoms (diese und vorangehende Seite). Die Bilder ergänzen das für das Hüllprotein codierende zweite Gen durch das für das A-Protein codierende erste Gen und das für die Replicaseproteininformation verantwortliche dritte Gen. 3569! Nucleotide waren hierzu auf der MS-2-RNA in komplizierten Techniken durch W. Fiers und Mitarb. Nature (260 (1976) 500) zu sequenzieren.

„how lac repressor binds to DNA“
nach K. ADLER u. Mitarb. [287].

H_2N-Met-Lys-Pro-Val-Thr-Leu-Tyr-Asp-Val-Ala-Glu-Tyr-Ala-Gly-Val-Ser-[*Tyr*]-[*Gln*]*-Thr-Val-*
(1 … 10 … 20)

[*Ser*]*-Arg-Val-Val-*[*Asp*]-[*Glu*]*-Ala-Ser-*[*His*]*-Val-Ser-Ala-Lys-Thr-Arg-Glu-Lys-Val-Glu-Ala-*
(21 … 25 26 … 29 30 … 40)

Ala-Met-Ala-Glu-Leu-Asx-Tyr-Ile-Pro-Asx
(41 … 50)

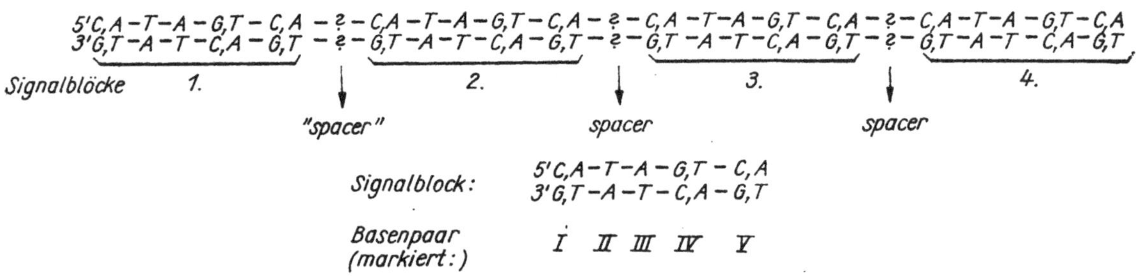

Die N-terminale Sequenz von lac repressor.
Nach model building gefolgerte Signalsequenzen von lac operator.
Die Autoren vermuten, daß alle vier subunits des Repressors gleichzeitig an den Operator binden. Die DNA-Sequenz jedes Erkennungsblocks wird durch den N-terminus einer lac-Repressorsubunit erkannt. Jeder der drei hypothetischen spacer besteht aus einem bis mehreren Paaren.

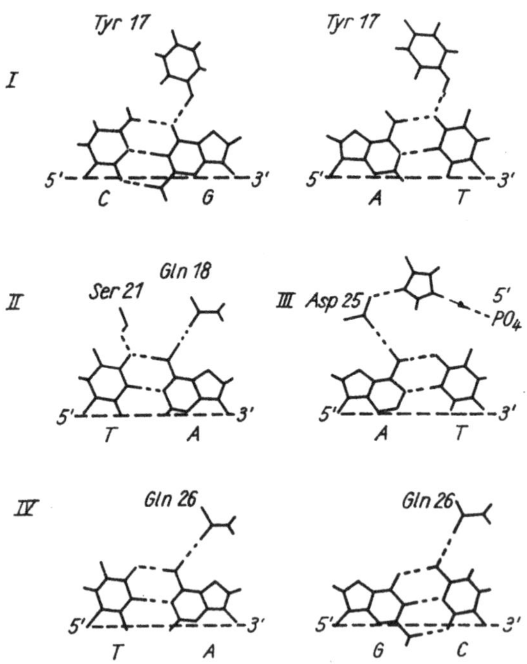

„how lac repressor binds to DNA“.
Signalblock/α-Helix-Wechselwirkung
nach K. ADLER u. Mitarb. [287].

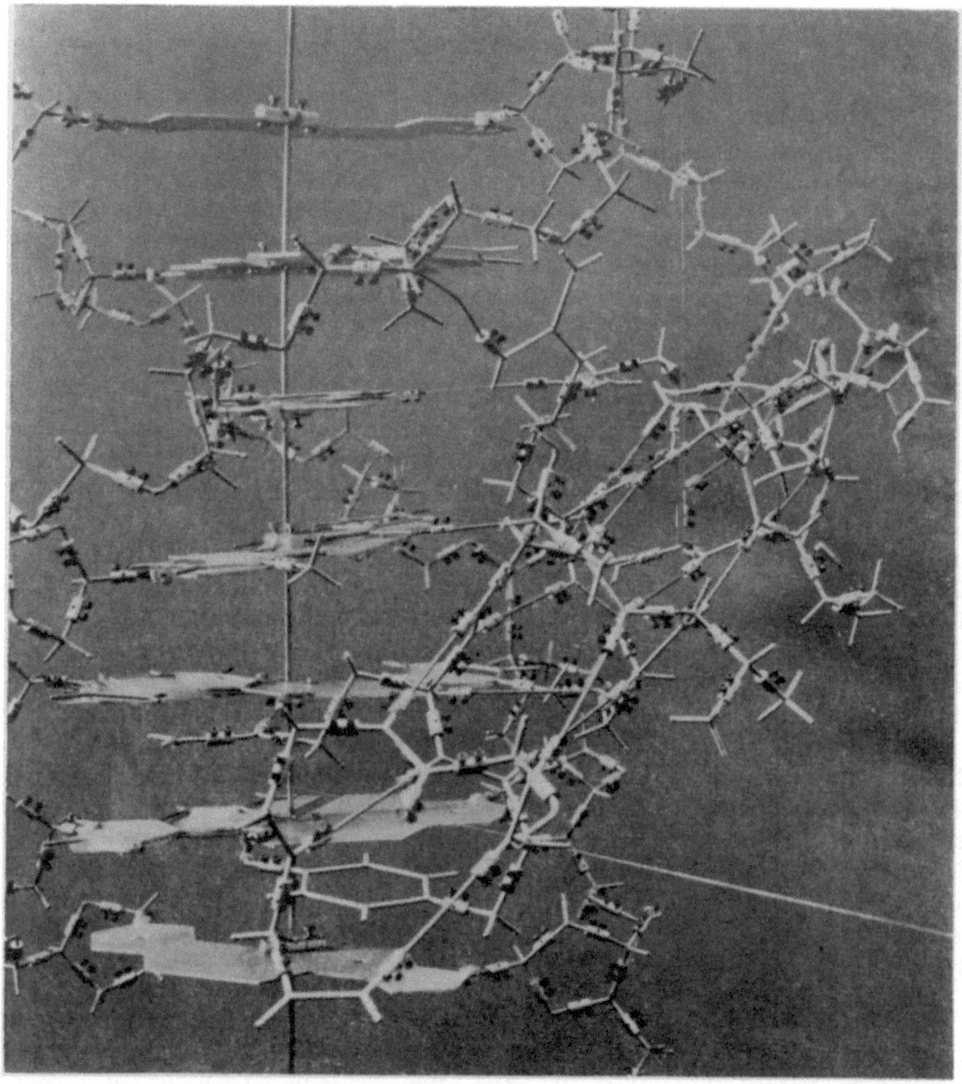

Kendrew-Skelettmodell-Interpretation: „how lac repressor binds to DNA" nach K. ADLER u. Mitarb. [287].
Freundliche Überlassung von K. BEYREUTHER.
— So etwas wie die erste Seite im Wörterbuch eines neuen, eines „third code", des Stereoelektronikcodes der Protein/Nucleinsäure-Sequenz-Erkennungsmuster.
Die Peptiderkennungssequenz von lac repressor in der tiefen Furche der DNA-Signalregion von lac operator, Basenpaar I (2. von unten) — davor Tyr 17. Gln 18 im Vordergrund in Wechselwirkung mit II; Ser 21 eher verdeckt, ebenso His 29 in Wechselwirkung mit III und einem Phosphat des anderen Strangs. Vor IV im Vordergrund Gln 26; nahe VI Lys 33 in Wechselwirkung mit einem Phosphat.
Und es läßt eigentlich das Prinzip unangetastet, wenn die Realität diese erste Wörterbuchseite eines neuen Codes dann doch noch etwas anders schreiben sollte [275].

5′ TGG [AATTGT] G [A] G [C] G [G] A [T] A [ACAATT] 3′
3′ ACC [TTAACA] C [T] C [G] C [C] T [A] T [TGTTAA] 5′

K. Beyreuther u. Mitarb. sequenzierten lac-Repressor, W. Gilbert u. A. Maxam den Operator. lac-Operator war doppelsträngig — wie vermutet, bestand aus 27 Basenpaaren, stimmte aber in seinen 24 aufgeklärten Basenpaaren nicht mit der Modellsequenz überein.
Dafür offenbarte er interessante Bereiche zweizähliger Symmetrie (die beiden längsten werden durch eine volle Windung der Doppelhelix voneinander getrennt). Die Erkennungsstrukturen werden wohl doch dem Modellbild ähneln. Die in Arbeit befindliche Röntgenstrukturanalyse von lac-Repressor wird es hoffentlich „an den Tag bringen“.

1.3.2. *Transcription*

Die Situation wird nicht einfacher, wenn im Transcriptionsschritt sich als weiterer Partner zur schon nicht vollerfaßten Problematik noch eine RNA hinzugesellt. Wir wissen, daß das Hybrid zwischen den beiden Nucleinsäurestrukturen die A-DNA- bzw. die mit ihr nahezu identische 11-RNA-Konfiguration besitzt. Doch spielt diese Hybridstruktur, die den jeweils entsprechenden Polymerasen durch einfache strukturelle Diskriminierungsalternativen ihre Aufgaben so sehr erleichtern würde, im in vivo-Transcriptionsprozeß überhaupt eine Rolle? [275—295, 430—472].
Wir haben durch Jacob und Monod eine erste, sehr genial aus einigen Experimenten abstrahierte, im ganzen doch wohl sehr weitreichende Einsicht in die Regelmechanismen der Prokaryotenhierarchien erhalten. Wir brauchen jedoch gar nicht erst unsere noch sehr zerrissenen Spekulationen über mögliche Regelstrategien in Eukaryotensystemen in Erinnerung zu rufen, um an die engen Grenzen unseres gegenwärtigen Wissens zu stoßen. Der letztlich simple und einfache Zuordnungsschritt des eigentlichen Transcriptionsprozesses kann heute noch in Modellen beschrieben werden, deren extreme Auffassungs- und Deutungsdiskrepanzen nur Synonyme unseres bedauerlichen Unwissens darstellen. Und nichts kennzeichnet unsere gegenwärtige nicht sehr schmeichelhafte Situation besser als die große Erleichterung, mit der jüngst die Röntgenstrukturanalysen von ApU- bzw. CpG-Systemen aufgenommen wurden. Sie ließen zum ersten Mal unter den Bedingungen einer Hochauflösung — bisher nur von Proteinen sowie von Nucleosiden gewöhnt — ein tatsächliches Bild einer Ur-Doppelhelix in molekularen Dimensionen mit zweifelsfrei ermittelten atomaren Koordinaten entstehen. Dieses „missing link“ — wie „Nature“ es formulierte — stellte gleichzeitig die erste in derartigen Strukturen für A/U-Paare überhaupt manifestierte Watson/Crick-Struktur dar. Das Unvermögen, dieses Muster in den zahlreichen bisherigen Untersuchungen kristallisierter Basenkomplexe aufzufinden, hatte langsam aber sicher zu doch sehr nagenden Zweifeln an der tatsächlichen Richtigkeit der Annahme dieser speziellen Basenpaarung in den Nucleinsäuremakroverbänden geführt. Zwar wären — wie Nature in einem Kommentar zur Arbeit sinnreich bemerkte — auch für den Fall der Auffindung einer Hoogsteen-Paarung den Verteidigern des Watson/Crick-Basenpaarungsprinzips sicherlich noch Gründe der Erklärung und damit Rettung der Hypothese eingefallen, es bedeutete aber zweifellos eine markante Stütze, diese Struktur im Urbild einer Minihelix bestätigt zu finden. Wie immer bei solchen Anlässen gesellten sich gleich noch einige neue Erkenntnisse hinzu, so die spezifische Rolle von Wasserstrukturen, und insbesondere von Na^+-Ionen als stabilisierende, koordinierende Zentren — in

Wechselwirkung nicht nur mit Phosphatgruppierungen — wie man das auch bisher angenommen hatte — sondern auch mit den Basenmustern in der kleinen Furche der RNA. Im übrigen stimmte diese „Urhelix" in atomarer Auflösung ziemlich nahtlos mit jüngsten Computerauswertungen und -simulationen ihrer makrohelicalen Polymeren überein [98, 110—119, 351—385].

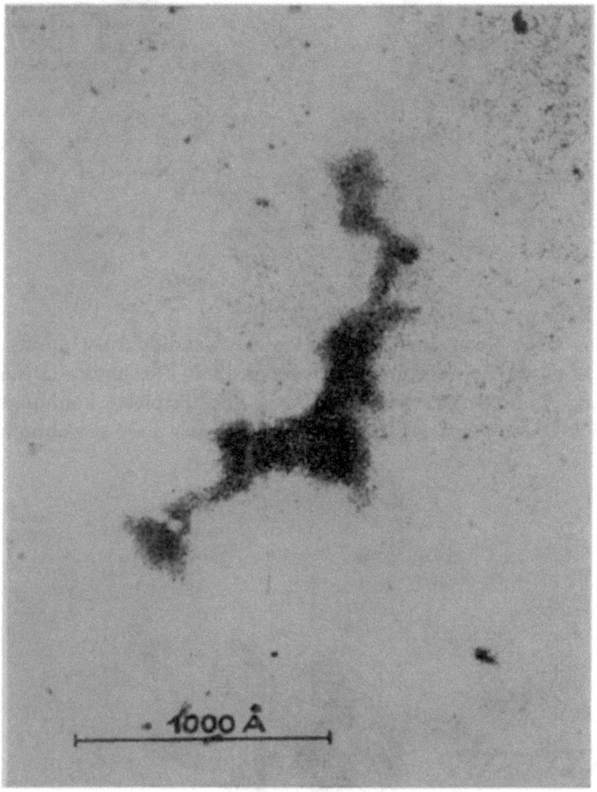

Hämoglobin-messenger aus Kaninchen-Reticulocyten nach A. M. Ladhoff, B. Thiele, Ch. Coutelle u. S. Rosenthal [433] in EM-Darstellung.
Die Gestalt (9.1 S, G + C/A + U = 0.86) legt teilweise Doppelstrangbereiche mit entsprechenden loops nahe. Hinter ihr verbergen sich: 5'-cap, Ribosomenbindungsbereich, zentrale Protein-codierende Region, strukturelle Proteinerkennungszonen und 3'-Poly(A)-terminal.

Der Prokaryoten-messenger, Produkt der Transcription — auf welche Weise auch immer entstanden — sollte als reines Informationsmolekül zunächst ein im wesentlichen einsträngiges Gebilde ohne komplizierte Sekundär- bzw. Tertiärstruktur sein. Doch auch dieses Bild erscheint nach jüngsten Befunden korrekturbedürftig. Loops und ausgeprägte Sekundärstrukturen könnten Voraussetzungen für die Operationsfähigkeit vor allem in der Übersetzungsmechanik der Ribosomen sein, die Redundanz des Codes provoziert die Fragestellung und läßt sie gleichzeitig offen [296].
Der Eukaryoten-messenger überlagert diesen Problemkreisen noch die Strategien eines komplexen hnRNA-processings.

Transcription:
Zwei Modelle — beide auf Grund von „artful model buildung" (wie es Nature formulierte) konzipiert — doch nur eines kann eigentlich wahr sein! [227—279].

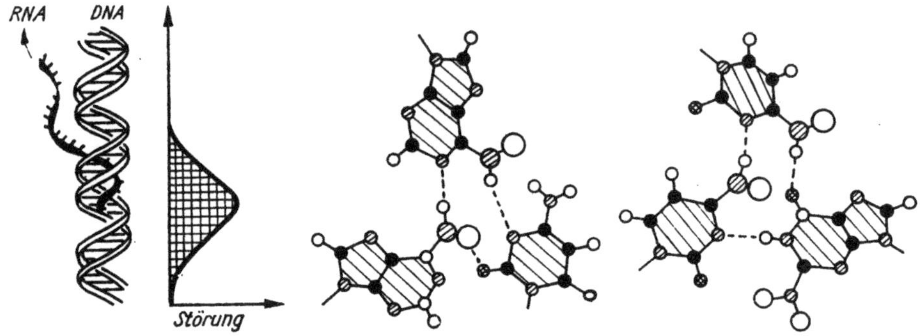

Die erste, „ökonomische" Variante nach P. A. Riley [279].
Der Mechanismus spart der DNA-Doppelhelix die energieaufwendige Aufwindung. Die transcribierte RNA wächst — als schwache Störung — in der großen Furche der DNA. Die Basenerkennung und -zuordnung funktioniert auf der Basis von Tripletterkennungen, wobei die ursprünglichen Watson/Crick-Basenpaare des Duplex nur wenig aus ihrer gewohnten Lage herausgedreht werden müssen.

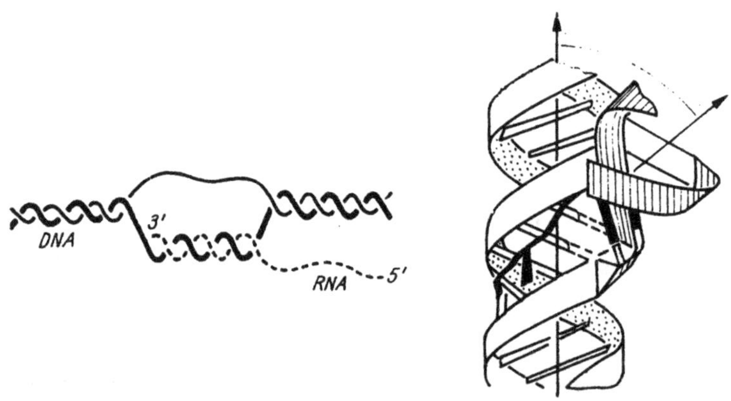

Dagegen der sterisch und allgemein spezifitätsmäßig überzeugendere Vorschlag von V. L. Florentiev u. V. I. Ivanov [278].
Der DNA-Doppelhelix bleibt die Aufwindung zwar nicht erspart; sie wird zur Transcription sogar in die A-Form (oder so etwas ähnliches) bemüht. Dafür ergeben sich jedoch eine Fülle sterischer Vorzüge für die Einpassung des DNA/RNA-Hybrids in den Übersetzungsbereich des A-DNA-Duplex, und — arme Polymerasen werden nicht mehr zwischen Replication und Transcription in die Irre geführt [110].
Noch sind die Muster zum Aussuchen!

1.3.3. *Translation*

Die Unsicherheiten der Aussagen über die bisher nur indirekt indizierten Struktur-Funktions-Korrelate des messengers münden ein in die chaotische Unübersichtlichkeit der Ribosomen-Übersetzungsmaschinerie — eine Fülle von Protein- und Nucleinsäure-Phasennetzwerken in eine definierte Translationskooperativität gezwungen. Das bunte, komplexe Muster ist verwunderlicherweise in seine Einzelstücke zerlegbar und

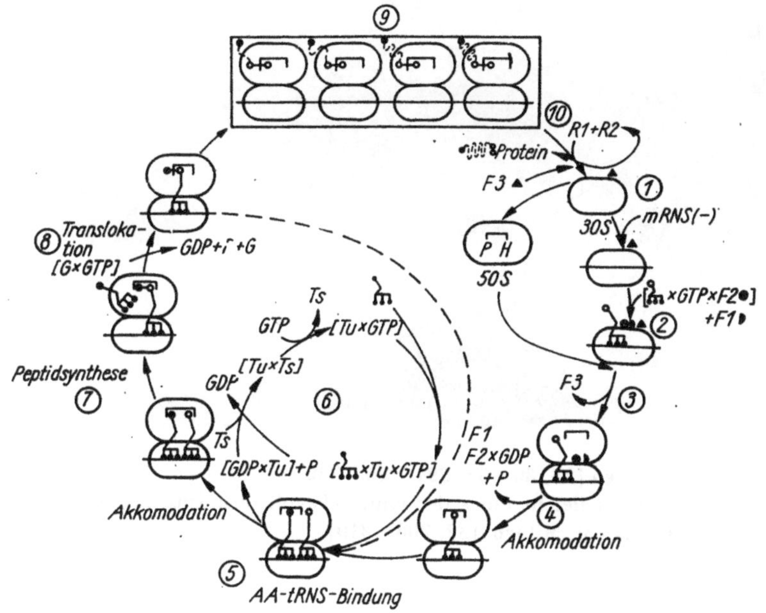

E. coli-Translationsprozeß nach STAHL vgl. H. BIELKA u. Mitarb. [437].

1—4 Initierungsschritte;
5 Aminoacyl-tRNA-Bindung;
6 Aufbau des Substratkomplexes;
7 Peptidsynthese (Transfer-Reaktion);
8 Translokation }
9 Elongation } Kopplung.
10 Termination }

aus diesen auch wieder zusammenfügbar. Sequenzanalysen, NMR- und vorwärtstastende Röntgenstrukturanalysen, geleitet und vielleicht auch bisweilen verführt von elektronenmikroskopischen Rätsel-Übersichten sowie abstrahierten allgemeinen Überlegungen über Mechanik und Operationsstrategien möglicher Übertragungssysteme, versuchen heute einen — von vielen Zubringer- und Hilfsmethoden unterstützten, konzentrischen Angriff auf dieses zentrale Problem der Translation, des Informationsausdrucks der genetischen DNA-Botschaft in die dynamischen Funktions-

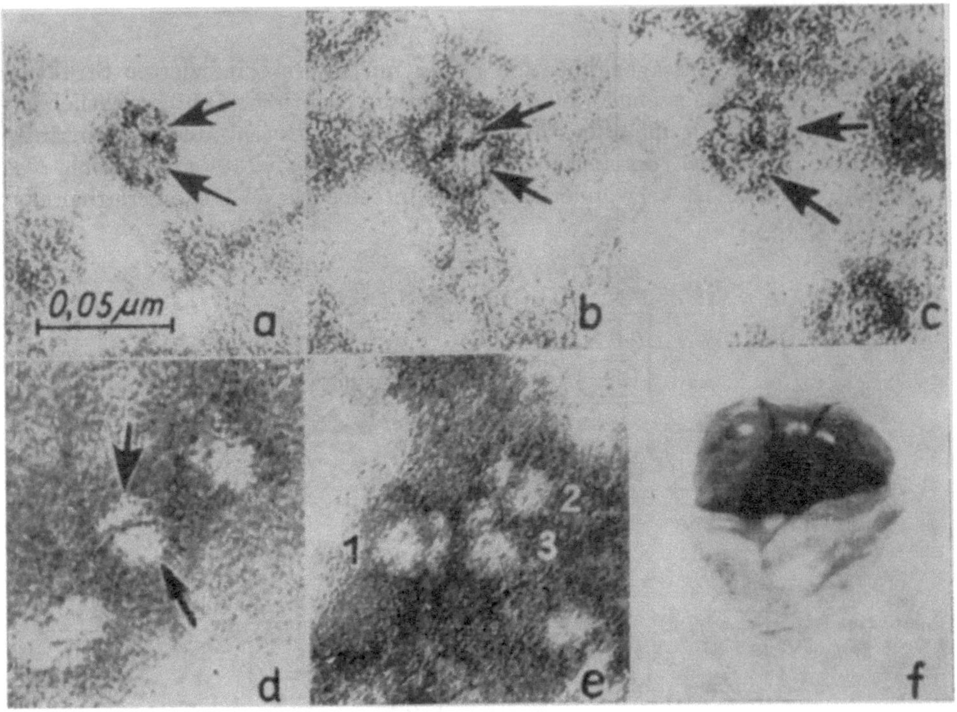

Die rätselhaften Ribosomen [25, 30–38, 294, 295–332].
Ein Beispiel von vielen, vielleicht eines der eindrucksvollsten: Interpretation von Rattenleberribosomen nach H. Bielka u. Mitarb. [32, 306–310].

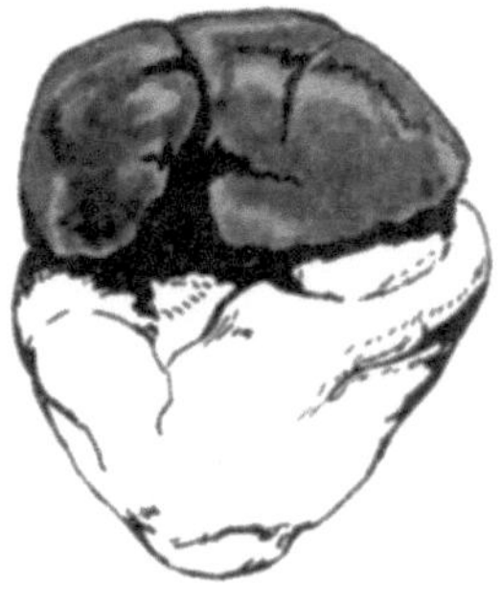

Versuch einer Modellinterpretation. Rattenleberribosom nach H. Bielka u. Mitarb. [310].
Die große Untereinheit zeigt trianguläre, kegelförmige Gestalt. Innerhalb der kleinen Untereinheit markieren zwei markante Kerben drei ungleich geformte subunits. (Sind die Einschnürungen Bindungsorte für Aminoacyl- bzw. Peptidyl-t-RNA?) Zwischen den beiden Untereinheiten der 80 S-Ribosomen befindet sich ein kontrastierend hervorgehobener großer Kanal (läuft durch ihn der messenger?)

Die Mysterien lassen sich dissoziieren:

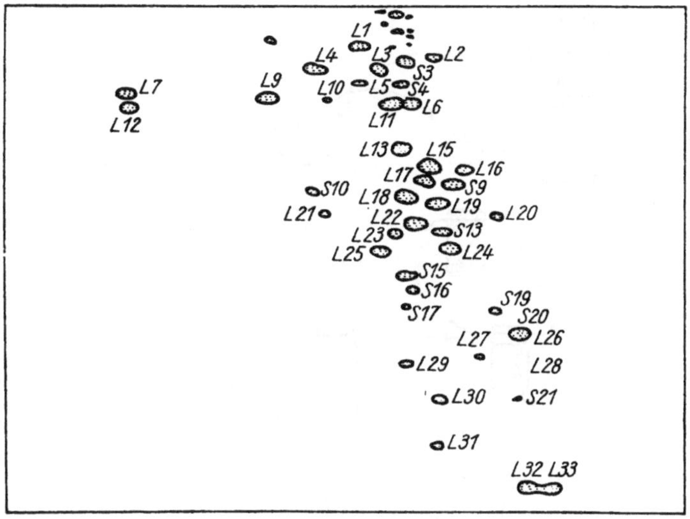

Zweidimensionale Elektrophorese der ribosomalen Proteine von *E. coli* nach H. G. Kloepfer bzw. R. A. Garrett u. H. G. Wittmann [313, 314].
L (large) = große, S (small) = kleine Untereinheit.

— und rekonstituieren:

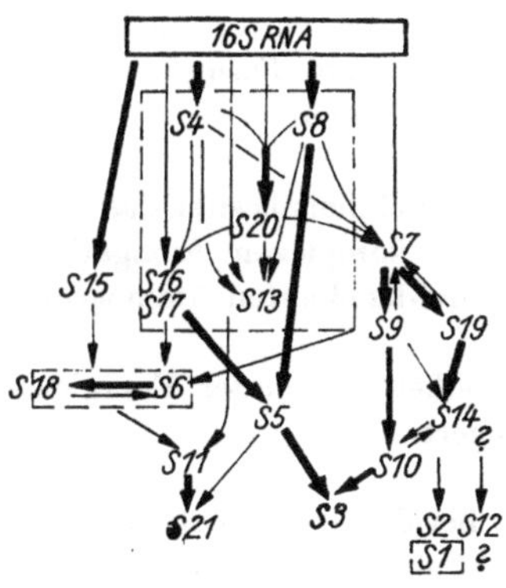

Hypothetisches Rekonstitutionsschema (assembly map) der Proteine der 30 S-Untereinheit des *E. coli*-Ribosoms nach R. A. Garrett u. H. G. Wittmann sowie H. G. Kloepfer [313, 314].
Proteine innerhalb des oberen Feldes sind sog. Strukturproteine, die mehr oder minder direkt an die 16 S-RNA binden. Pfeile symbolisieren Wechselwirkungen zwischen den Proteinen bezüglich ihrer unterstützenden Rolle (unterschiedlich starke Markierungen) innerhalb des Rekonstitutionsvorgangs.

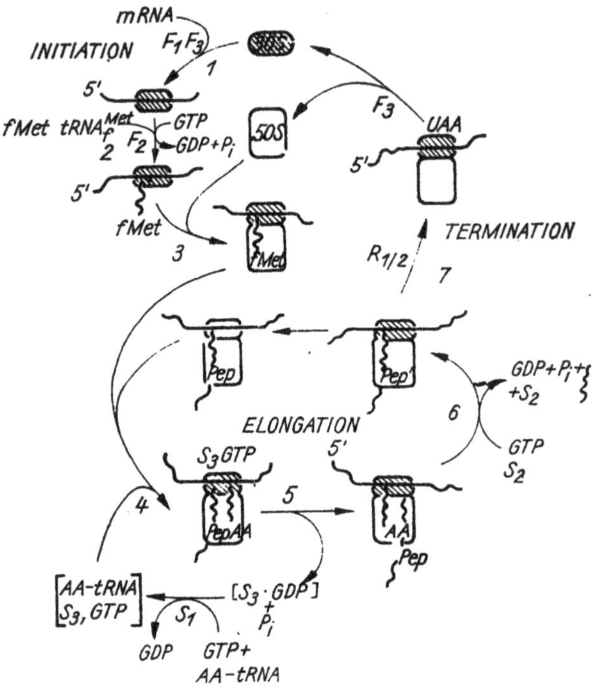

Ribosomen: verworrene Nucleoprotein-processings im „klassischen site-Modell" am Beispiel von *E. coli*.
Schema nach G. M. Blackburn [33].
Initiation:
Unter Mithilfe und Direktion der Proteinfaktoren F_1, F_2 und F_3 wird aus mRNA, ribosomalen Partikeln (30 S-Untereinheit) und Formylmethionyl-tRNA-f-Met — GTP-abhängig — ein Initiationskomplex gebildet.
Elongation:
Nach Vereinigung mit der großen 50 S-Untereinheit besitzt das System die Fähigkeit, als Peptidyl-tRNA-Komplex in die komplexen Elongationscyclen einzutreten. (f-met-tRNA ist wegen seiner formyl-blockierten Aminogruppe das kleinste Analogon einer Polypeptidyl-tRNA!).
Bei jeder Elongation wird die Polypeptidkette — unter Energieverwertung von zwei GTP — um eine Aminosäure verlängert.
Termination:
Rückt am Ende der Proteinbiosynthese bei der Translocation ein nonsense-Codon (UAA, UAG bzw. UGA) in die Aminoacylsite des Gesamtkomplexes, mündet die Elongation unter Auflösung des Systems durch zwei weitere Proteinfaktoren R_1 und R_2 in die Termination.
Die einzelnen Katalysekomplexe stehen bei Gegenwart der Initiationsfaktoren für den Neuaufbau eines Translationskomplexes wieder zur Verfügung.

Am Translationsprozeß beteiligte Faktoren:

Prokaryoten	Funktion	Eukaryoten	
Initiation			
F_1 (MGW 9000)	Imitiator-f-Met-tRNA-Bindung	M1	(MGW 65000)
F_2 (MGW 80000)	Initiator-f-Met-tRNA-Bindung	M2B	(MGW 18000)
	GTPase	M2A	(MGW 180000)
F_3 (MGW 30000)	mRNA-Bindung	M3	(MGW 4 · 85000)
	Ribosomendissoziation	DF	(MGW > 300000)
	mRNA-Spezifizierung für M3	MX	(MGW ~ 50000)
Elongation			
T_u (MGW 47000)	AA-tRNA-Bindung	EF1α	(MGW ~ 150000)
T_s (MGW 34000		EF1β	(MGW ~ 60000)
G	Translocation	EF2	(MGW 71000)
Termination			
R_1 (erkennt UAA, UAG) (MGW 44000)	Freisetzung der Peptidkette vom Ribosom	?	
R_2 (erkennt UAA, UGA) (MGW 47000)			
F_3 (s. Initiation)	Ribosomendissozation	DF	(s. Initiation)

Translations-„Faktoren-Schema" von Pro- und Eukaryoten nach H. Bielka u. Mitarb. [437].

systeme der Proteine zu führen. Vielfalt und komplexe Größe der Subunitstrukturen, das noch völlig offene puzzle ihres geistig erfaßten Zusammenbaus und in der Ferne ihres Zusammenspiels sind die bemerkenswertesten Erschwernisse [294—332, 430 bis 444].

So lebt der offenkundigere, sichtbarere Fortschritt gegenwärtig eher von den Partnern der Ribosomenmaschinerie, die gleich dem messenger eine ähnlich zentrale Rolle in der Informationsübermittlung spielen und in ihren molekularen Dimensionierungen unterhalb der Größenordnungen ihrer ribosomalen Partner bleiben: den tRNAs. Im Wechselspiel mit den Synthetasen, Katalyse-Systemen einer definierten Aminosäurezuordnung zu den jeweiligen tRNA-Transportsystemen, sind sie Bestandteile jenes „second code", der die Richtigkeit der Informationsleitung in die gegenüber Fehlern der second-code-Hierarchie betriebsblinden Ribosomen sichern muß [297—301, 311—332, 430—444, 455—473].

Sie sind Strukturen, die in ihrer ganzen, zwar verhältnismäßig kleinen und übersichtlichen, aber dennoch hochkomplexen, etwas fossilen Gestalt, in der Mittel- und Mittlerstellung zwischen Informations- und Katalysesystemen Muster einer ansonsten in anderen DNA/RNA-Verbänden bereits überwundenen präbiotischen Epoche zu überliefern scheinen, die in ihren komplexen Sekundär- und Tertiärstrukturen ähnlich den Cytochrom-c-Proteinen — Systemen, denen sie nicht zuletzt auch hinsichtlich ihrer zahlreichen, molekularen Verbindlichkeiten unterworfenen strukturellen Zerrissenheiten ähneln — phylogenetische Abstammungsmuster offenbaren, die in ihren Kleeblattstrukturen ursprüngliche Nucleinsäurefaltungswahrscheinlichkeiten repräsentieren und in ihren Kooperationsbeziehungen Informations- und Katalysebezüglichkeiten wechselseitig gerecht werden. Nucleinsäuren — nach Crick — "doing the job of a protein".

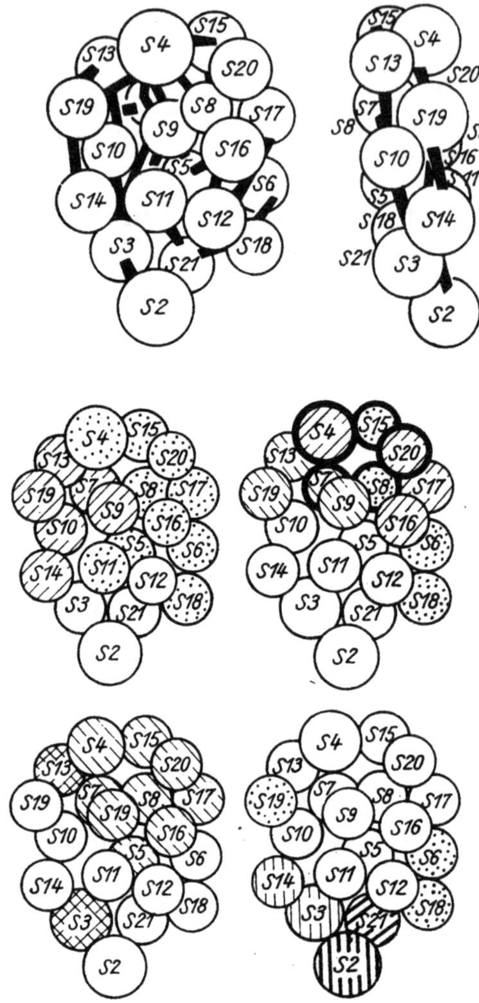

Hypothetische Protein-Topographie der *E. coli*-30 S-Untereinheit nach T.-T. SUN u. Mitarb. [434].
Gesamtschema in zwei Ansichten (oben) und nähere Detaillierungen (mitte und unten):

mitte links: Ribonuclease-Sortierungen
: Fragment 6
: Fragment 14

mitte rechts: Rekonstitutionsverhältnisse:
: Nucleationsbereiche 1/2/3
dick umrandet: Proteine, die unabhängig an 16 S-rRNA binden.

links unten: Stöchiometrie der 30 S-Proteine
: ein-/ : mehrfach

rechts unten: Beteiligung am Aminoacyl-tRNA-Bindungsprozeß.
: durch gebundene Aminoacyl-tRNA vor Trypsin-Angriff geschützt;
: stimulieren — 30 S-Ribosomen zugesetzt — die Aminoacyl-tRNA-Bindung;
: Fehlen bei der 30 S-Rekonstitution inhibiert Aminoacyl-tRNA-Bindung.

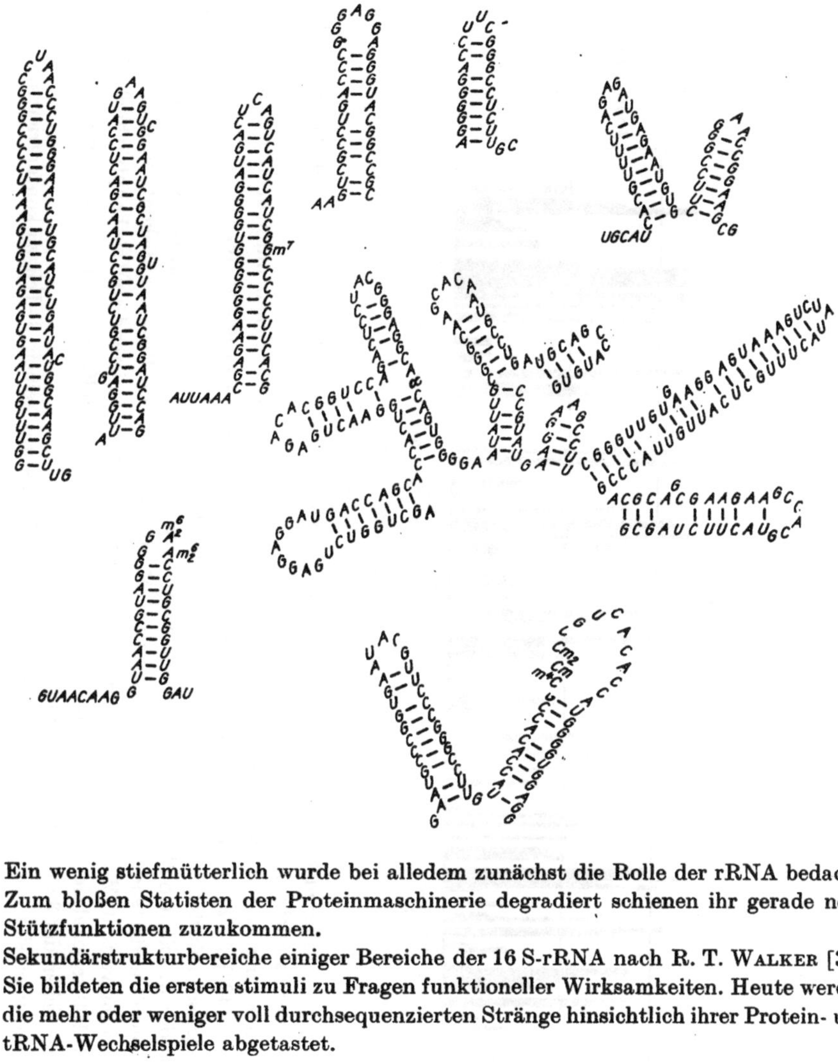

Ein wenig stiefmütterlich wurde bei alledem zunächst die Rolle der rRNA bedacht. Zum bloßen Statisten der Proteinmaschinerie degradiert schienen ihr gerade noch Stützfunktionen zuzukommen.

Sekundärstrukturbereiche einiger Bereiche der 16 S-rRNA nach R. T. WALKER [35]. Sie bildeten die ersten stimuli zu Fragen funktioneller Wirksamkeiten. Heute werden die mehr oder weniger voll durchsequenzierten Stränge hinsichtlich ihrer Protein- und tRNA-Wechselspiele abgetastet.

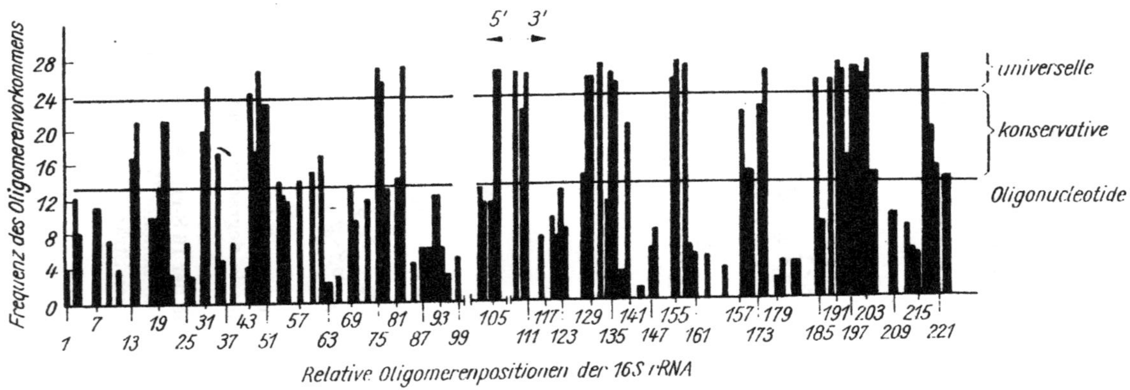

Die rRNA darf sicher nicht allein als Strukturmolekül gesehen werden. Eine ganze Reihe von experimentellen Befunden unterstreicht ihre Funktionalität.

Zur Korrelierung von Aktionsmustern und zugrundeliegenden rRNA-Bereichen untersuchten C. R. WOESE u. Mitarb. [439] 27 Prokaryoten-16 S-rRNAs auf ihre variablen und invariablen Regionen.

Phylogenetische Muster in 16 S-rRNAs — die Histogramme stellen jeweils charakteristische Oligonucleotid-bereiche der *E. coli*-16 S-rRNA dar. (Eine genaue Analyse identifiziert variable und konservative Folgen.)

Die universell auftretenden und hochkonservativen Muster sind in neun Regionen diskontinuierlich über den Gesamtstrang verteilt. Mit Bereichen niederen Konservationsgrades alternierend sind sie hauptsächlich (7 von 9) in der 3'-Hälfte lokalisiert. Sämtliche Invariabilitätsbereiche der 3'-Hälfte sind zumindest teilweise in Oberflächenbereichen der 30 S-Untereinheit angeordnet.

Damit scheinen sich die Hauptfunktionsmuster des Moleküls auf seinen 3'-Teil zu konzentrieren.

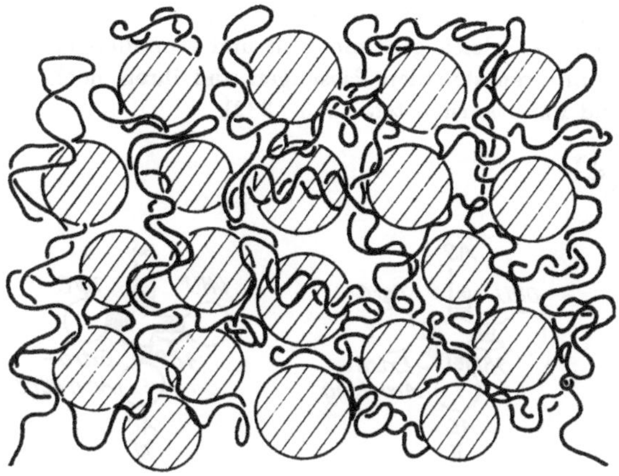

Bereiche des Cox'schen Ribosomenmodells — hier in der Darstellung der 30 S-Untereinheit von W. E. HILL u. R. J. FESSENDEN [436].

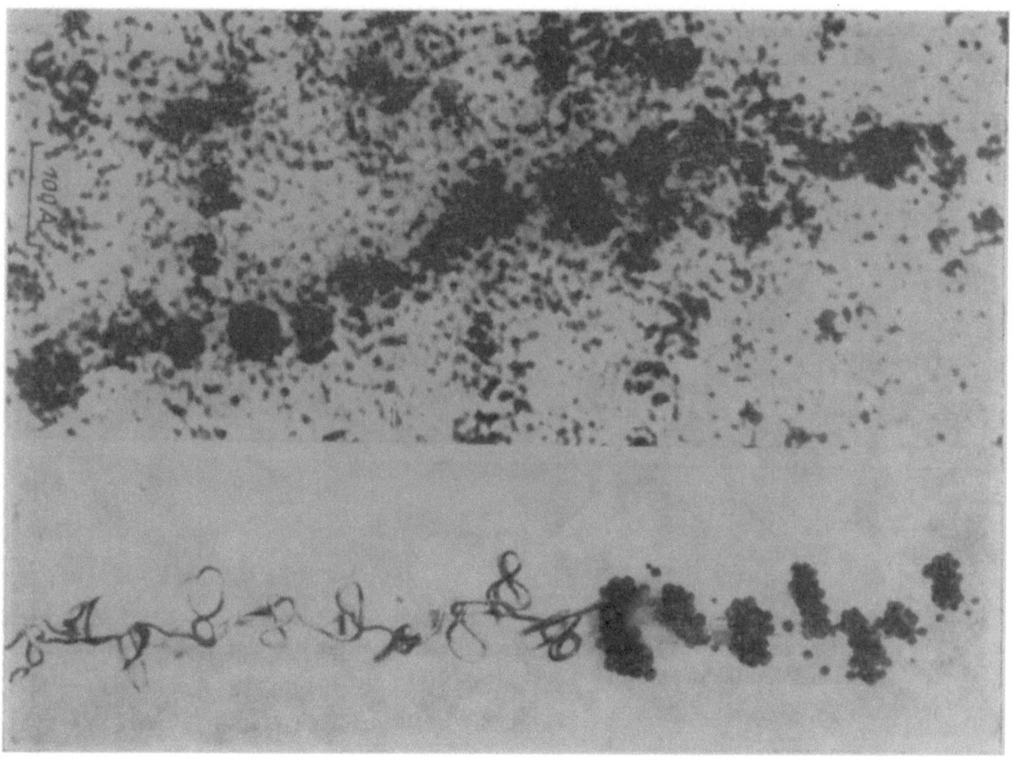

EM-Verdeutlichung einer rRNA nach A.-M. LADHOFF u. S. ROSENTHAL [440].
Teilausschnitt aus einer Kaninchen-Reticulocyten 28 S-rRNA mit entsprechender Modellinterpretation der doppelsträngigen bend-Bereiche.

tRNAs: kleine, in der Dimensionierung überschaubare Schlüsselstrukturen des „second code“-Systems — gleich geheimnisvoll und stimulierend in ihrer archeo typischen Prägung, in ihren skurrilen Passungen und ihren noch unübersehbaren Differenzierungs- und Funktionsmustern [316—332].

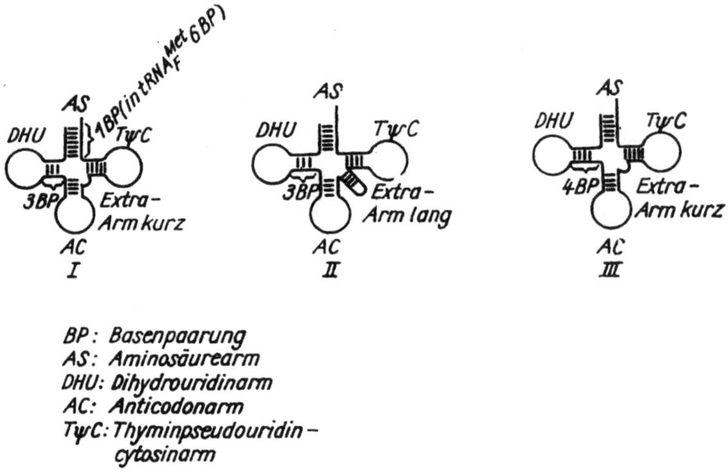

Drei-Klassen-Einteilung der tRNAs auf der Grundlage des Kleeblattmodells nach Staehelin. Schema modifiziert nach M. Staehelin und G. Schreiber [320, 321, 294]

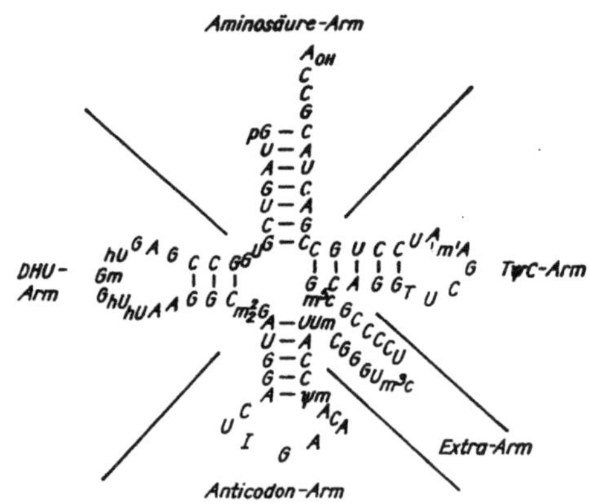

und Übersetzungsversuche einer tRNA-Ser aus Rattenleber — Schema nach M. Staehelin [321] — aus der Zweidimensionalität der Papierebene in die Dreidimensionalität des Raums.

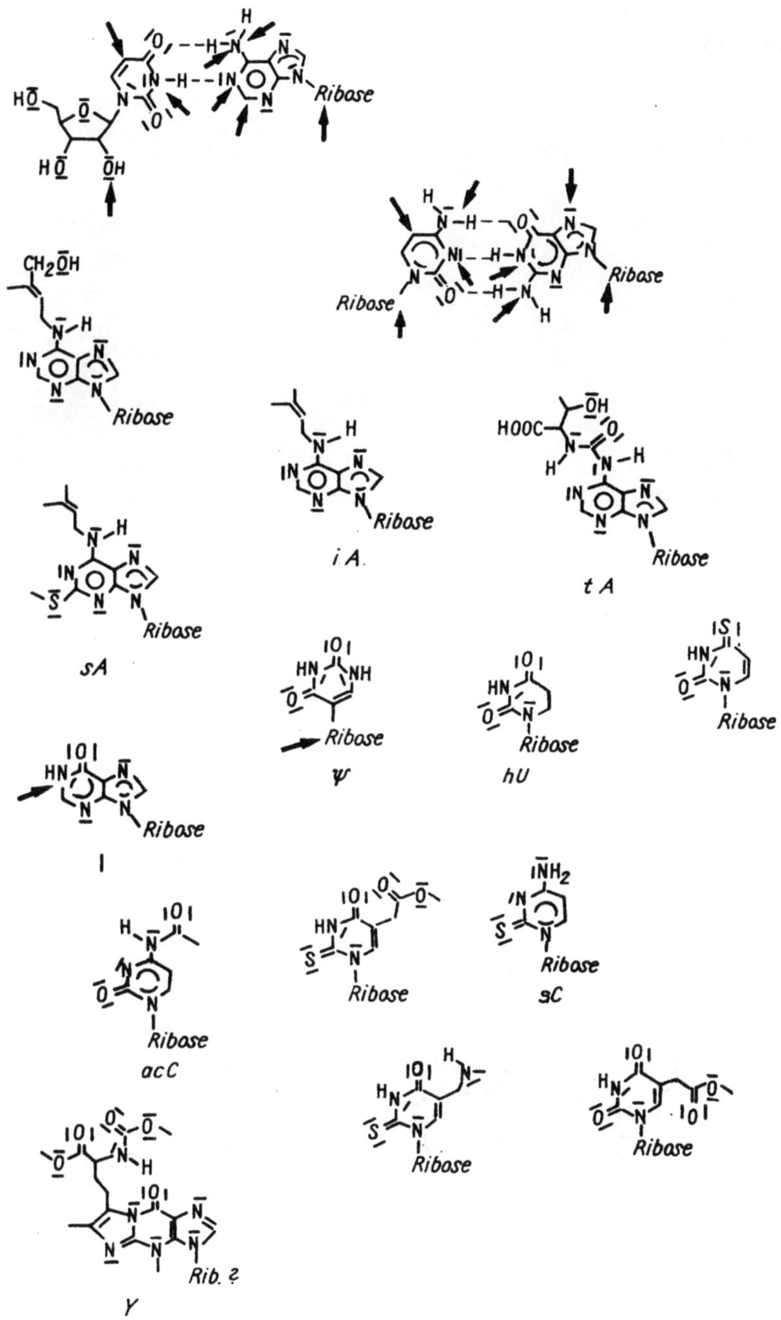

Die „ungewöhnlichen“ Nucleoside — Basenkostümierungen von t- und z. T. rRNAs.

Zwei typische modifizierte Nucleoside von tRNAs:
Das Cytokinin iA und

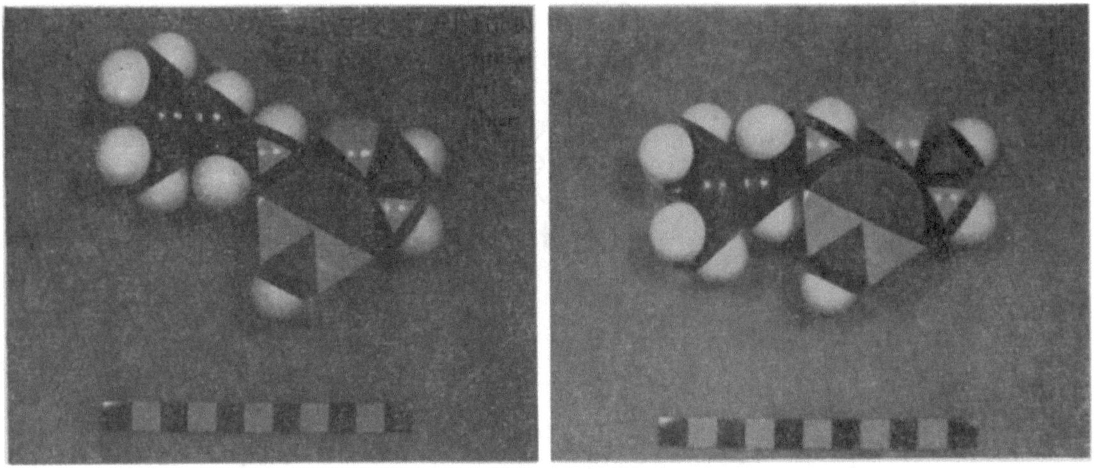

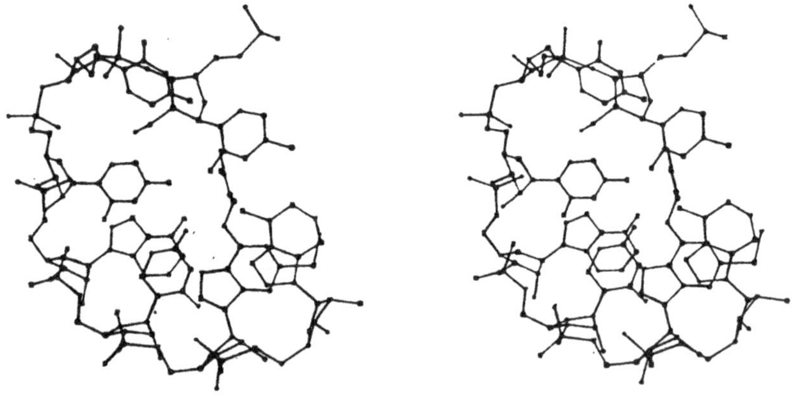

Wie so etwas in realiter aussehen könnte, verdeutlicht die Stereowiedergabe eines isopentenyl-modifizierten Adeninabkömmlings als „base-pair breaker“ in einer stack-Verbesserung im Anticodon-loop.

die Y-Base.

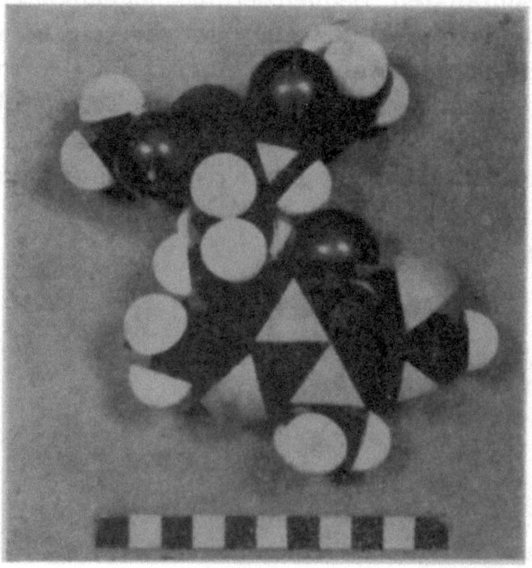

Ist für die fluoreszierende Y-Base, die in einer tRNA unmittelbar neben einem Adenin am 3'-Ende des Anticodons sitzt, der hier besonders hohe Grad an Komplexität jenseits der H-Brückenzone nötig, um die für Phenylalanin zu erwartende schwache Codon/Anticodon-Wechselwirkung zu stabilisieren? [172].
Beide schirmen im übrigen als „base-pair breaker" die Erkennungszonen ab und unterstützen so die Exponierung und damit Lesbarkeit des Anticodon.
Vielleicht zur komplexen Y-Base noch ein hübscher Kommentar von R. T. WALKER in einem „Nucleic Acids" Review [35]:
"Some people have been star-gazing while others have been labouring in simulated desert conditions (although why one has to simulate desert conditions in San Diego is not explained). Computers and their accompanying mathematicans have apparently progressed from trying to explain the hydrogen molecule and are now predicting polyribosome behaviour and mimicing protein synthesis. In case some people did not realise it, Molecular Biology, having passed from the romantic period through the dogmatic period, is now in the academic period and, therefore, as an academic exercise readers may like to write down the structure of the compound methyl-4-[7-(4.6-dimethyl-8-oxydi-imidazo(1.2-a),(4.5-d)pyrimidinyl]-2-methoxycarbamoylbutyrate (without first looking up the structure of Y base ...)."

Es trifft sich glücklich, daß die relative Kleinheit dieser fundamentalen Nucleinsäurestrukturen unseren heutigen beschränkten Sequenzierungsmöglichkeiten entgegenkommt, daß sie uns so direkt nicht nur die Aufklärung ihrer diversen Strukturmodifizierungen ermöglicht, sondern darüber hinaus auch den Angriff auf den Informationsweg über DNA-, messenger- und sonstige Informationsleitungssysteme bis hin zum fertigen tRNA-Molekül sinnvoll und schon in Teilen gangbar gemacht hat. Eine Struktur, die endlich infolge ihrer relativen Kleinheit die Kristallisation definierter Ein-

tRNA-Strukturaufklärung —
wie es begann:

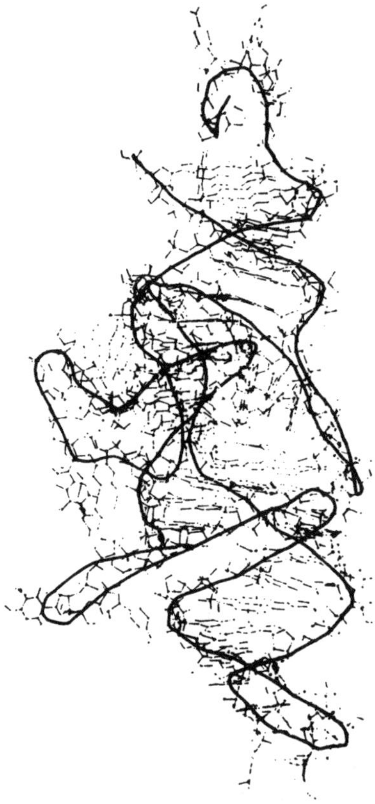

Räumliches Dreiding-Faltungsmodell einer tRNA^{Ser} nach M. Staehelin [321] — eine Spekulation.

kristalle ermöglichte, und deren Röntgenstrukturanalysen zunächst in der ersten 5 Å-Auflösung einer tRNA durch Kim u. Mitarb. gipfelten. Bezeichnenderweise bestätigte die Röntgenstrukturanalyse in ihrer damaligen, allerdings noch geringen Auflösung zwar zunächst einmal das bis dahin hypothetische generelle Faltungsprinzip der Kleeblattanordnung, nicht aber alle detaillierten Spekulationen hinsichtlich der tatsächlichen Faltungsgeometrien in diesem besonderen Fall. Allein eine Röntgenkleinwinkelstreuung von Kratky u. Mitarb. war der späteren Röntgenstrukturanalyse in einer bemerkenswerten Weise bereits vorher gerecht geworden [321—332, 455—473].

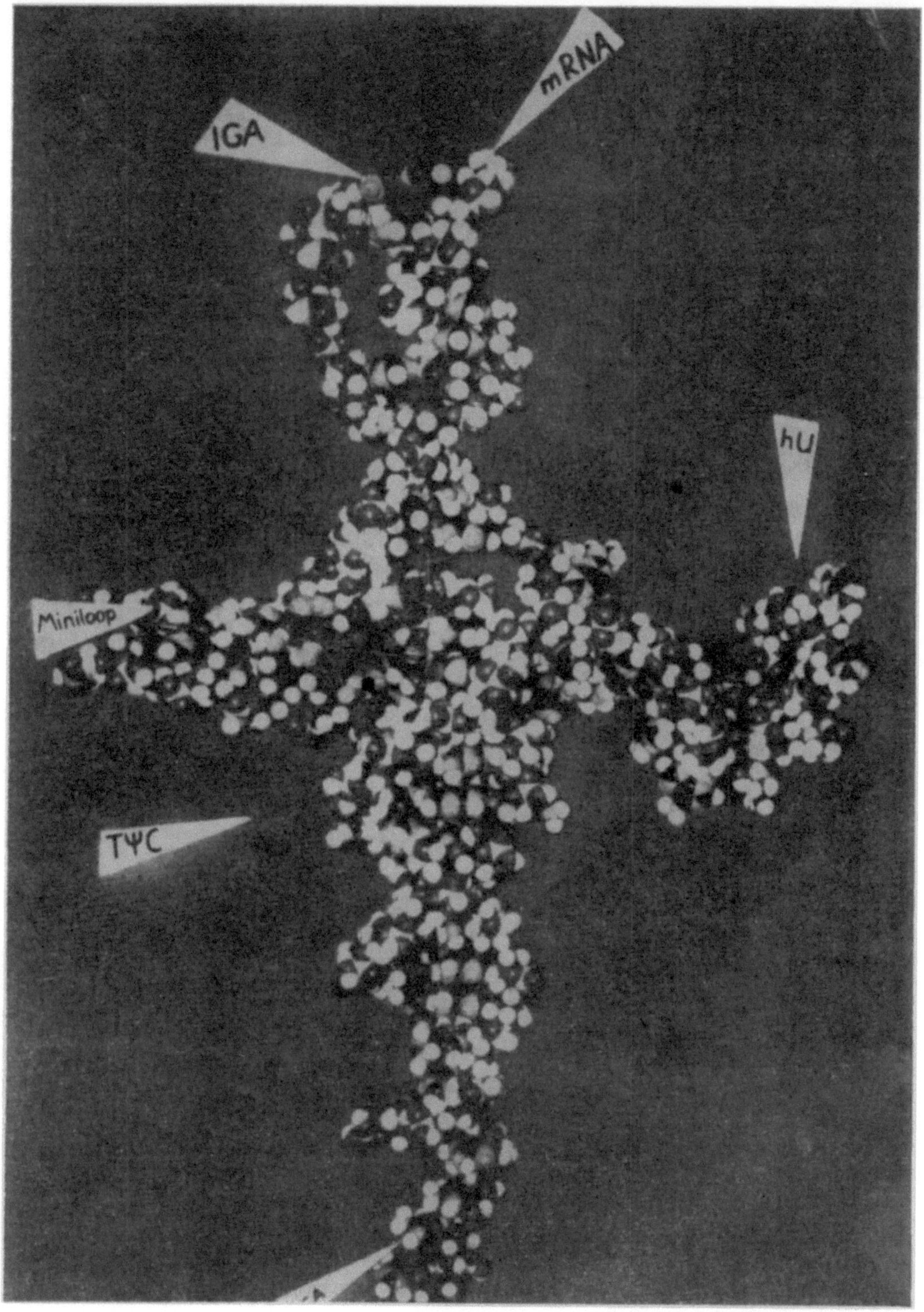

Und als Variation — diesmal in CPK-Kalottendarstellung — eine Serin-spezifische tRNA aus Hefe nach H. G. Zachau [316]. Frühe Versuche, komplexe biopolymere Strukturen allein aus der Kombinatorik menschlichen Vorstellungsvermögens mit „model building" zu erschließen.

Model-buildung-Mühen, bei denen jetzt auch Computer Hilfestellung geben, die aber — wie sich für die Hefe-tRNA^{Phe} zeigte — auch am Thema vorbeirechnen können.

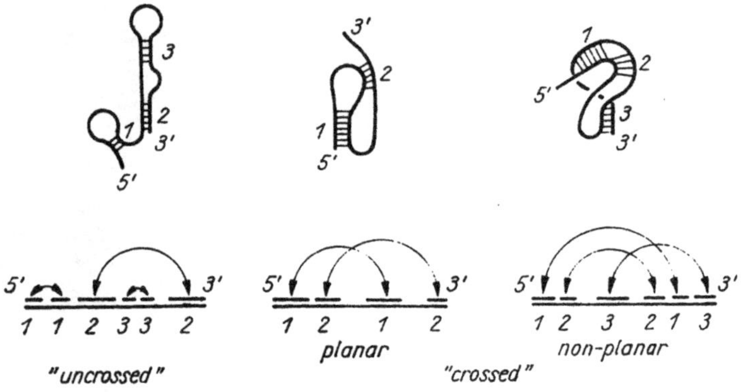

Paarungs- und Faltungsstrategien nach B. R. JORDAN [326].

Und während man aus tRNAs auch phylogenetische Stammbäume ableiten kann:

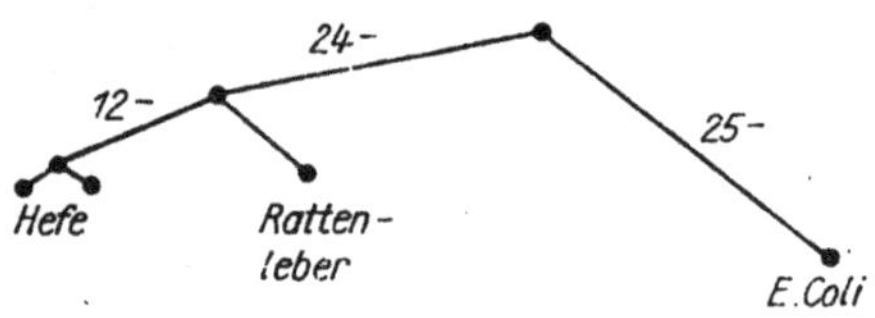

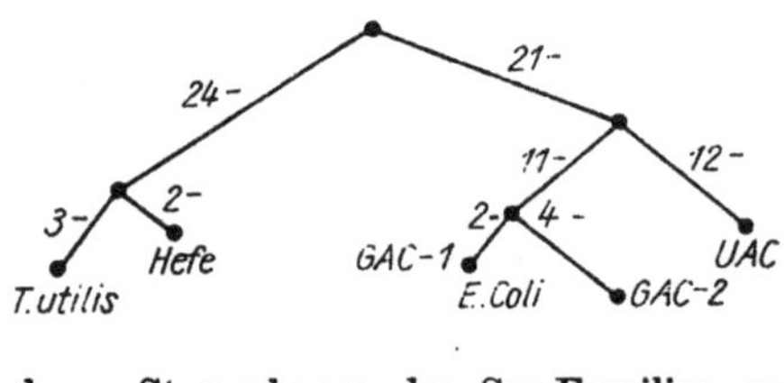

oben: Stammbaum der Ser-Familien von Hefe (zwei species), Rattenleber und *E. coli*.
unten: Val-Stammbaum von Hefe, *T. utilis* und drei *E. coli*-Varianten.
Schemata nach R. J. CEDERGEN u. Mitarb. [324].
— warten die unzähligen Struktur/Funktionsfragen weiter auf Antwort —:

Hefe-tRNA^{Phe}, ein klassisches Einteilungsschema im Kleeblatt-Modell (links), hatte man in folgenden Anordnungsmöglichkeiten (rechts) erwartet [332]:

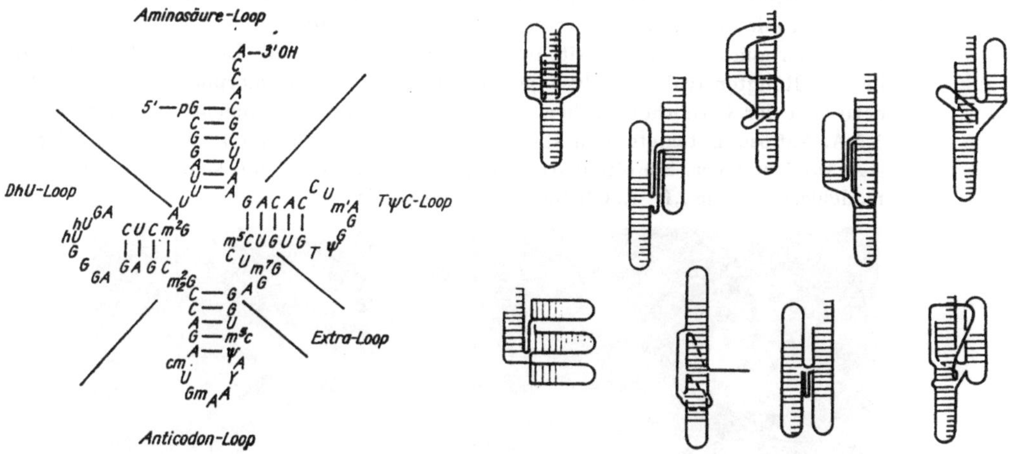

Schemadarstellung von Strukturen, die zwischen 1967 und 1972 vorgeschlagen wurden; modifiziert nach [332].

— und wie es — vorläufig — endete:

Doch allein die Röntgenkleinwinkelstreuung nahm auch hier ihrer großen Schwestermethode die Gesamtschau in bemerkenswerter Weise vorweg:

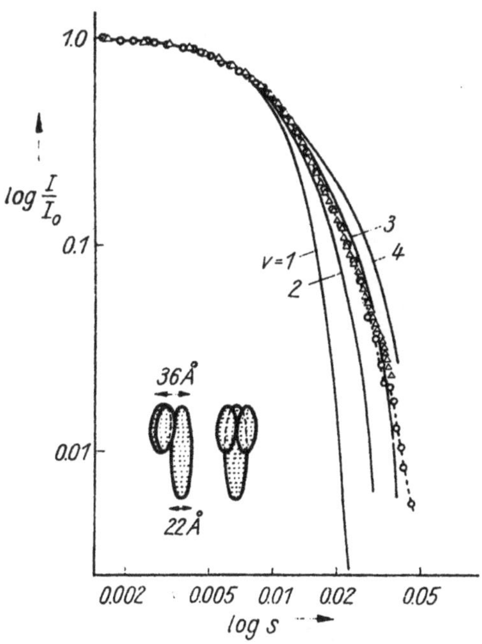

Modell- und experimentelle Kurven der Röntgenkleinwinkelstreuung für Hefe-tRNA^{Phe} nach I. PILZ u. Mitarb. [329].
Man vergleiche den resultierenden Modellvorschlag mit der sich dann enthüllenden Struktur nach KIM u. Mitarb. [331].

Hefe $tRNA^{Phe}$ — erste Nucleinsäure in Hochauflösung — der Wettlauf der beiden Ms (MIT und MRC).

Hefe-$tRNA^{Phe}$ ist polymorpher Natur. Sie kristallisiert in fünf verschiedenen Kristallsystemen mit insgesamt acht verschiedenen Raumgruppen.

Die orthorhombische Form tritt in zwei Modifikationen auf. Der erste Durchbruch in der Röngtenstrukturanalyse gelang zunächst mit isomorphen Schwermetallderivaten der Orthorhombischen Kristalle. Über eine ungenügend interpretierbare 5.5 Å.-Auflösung tastete sich die MIT-Gruppe um Kim und Rich [330—331] zur 4 Å-Auflösung vor. Sie offenbarte völlig überraschend — von keinem Computer je modelliert — eine „L"-(„T") Gestalt des Moleküls.

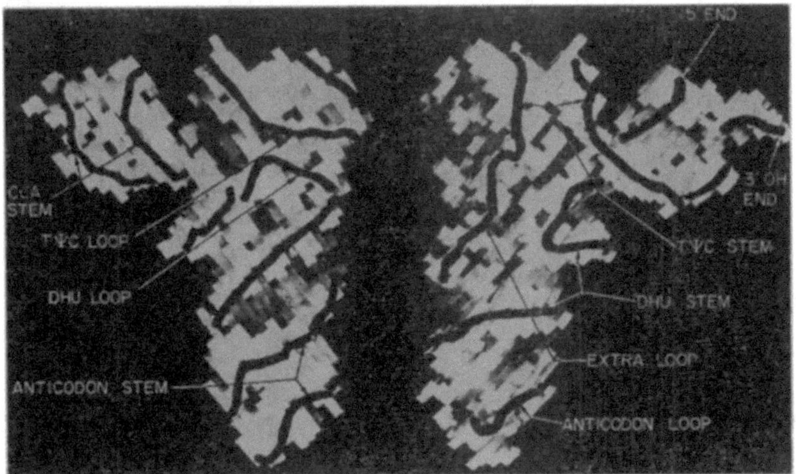

Orthorhombische Hefe $tRNA^{Phe}$ in 4 Å-Auflösung — die „L"-Gestalt nach Kim u. Mitarb. [330, 331].

Die sowohl von der MIT-Gruppe an der orthorhombischen wie auch — hier etwas schneller — von der MRC-Gruppe um Robertus und Klug an der monoklinen Form bis zur 3 Å-Auflösung vorangetriebenen Untersuchungen ergaben beträchtliche Übereinstimmungen für beide Strukturvarianten [330, 331, 456—463].

Die Basenpaare werden sichtbar:

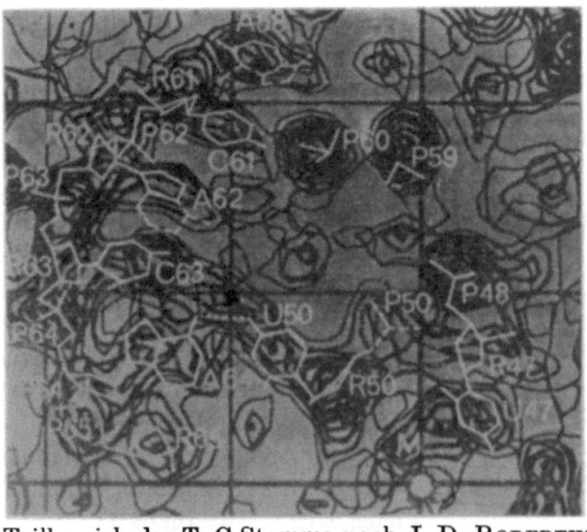

Teilbereich des TψC-Stamms nach J. D. Robertus u. Mitarb. [461, 462].

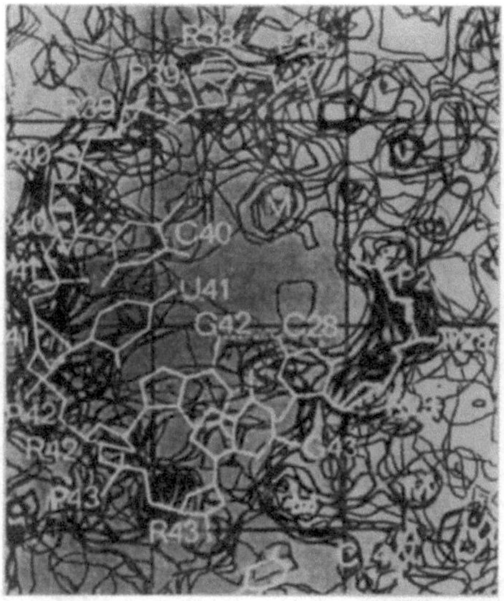

Ausschnitt aus dem helicalen Anti**codon**-Stamm nach [460—463].

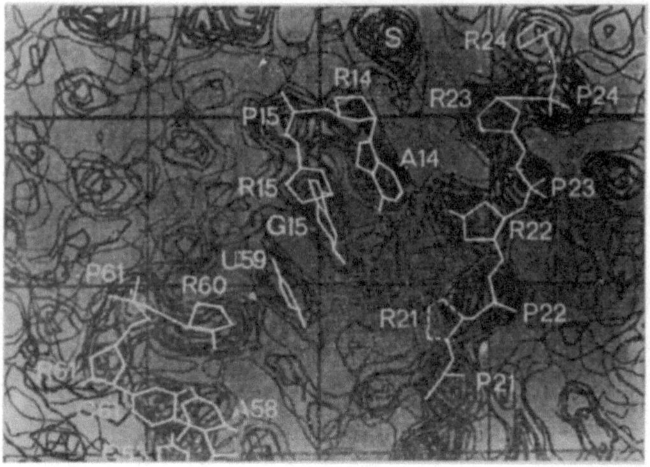

Bereich des D-loops, hier könnte die Angel zu den Konformationsumorientierungen des Anticodonloops nach Woese und Crick ansetzen nach [460—463].

Vorläufiges Ende des Wettlaufes:

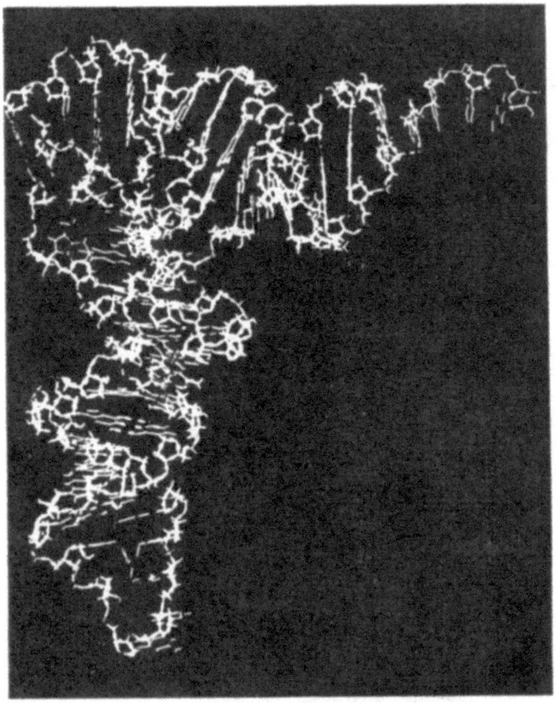

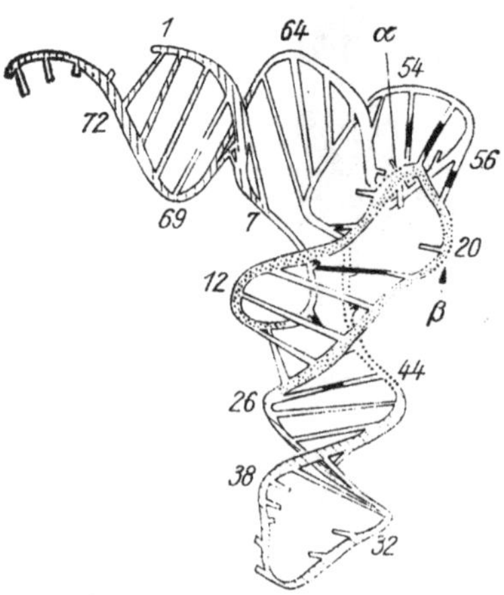

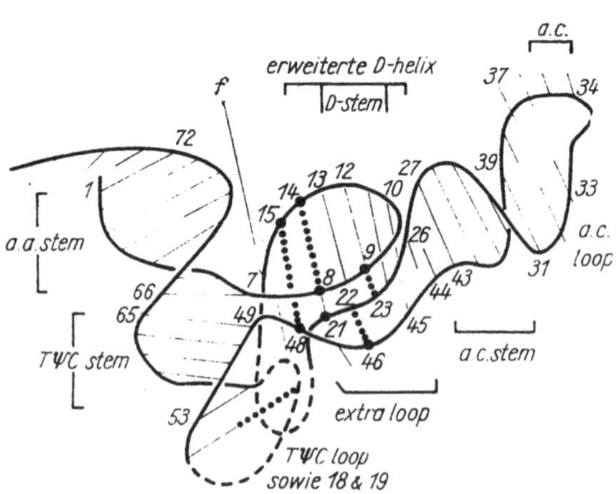

3 Å-Auflösung der orthorhombischen Form (MIT) (links) und der monoklinen Form (MRC) (rechts):

Zum erstenmal für eine Nucleinsäure ließ die Hochauflösung einzelne Baugruppen der Stränge erkennen. Sie offenbarte hochkomplexe Tertiärstrukturen, die aus den hypothetischen zweidimensionalen Kleeblattanordnungen nicht herauslesbar waren [330, 331, 456–463].
Die Stranganordnungen zeigen komplexe H-Brücken- und stack-Beziehungen. Sie lassen sich zwanglos mit dem vorliegenden dynamischen Untersuchungsmaterial — auch hinsichtlich chemischer Modifizierungen — in Übereinstimmung bringen.

Die MRC-Gruppe charakterisierte ihr Werk wie folgt [460–463]:
"The molecule can be described as consisting of three major substructures. These are: (1) the long double helix formed by the amino acid and TψC stems stacking on top of each other; (2) the augmented D helix, forming the „thorax" of the molecule: this consists of the D stem augmented by part of its own loop and interlocked with both the stretch 8–9 and with part of the extra loop; (3) the anticodon stem, tilted off by about 20° at the other end of the D stem and possibly hinged to it. ...
To these substructures are adjoined other parts with clear functional roles: (4) the ACCA sequence, at one end of (1), to carry the amino acid; (5) at the other end, the almost invariant TψC loop tightly folded and connected to the two invariant Gs 18 and 19 of the D loop, probably forming a ribosomal recognition site common to all tRNAs. The most variable nucleotides in the D loop, 16, 17 and 20 form (6) a patch flanking the augmented D helix; this may be an enzyme discrimination site, different for different tRNAs. There is also the region (7) on the other side of the D helix here consisting fo a few variable bases; this can be assigned to the large extra arm which is present in other classes of tRNA, presumably for discrimination. Finally there is (8), the anticodon itself. This loop is stacked in the 3' side of the anticodon stem, but it has been suggested to us by Dr. F. H. C. Crick that, if indeed the join between the anticodon stem and the augmented D helix functions as a hinge, then the conformation of the loop might possibly alter during protein synthesis, in the manner proposed by Woese."

Interessante Basenpaarungen nach [460–463]:

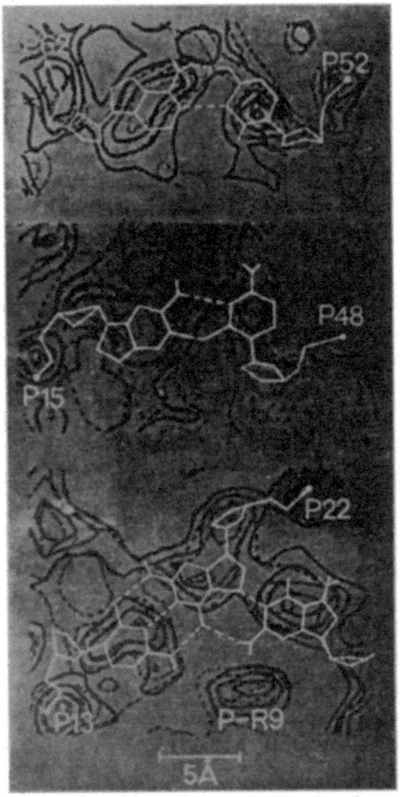

WATSON/CRICK-Anordnung im TψC-Stamm „U 52–A 62".

Ungewöhnliche G 15–C 48-Paarung in einer Art DONAHUE-Anordnung. Eine wichtige Tertiärstrukturierung zwischen D- und Extraloop. In dieser Nahtstelle wird bei den trans-Strukturierungen der Glycosidbindungen kein Pyrimidin/Purin-Austausch toleriert,

Basentriplett C 13–G 22–m^{7}G 46, Teil der zentralen Schaltregion des Moleküls in den Verbindungsbereichen zwischen D-Region und Extraloop. WATSON/CRICK-Paarung in Kombination mit ungewöhnlichen H-Brückenwechselwirkungen zu einem modifizierten Basenpartner. Dieser Zentralbereich ist in den verschiedenen tRNA species der Klasse 1 Geometrieinvariant:

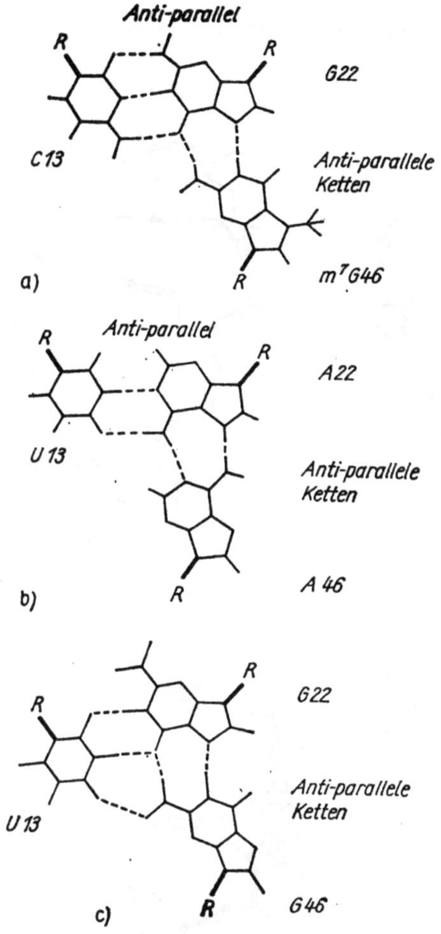

von oben nach unten die Basenvariationsmuster von $tRNA^{Phe}$ (Hefe), $tRNA^{Arg}$ (Hefe) und $tRNA_1^{Ala}$ (Torulopsis utilis) unter gleichen Tertiärvoraussetzungen nach Klug u. Mitarb. [463].

Damit werden differenzierte Strukturteile einer eingehenden Inspektion zugänglich:

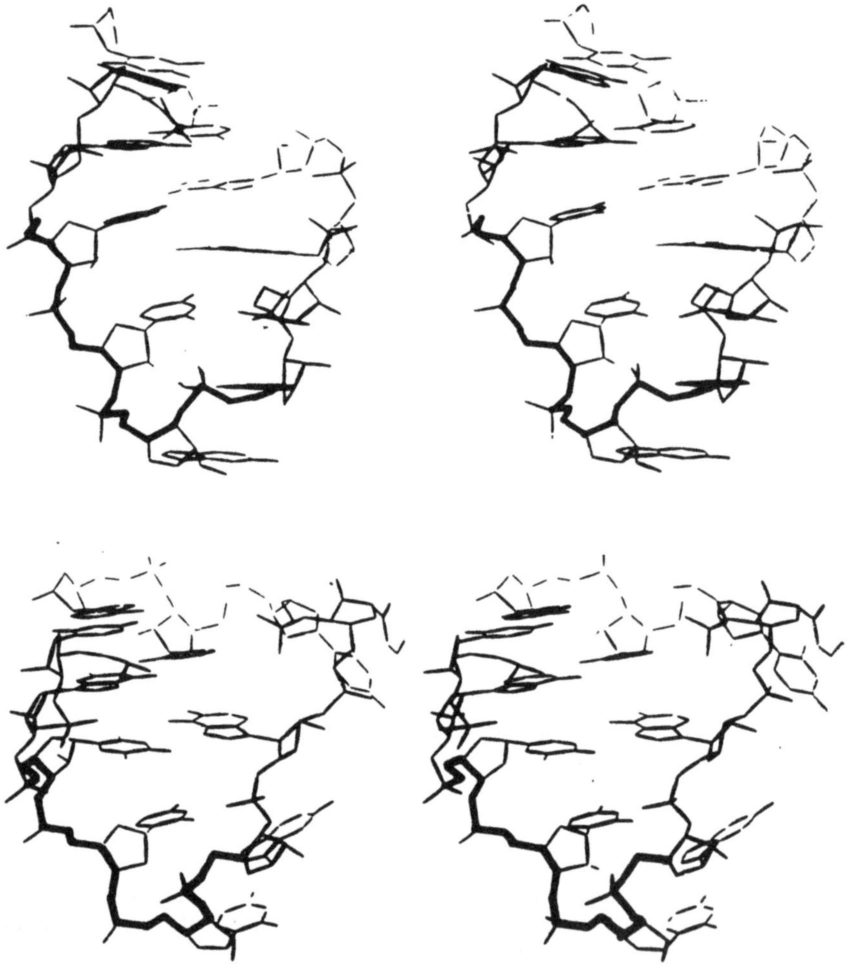

Stereowiedergaben des Anticodon-loop (oben) und des TψC-loops (unten) von Hefe-tRNA^{Phe} nach Kim u. Sussman (Nature 260 (1976) 645)

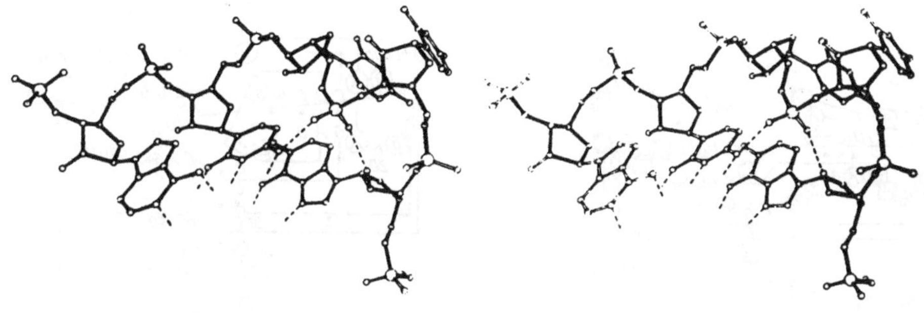

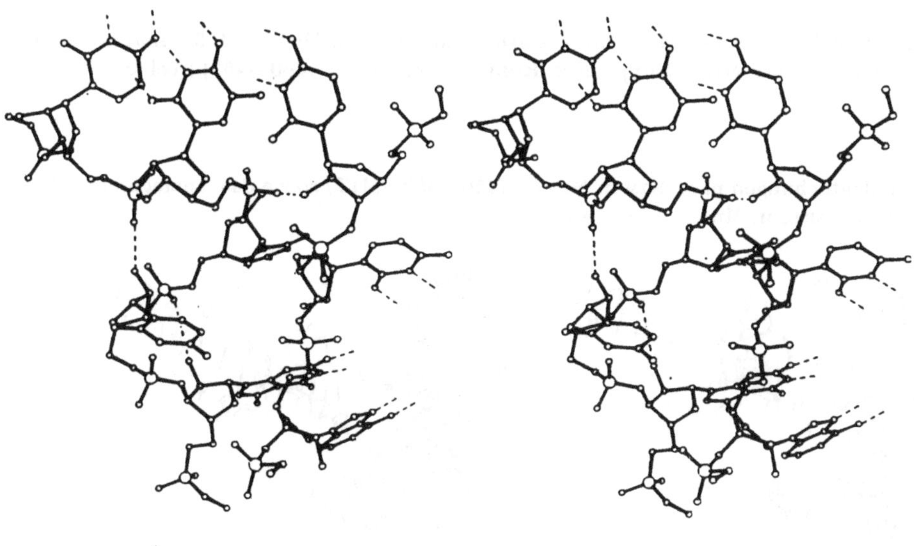

sowie Bereichen des TψC-loops (oben) und der Passungen von Acceptor/TψC-stem und des variablen loops (unten) nach QUIGLEY u. RICH (Science 194 (1976) 796) mögen das abschließend noch einmal verdeutlichen.

Die Folgerungen in Gegenüberstellungen:

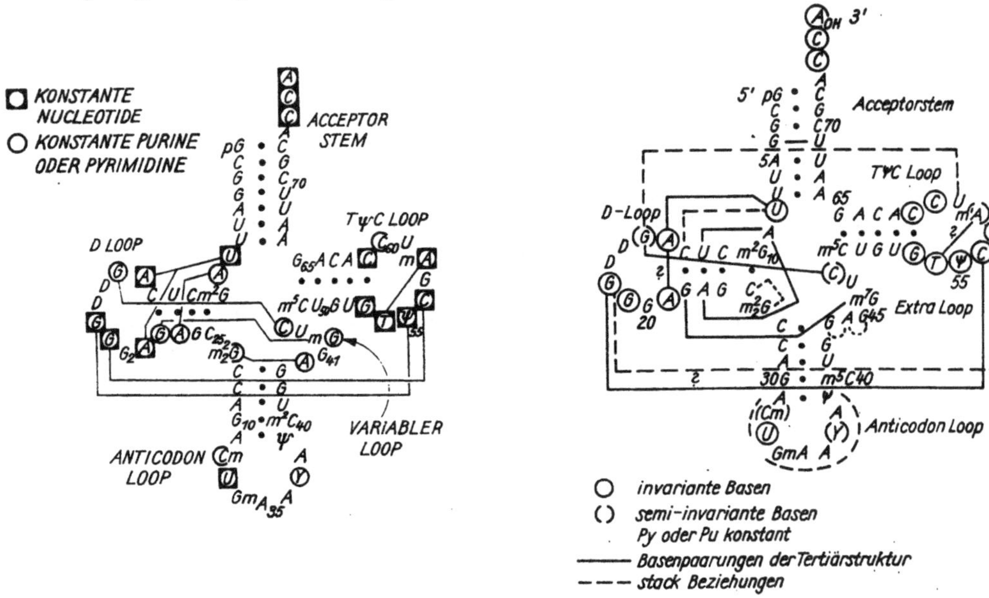

Wechselwirkungsschema in der MIT-Interpretation nach Kim u. Mitarb. [456—459] (links) und die Analogdarstellung der MRC-Gruppe nach Robertus u. Mitarb. [460—463] (rechts).

Geometrieverdeutlichungen nach Kim u. Mitarb. [456—459] (MIT) sowie das Analogon der MRC-Gruppe nach Roberts u. Mitarb. [460—463]:

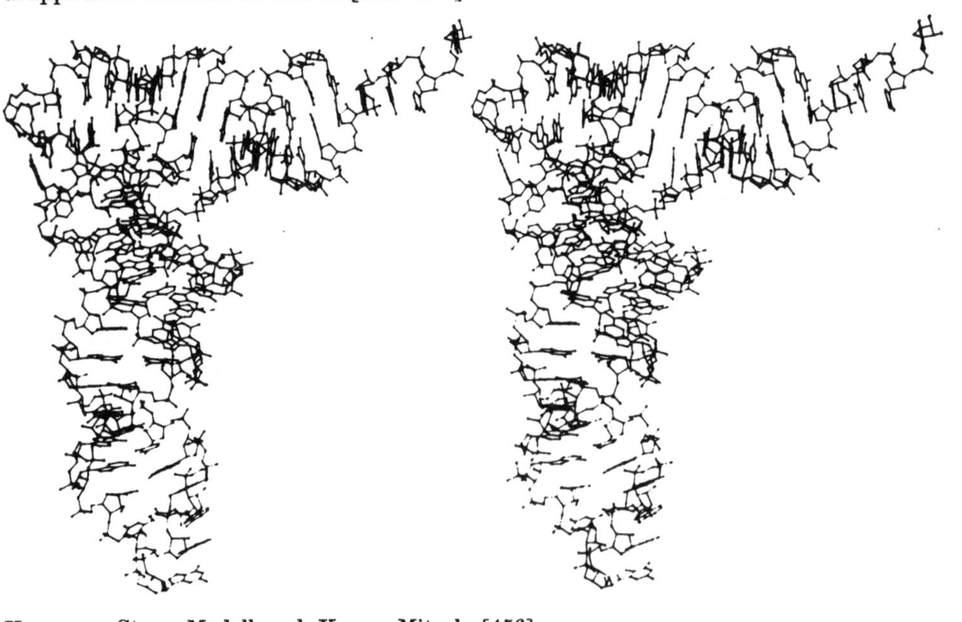

Kendrew-Stereo-Modell nach Kim u. Mitarb. [456].

und die „Kontrastdarstellung" nach ROBERTUS und Mitarb. [462]
(ROBERTUS-Stereo: Aminosäurestamm oben links, Anticodonbereich oben rechts, TψC-loop und ein Teil des D-loops links unten, das CCA-Aminosäureacceptorende oben links abgeschnitten).

Dynamische Strukturuntersuchungsmethoden stützen die Befunde der statischen Röntgenstrukturhochauflösung.

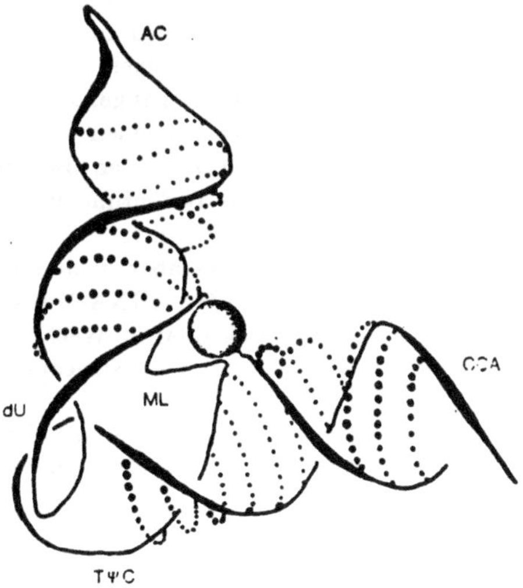

Eine von drei denkbaren Anordnungen der Hefe $tRNA^{Phe}$ nach NMR-Analyse mit Lanthaniden-shift-Reagenzien, (Eu in der Mitte des Moleküls markiert) nach C. R. JONES u. D. R. KEARNS [468].

tRNAs entstehen in einem komplexen Syntheseprogramm:

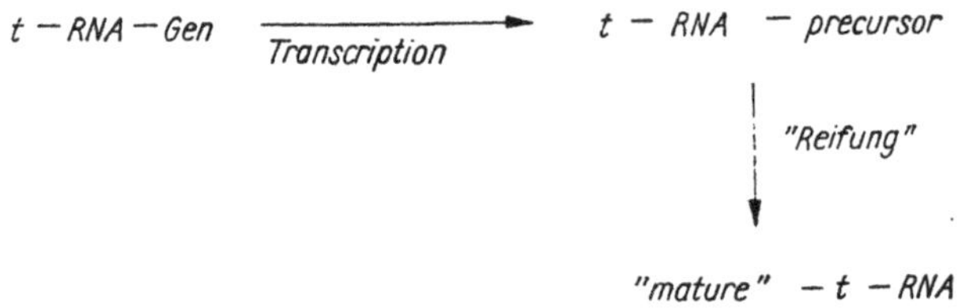

tRNA-Gene werden zunächst in normaler Weise in eine „Vorläufer"-RNA überschrieben. (Die Übersehbarkeit der Polynucleotidzuordnungen von tRNAs und ihren zugehörigen Genen, war nicht nur stimulus für wechselseitige Aufklärungen der Primärstrukturen, sondern auch für erfolgreiche Versuche der Schule um G. H. Khorana zur in vitro-Totalsynthese derartiger Gene nach raffinierten template-Überlappungsstrategien [304].) Diese precursor-tRNA ist länger als die eigentliche tRNA, die aus ihr in einem Trimm- und Modifizierungsprozeß durch Längenstutzung und Nucleotidkostümierung entsteht. Die Modifizierungsprozesse sind in ihrer Komplexität eine direkte Funktion des evolutionären Standards der zugrundeliegenden Organismenlandschaft.

Die CCA-Schwanzsequenz des Aminosäure-loops wird übrigens nicht durch tRNA-Gene codiert. Ein bekanntes Enzym, die tRNA-CMP-AMP-Pyrophosphorylase, könnte die Anheftung des CCA-Trinucleotids an das 3-Ende der ansonsten „fertigen" tRNA katalysieren.

Die Rolle der modifizierten Nucleoside bleibt ungeklärt bis umstritten. Möglicherweise wird Pseudouridin für die Ribosom-vermittelte Proteinsynthese benötigt. Einige andere modifizierte Nucleoside scheinen hierin nicht unbedingt verwickelt, könnten aber für die Beschleunigung des Prozesses wichtig sein. Einige hypermodifizierte Nucleoside mit voluminösen, sperrigen Substituenten über der H-Brückenerkennungszone der Basen wären für die Blockade der Erkennungszonen, vielleicht auch für stack-Unterstützungen der Codon/Anticodonwechselwirkung nützlich.

Da viele zelluläre Prozesse, in denen tRNAs — zusätzlich zu ihrer Einbeziehung in die „second code-Hierarchie" — verwickelt zu sein scheinen, noch wenig verstanden sind — hier wären z. B. Zelldifferenzierungsvorgänge, Immun- und Antiviral-Antworten sowie hormonale Steuerungsstrategien zu nennen — werden Struktur/Funktions-Probleme der tRNA-Muster aus einem zentralen Blickwinkel dieser „brennenden" Problemkreise heraus in Zukunft an Bedeutung und Aussagekraft gewinnen [277—326].

Die unter sich einerseits sehr ähnlichen, andererseits aber auch selbst innerhalb der gleichen species schon wieder hochdifferenzierten tRNA-Muster stehen mit einer so großen Zahl von Enzymen und Proteinfaktoren in Wechselwirkung, daß sie mithin auch ein geeignetes Feld für das Studium von Nucleoprotein-Wechselwirkungen darstellen [318].

Als „kleines, in sich aber schon wieder uferloses Teilproblem eines hochkomplexen Gesamtmusters: die Frage nach der Erkennung von tRNA und Synthetase, die Frage nach einer Zentraloperation des „second", vielleicht auch des „third code".

Wir wissen zum gegenwärtigen Zeitpunkt nicht, ob sich die erstmals offenbarte „L"-Gestalt, die gleichzeitig eine Fülle analytischer Vorbefunde — wie beispielsweise die Anknüpfungszonen möglicher Synthetase-Enzympartner — speziell an dieser tRNA bestätigte, für alle tRNA-Strukturen verbindlich ist. Wir können ferner noch keine verbindlichen Aussagen darüber machen — NMR-Untersuchungen und eine Vielzahl anderer dynamisch orientierter Analysenmethoden sind hier einen mühsamen Weg angetreten — inwieweit diese L-Form in den einzelnen Operationsschritten des Moleküls erhalten bleibt, oder wie und in welchem Maße sie abgewandelt wird.

Das Beispiel einer Antwort:

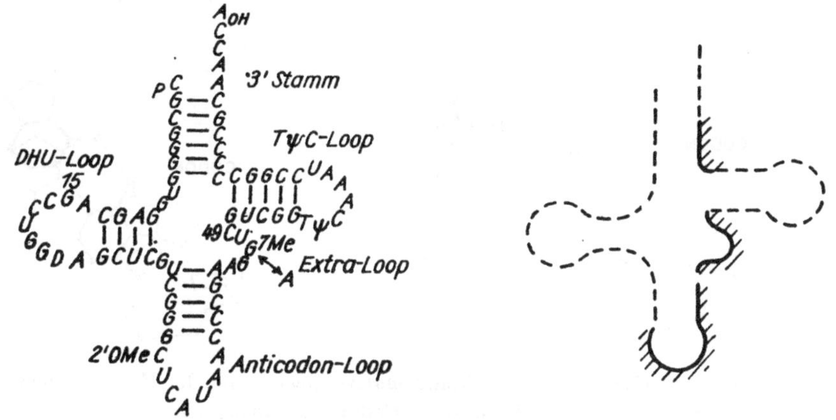

Dreibereichs-Erkennung nach S. K. Dube [325].
Nucleotidsequenz von *E. coli*-tRNA^{Met} mit den Markierungen der Synthetase-Erkennungsregionen im Anticodon-, Aminosäure- und Extra-loop.
Dem Extra-loop könnte nach dieser Hypothese eine vitale Rolle sowohl für Spezifität wie auch konformative Flexibilität des Erkennungsprozesses zukommen. Dubes Theorie fordert nicht, daß die Erkennungspartien für verschiedene tRNA-Muster die gleichen sein müßten, sie fordert nur das Minimum von „three points" für eine korrekte Identifizierung.
Auch hier und in vielen anderen ungeklärten, ungelösten und wohl auch noch ungefragten Anrainerproblemen wird die Zukunft das Wort haben.
Ein Markstein auf dem sicher noch mühevollen Weg ist aber sicherlich die erste Konturenfixierung einer tRNA in mittlerer Auflösung durch Kim u. Mitarb. [330, 331], sowie Robertus u. Mitarb. [460—463].

Und vielleicht erscheint es wichtig und nützlich — ähnlich wie für die fließend gewordenen Strukturen der zunächst nur „informativen" DNA — hier umsomehr jede statisch orientierte Betrachtungsweise über Bord zu werfen und den tRNAs, den „second-code" Gegenspielern des Informationsspeichers des Primärcodes, zumindest gleiche Wahrscheinlichkeiten eines ausgeprägten Dynamikverhaltens zuzubilligen.
Woese hat seinen kürzlich vorgestellten Vorschlag eines Translationsmechanismus auf der Basis derartiger dynamischer Kooperation von m- und insbesondere tRNAs mit einer harten aber sicher auch berechtigten Kriktik an einer allzu statischen Auffassung des Problems verbunden. Doch geben wir ihm selbst das Wort [25].

Codon/Anticodon-Beziehungen nach C. J. Alden u. S. Arnott [301]:

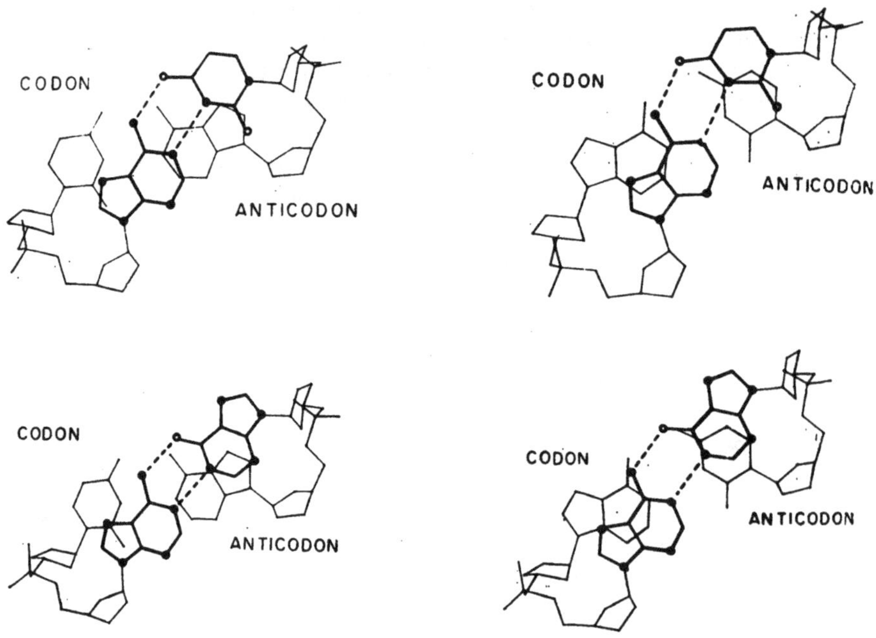

Basenüberlappungen und konformative Gestaltung der Zucker-Phosphat-Kette — senkrecht zur Ebene der unteren Codon-Basenpaarung.
oben: Zwei Watson/Crick-Standardmuster;
unten: Jeweils ein A-I-wobble-Paar über einem Standardpaar.
Auch diese Ansicht zeigt die beeindruckende Ähnlichkeit der Konformation der Zucker/Phosphat-Kette, daneben aber auch die durchaus ähnlichen stack-Verhältnisse.

Woese schreibt: "What I have maintained is that the key to evolution of codon assignments lies in the evolution of the translation apparatus. In the past the problem of evolving a translation apparatus seemed almost insurmountable. The number of kinds of components alone is staggering — tRNAs (about 50), ribosomal proteins (about 50), a variety of protein „factors", and activated enzymes (about 20), not to mention ribosomal-RNAs. As I have said, the molecular geneticist assumes this complex mechanism to have no basic design. It is rather that collection of historical accidents I call a molecular Rube Goldberg machine — (a totally incongruous assemblage of parts reflecting no design whatever, and whose only „raison d'être" was that it worked) — For the molecular geneticist the mechanism of translation is not in principle deducible a priori. His experimental approach is that of an exhaustive cataloging of the properties of all its parts. ...
The templating paradigm has left its mark in more specific ways as well. Since it is a static view, movement in translation (i.e., the tape-reading feature) has to be introduced in an ad hoc fashion, and so appears not to be fundamental. Since the tRNA „adapts" the amino acid to the template, the adapted amino acid (charged tRNA) also becomes static; it is a „building block" processed by a machine. The ribosome is that

machine. As evidence for this interpretation I submit the numerous publications concerning „the" structure of tRNA, and the frequent use of the passive tense in discussing tRNA in translation, as opposed to the active tense used in discussing the ribosome. It is no wonder that the molecular geneticist tends to view the evolution of translation as a nearly inscrutable and not very important series of historical accidents, unrelated to the rest of biology.

Im Gegensatz zu Purin/Pyrimidin-Basenpaarungen verursachen Purin/Purin-wobble-Paare nur erstaunlich geringfügige konformative Veränderungen des Stranginstrumentariums:

Codon/Anticon-Wechselwirkungen.
Links: zwei WATSON/CRICK-Standardpaare; rechts: oben ein A-I-wobble-Paar; darunter ein WATSON/CRICK-Paar.
Die C3'-endo-Zucker-Phosphat-Ketten sind bemerkenswert ähnlich.

If indeed the translation mechanism is not some hodge-podge of interactions, but has a basic design — i.e., represents the elaboration of a simple mechanism — then an understanding of the modern mechanism should reveal the essence of its evolution. I would claim that evidence clearly suggesting a basic design to translation can be deduced from the structure of the anticodon„arm" of the transfer-RNA molecule ...
Here then is a simple molecular mechanism about which a translation process can be built. You will note that in effect it reverses our preconceptions concerning tRNA and ribosome. The static, passive tRNA has become the central dynamic entity in translation. The „division of labor" that has previously assigned codon „recognition" to tRNA, but mRNA and tRNA „movement" to the ribosome, is now gone; both functions are properties of tRNA. Now the ribosome is „passive" — i.e., is has nothing of importance left to do in the translation process. (I say this last merely for shock value.) While one no longer looks to the ribosome to provide specific functions in translation — except perhaps „trivial" functions such as peptidyl transfer — it is the problem of what the ribosome is doing that is the interesting and fundamental biological question. If I am correct, the biologist will ultimately find in translation (the ribosome) those fundamental biological mechanism he has missed so far in studying the „better understood" process: gene replication. The base pair will prove to be „to good"; it is deceptively „specific"."
Der WOESE-Mechanismus erscheint verblüffend einfach: Er geht zunächst in der Grundkonzeption auf die Geometrieinterpretation des Anticodonloops von FULLER u. Mitarb. zurück. Diese hatten eine Kooperation von sieben Nucleotiden angenommen. Unter der Vorgabe, daß die stabilste Konformation des loops die sein sollte, in der eine maximale Anzahl von Basen in einem gemeinsamen stack vereinigt sind, schien ein geeignetes sterisches Arrangement eine Anordnung zu sein, die für fünf der insgesamt sieben loop-Basen eine einsträngige, koaxiale helicale Aufwölbung einer der Ketten

WOESE und das neue, tRNA-geprägte Bild des Ribosoms [25]: der ratcheting-mechanism:

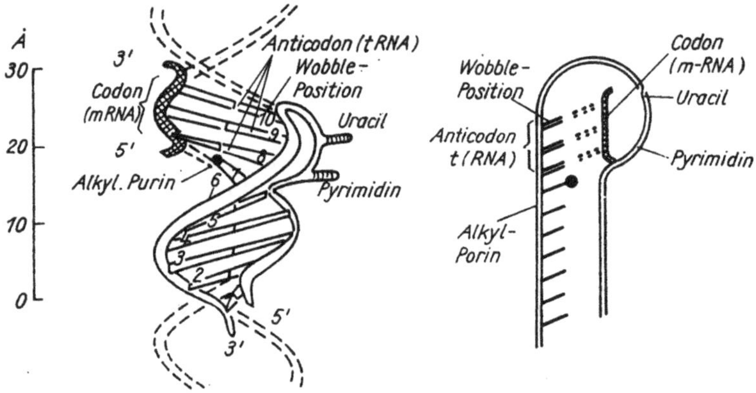

Interpretation des Codon/Anticodon-Informationstransfers zwischen messenger und tRNA nach W. FULLER u. A. HODGSON [300] in klassischer Anticodonloop-Gestaltung.

Doch es existiert noch eine andere konformative Anordnungsmöglichkeit des Anticodon-loops. Das Wechselspiel beider bildet die mechanistische Grundlage des WOESEschen Ribosomenoperationsverfahrens:

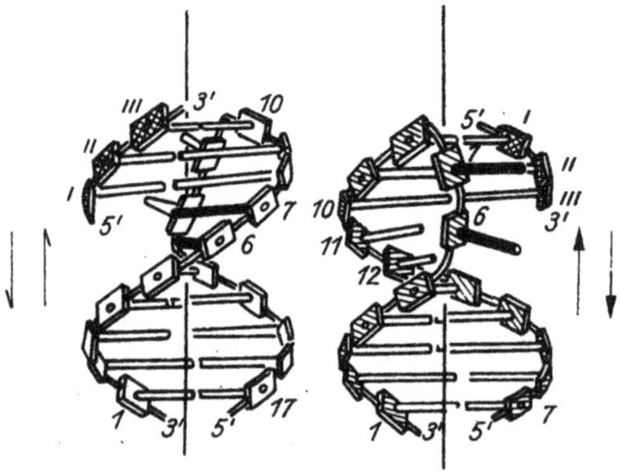

Alternative Konformationen des tRNA-Anticodon-loops. Die ersten und letzten Fünf der 17 Nucleotide des Arms bilden einen basengepaarten Stammbereich. Coaxiale Extensionen der 3'-5'- bzw. der 5'-3'-Kette ergeben Struktur a (+/Fuller-Anordnung) bzw. b (−). Die Fuller-Anordnung besitzt die größere Codon/Anticodon-Stabilisierung, da sie in 7-Stellung ein stark stackendes Purin unter den Anticodonstack schiebt.

des doppelsträngigen Stammbereiches ermöglichte, während zwei andere extrovertierte Basen des loops intermolekulare Wechselwirkungen eingehen mochten. Die Anticodonregion wurde damit in den äußeren Mittelbereich des loops plaziert, wo sie gute Voraussetzungen für Basenpaarungen mit der korrespondierenden m-Codonregion vorfinden sollte. Die Symmetrieverhältnisse des Anticon-loops lassen diese besondere Struktur von beiden Helixketten des Stammes aus konstruierbar erscheinen.

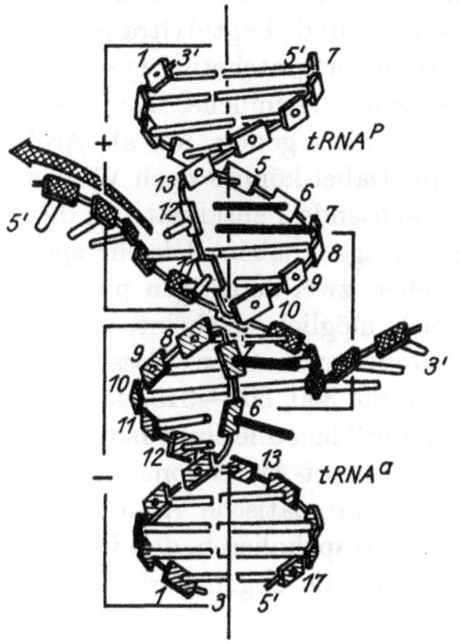

Woeses „Sperrklinken"-Mechanismus [25]:
Der Translationskomplex:
Der Komplex entspricht in etwa einer RNA-Doppelhelix mit 20 Basenpaaren. Die quasi-Mittelpartie dieses Scheinduplex wird durch die Anticodon-loops von Peptidyl-tRNA ($tRNA^P$) — hier in der (+)Konformation — und Aminoacyl-tRNA ($tRNA^a$) — hier in der (−)Konformation — zusammen mit ihren Partnercodons gebildet.
Die beiden messenger-Codons bilden zusammen mit den tRNA-Anticodons eine zentrale 6-Basenpaar-Einheit. Der messenger wird von rechts nach links bewegt.
Die beiden Anticodonpartien sind durch eine zweizählige Drehachse symmetrieverbunden.

Während nun für Fuller u. Mitarb. tRNAs als eher statische Gebilde in der Translation eine passive Rolle spielten, mithin nur zu entscheiden war, welche von beiden strukturellen Möglichkeiten die energetisch günstige und damit „funktionelle" Form war — dieses Attribut wurde der Konformation zuerkannt, die zumindest ein stark „stack"endes Purin unter die Anticodonregion des gestreckten loops brachte ((+)−Form) —, versucht Woese von einem dynamischen Standpunkt aus diese Fuller-Konformation nicht als Selbstzweck, sondern als innerhalb ihrer beiden Extreme, abhängig von der Wechselwirkungsmöglichkeiten mit Umgebungsstrukturen, variabel zu betrachten. Unter dieser Voraussetzung bot sich für die Interpretation des Translationsmechanismus am messenger ein aus zwei Anticodonregionen — zweier in unterschiedlichen Konformationen agierender tRNA-Strukturen — bestehendes, sechs-Basenpaare in doppelt helicaler Anordnung umfassendes Segment als Basisgruppe an. Damit wird eine einzige, koaxiale, doppelt helicale Struktur aus insgesamt zwanzig Basenpaaren gebildet, die sowohl die beiden tRNA-Anticodon-loops als auch die beiden korrespondierenden Codonbereiche des messengers umfaßt. Innerhalb dieser von WOESE als „Translationskomplex" bezeichneten Operationsbasis erscheinen während des Translationsprozesses „+/—"-Konformationsspiele mit Translocationsbewegungen des messengers über den sechs-Basen-Bereich und Peptidyltransfer synchronisiert. Das ganze ähnelt, wie WOESE es ausdrückte, einer „ratcheting type of action", einem Sperrklinkenmechanismus. Unter entsprechender räumlicher Reduzierung des Anticodon-loops erscheint dieser Mechanismus primitiv genug, um als Archeotyp bereits brauchbar und handhabbar gewesen zu sein. Dabei könnte nach WOESE eine einfache primordiale tRNA ihre Aminosäure oder wachsende Peptidkette an der Aminogruppe des Adenins der 3'-Anticodonbegrenzung getragen haben. Hierfür spricht, daß nach Kalottenstudien ein Peptidyltransfer zwischen zwei derartigen proto-tRNAs, koordiniert mit einem „+/—"-Konformationsspiel, möglich erscheint, und andererseits die Modifizierungen heutiger 3'-Adeninanticodonbegrenzungen Fossil-Abbilder der ursprüngliche Mechanismen darstellen könnten [25, 300, 306—315, 455—472].

So besitzen bakterielle U1-„Antwort-Anticodons" hier alle einen Isopentenylthiomethyl-Substituenten, während entsprechende A1-„Antwort-Anticodons" eine Threonylgruppe verwenden. U1-Codons codieren nun zumeist aromatische Aminosäuren, A1-Codons verlangen u. a. Thr, Ile und Ser. Man könnte also spekulieren, daß für die erste Variante die π-Elektronenwechselwirkung, für die zweite die angenähert codierte Aminosäuregruppierung fossil überlebte.

Es erscheint fast überflüssig zu betonen, daß eine derartige Betrachtung von tRNA-Wirksamkeiten innerhalb der Ribosomenmaschinerie notwendigerweise auch zu einer völlig anderen Interpretation des Rivalitätsverhältnisses zwischen ribosomalen Proteinen und den entsprechenden rRNA-Strukturen führen muß. Ohne daß im einzelnen auf mögliche Funktionalisierungen hier schon eingehbar wäre, scheint ein neues Ribosomenbild vorstellbar, in dem die ribosomalen Nucleinsäuren nicht länger das bloße Gerüst eines operierenden Proteinnetzwerks darstellen, sondern in dem, im Gegenteil, die Nucleinsäurekomponenten aktive Kooperationspartner der tRNAs in ihren kooperativen Konformationswechselwirkungsmustern darstellen. Das Ribosom könnte danach gemäß WOESE etwas wie eine Kooperativität bi- bis multistabiler Phasenbeziehungen sein, die einmal zur Steuerung, Regelung und „Abpufferung" des basalen Sperrklinkenmechanismus, zum anderen aber auch zu einer Unterstützung der Codon-Erkennung durch die tRNAs dienen [25, 302, 312—315, 460—463].

Lassen wir vielleicht WOESE noch einmal zu einer abschließenden Betrachtung das Wort. Er schreibt:

"The central dogma for translation is the A-site-P-site model. (I use the term "dogma" purposely, for this model is presented in text books etc., to the students as though it were established fact, although all its critical features remain unproven). In essence the model states, that the tRNA enters an "A-site" on the ribosome, where it reads the codon. Next (i.e. after peptidyltransfer) the tRNA and attached codon are "translocated" to a second, or "P-site", from which the preceding tRNA, now discharged, is simultaneously ejected. In this way the A-site is freed for the entry of the succeeding tRNA and its codon. Entry into the A-site is facilitated by certain "T-factors" and a

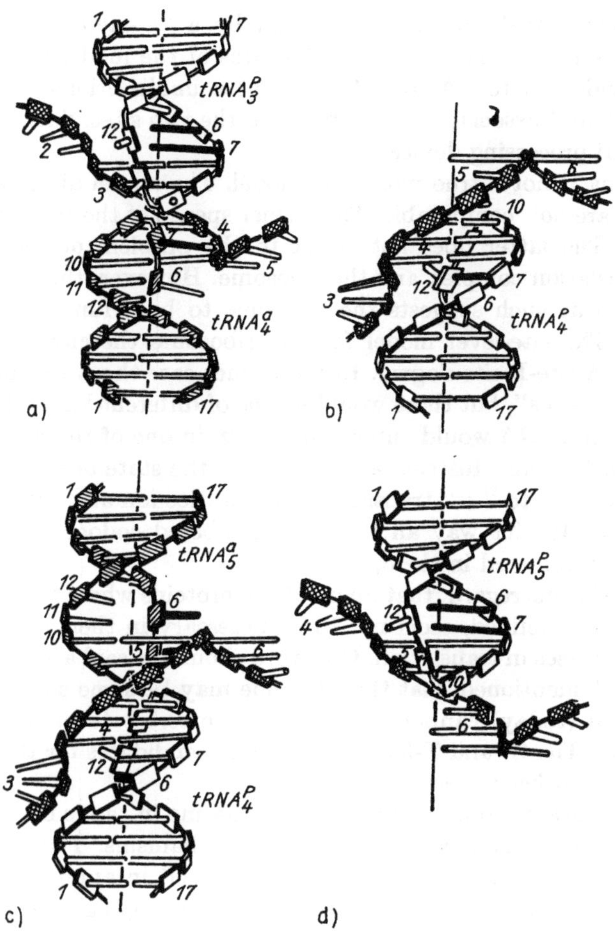

Die eigentliche messenger-Translocation nach WOESE [25].

a) Willkürlich herausgegriffene Orientierung innerhalb eines Translationskomplexes. Die dritte tRNA der messenger-Übersetzung ist eine Peptidyl-tRNA (hier +Konformation), die vierte eine Aminoacyl-tRNA (hier entsprechend −Konformation).

b) Koordiniert mit dem Peptidyltransfer von $tRNA_3$ nach $tRNA_4$ wechselt diese — jetzt eine $tRNA_4^P$ — von der (−) in die (+)Konformation. Diese Konformationswandlung schleudert den messenger in 3-5-Richtung um die Länge eines Codon/Anticodon-Bereiches fort. Codon 3 wird damit aus dem Bereich des zentralen Basen-sextuplets herausgeschoben, $tRNA_3$ verläßt den Translationskomplex. Automatisch damit wird dafür Codon-5 in eine Empfangsposition innerhalb des Translationskomplexes überführt.

c) Die zugehörige $tRNA_5^a$ tritt heran und bildet jetzt — ihrerseits wieder in der (−)Form — mit der $tRNA_4^P$ und den zugehörigen messenger-Partien den neuen Translationskomplex.

d) Der nächste Peptidyltransfer entspricht dem oben beschriebenen Vorgang. Die Konformationsumorientierung von $tRNA_5^{a/P}$ schleudert Vorläufercodon- und tRNA aus dem Komplex und stabilisiert Codon-6 für den nächsten Translationskomplex.

GTP-energy source. The translocation is facilitated by a "G-factor", again using a GTP-energy source in some manner. The main features of the model then are: a) the assumption of two kinds of sites, A- and P-, and b) a unidirectional movement, or translocation, of tRNA and associated codon between the two sites. Such a mechanism is an asymmetric, serial processing device.
The A-site-P-site dogma is not a true molecular model. The model discussed above is. Hence the two models are not comparable. The former speaks of the ribosome, in terms of ill-defined "sites". The latter does not speak to the problem of the relationship between the basic translation complex and the ribosome. However, the latter is a symmetric mechanism, and as such suggests the ribosome to be a functional symmetric structure as well. — The site-level model for the ribosome thereby suggested runs exactly counter to the A-site-P-site dogma. In the former case the ribosome would still contain two translation "sites", but these would not be of different kind; they would be functionally identical. A tRNA would enter and remain in one of these sites — i.e. — there would be no translocation. Instead, a transition in the state of the site, the gross accompanyment of the "—" to "+" transition in the anticodon arm seen in the molecular level would occur. In this way all the even-numbered codons are processed in one of the sites, the odd-numered in the opposite site. —
It is interesting to note in this regard, that many of the proteins whose functions already have been to some extent defined, seem not to be necessary in their roles, but rather "facilitate" various processes in translation. One word should be said about the so-called "G" and "T"-factors. I mentioned that the ribosome may be some sort of "biological maze" — an entity that (today) cannot pass from one macrostate to another without addition of information. The G- and T-factors are prime candidates for this role — one for the one direction, the other to return.
In the final analysis we are not out to explain the ribosome in terms of "site" models, models that are basically classical and macroscopic mechanisms. The ribosome most certainly is a molecular machine, and has to be understood in appropriate terms. At very least it is not insensitive to thermal buffeting; hence, coping with perturbations without becoming macroscopic is one of the major problems in its design. And, as I have said, there just might lie ahead some fundamental problems in this design."
Hier erwarten den unvoreingenommenen Beobachter sicher eine Fülle neuer Einsichten in ein Gebiet, welches vom Ausgangspunkt der präbiotischen Entwicklung über erste Nucleinsäure-Protein-Erkennungs- und Wechselwirkungsmaschinerien, über primitive Prokaryoten- und entwickelte Eukaryotenstufen bis hin zu den tRNA-Mustern komplizierter Organismen, ihren vielfältigen intra- und interzellulären Kooperativitäten, ihren Leistungen auf dem Gebiet übergeordneter zellulärer Steuersysteme wie deren möglichen Fehlern und Versagensbereitschaften reicht.
Das Problem des „second code" offenbart eine Tiefe, Breite und Tragweite, die sich der des „first code", der unmittelbaren Replication und Transcription, ebenbürtig an die Seite zu stellen scheint.
Und während wir mühsam und Stück für Stück am Vordergrundpuzzle der Prokaryoten-Systeme laborieren, um hier ein langsam tragfähiges und durchgezeichnetes Bild zu erhalten, deuten sich im Hintergrund die verworrenen und komplexen Muster der Eukaryotenprocessings an. Manches scheint aus dem Vordergrund der Prokaryoten in diese projezierbar, manches sogar unmittelbar — wie bereits betont — übernommen und z. T. weiterentwickelt, vieles aber komplexer und sehr viel verwickelter, — und

ganz zum Schluß — eher Spekulation im Augenblick als Erfassung: die Transponierung der Nucleinsäure/Protein-Funktionalitäten in die Bereiche des Zentralnervensystems, die Dimensionen eines abstrakten Codes auf der Grundlage des molekular nun für uns doch irgendwie bereits „sichtbar" und verständlich gewordenen genetischen Codes. Eines ZNS-Codes in der Vernetzung zwischen Phasenspielen von Nucleinsäuren, Nucleoproteinen und Membrankomponenten, ein Code vielleicht in der integrierenden

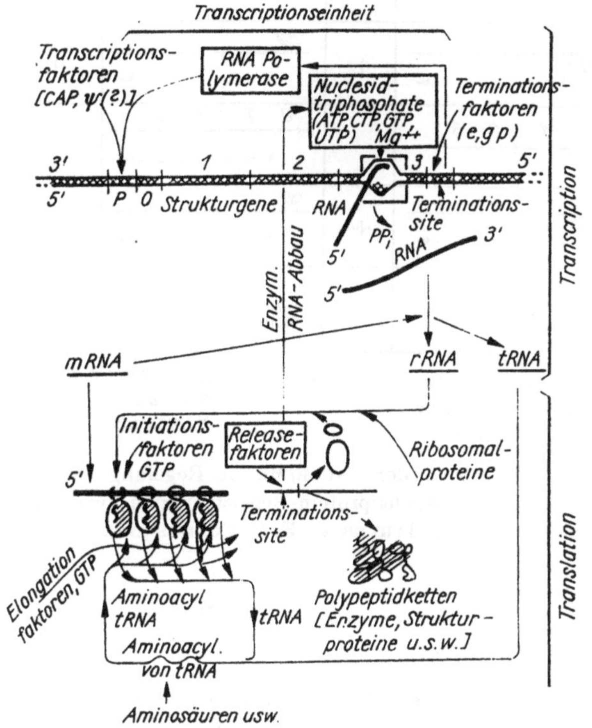

Nucleoproteinprocessing in Replication, Transcription und Translation zwischen Pro- und Eukaryoten [238—332].
Schemata, die mit der Veröffentlichung schon wieder veraltet sind — erste Brücken an noch unsichere Ufer.
Das „einfache, klassische" *E. coli*-Schema von Transcription und Translation nach I. Pilz u. Mitarb. [244] verliert sich in „ungewußten" Struktur/Funktionskorrelaten.

Kombination aller bisher durchgespielten Möglichkeiten, der in einer neuen Qualität auf den Errungenschaften vorher erprobter molekularer Erkennungssysteme neue Hierarchien begründet und in denen Modelle für ein Kurzzeitgedächtnis auf der Grundlage von RNA-Strukturen, Langzeitgedächtnisse mittels eines Peptidcodes und Phasenwechselspiele von parakristallinen Phasen allgemein sicherlich nur jeweils einseitige Aspekte eines sehr einheitlichen Gesamtkonzepts anreißen [171—176, 333—521].

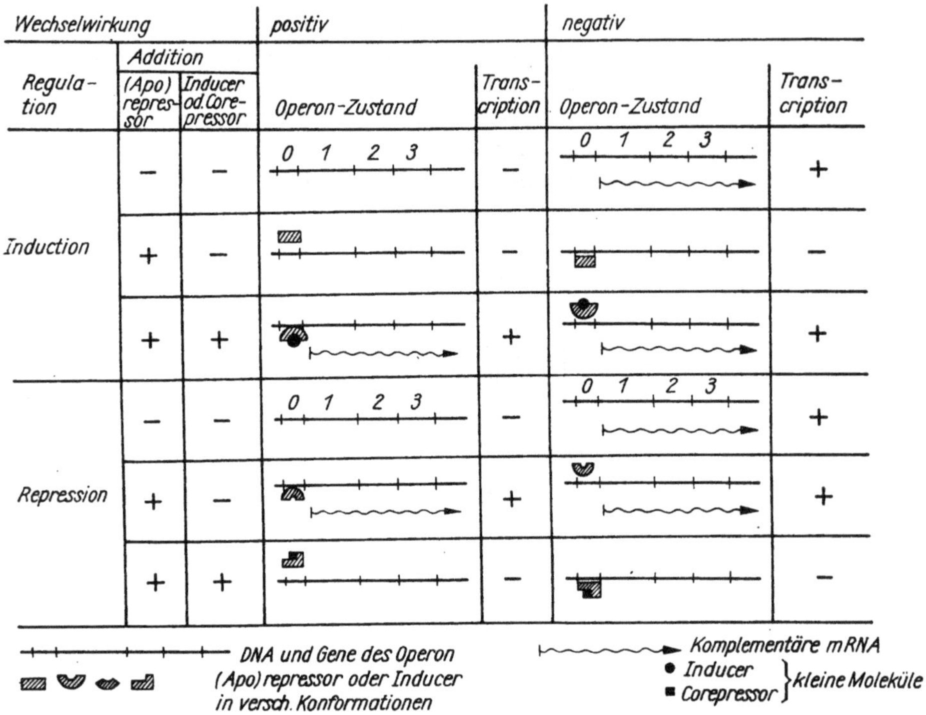

Die ehemals so durchsichtigen Konturen der JACOB/MONOD-Regelung [50—55] zerfallen in Mosaiks vielgestaltiger Denkschemata: Nucleoprotein-Regelstrategien zwischen induzierbaren und reprimierbaren Systemen nach H. R. MAHLER u. E. H. CORDES [30].

1.3.4. Nucleinsäuremetastabilitäten — und das Modell eines Kurzzeitgedächtnisengramms

Beenden wir den Kurzstreifzug durch die Nucleinsäurestrukturen und -funktionen mit der Vorstellung eines Kurzzeitgedächtnismodells auf Basis von Nucleinsäure-Metastabilitäten. Enden wir auch hier — ähnlich wie schon bei den Proteinen — den Strukturenreigen mit Bezüglichkeiten der Systeme zum unmittelbaren Informations-processing im Zentralnervensystem.

Ähnlich anderen biopolyelektrolytischen Organisationsformen, wie gewissen Proteinsystemen und vor allem Dingen Membranen, neigen gewisse Nucleinsäure-species unter bestimmten Bedingungen zur Ausbildung relativ langlebiger Metastabilitäten, die sich in einer Reihe von Fällen in ausgeprägten Hysteresiserscheinungen widerspiegeln [38, 336, 338, 341—345, 504—521].

Trotz ihrer Bedeutung als Weggedächtnis bestimmter Strukturen, das wohl vertrauteste Anwendungsbeispiel sind wohl die Hysteresen ferromagnetischer Stoffe, begegnete eine theoretische Deutung der Phänomene eher einem allgemeinen Unbehagen. Es mag damit zusammenhängen, daß Hysteresen eine Art sonderbarer Zwitterstellung beanspruchen. Ihre zeitunabhängige Irreversibilität schien sowohl einer Behandlung nach dem Begriffsschema der klassischen Thermodynamik wie einer Interpretation auf dem Boden modernerer Nichtgleichgewichtsthermodynamik Schwierigkeiten zu bereiten.

Eine eher unverbindliche Zusammenschau von „first“ und „second code“-Bezüglichkeiten

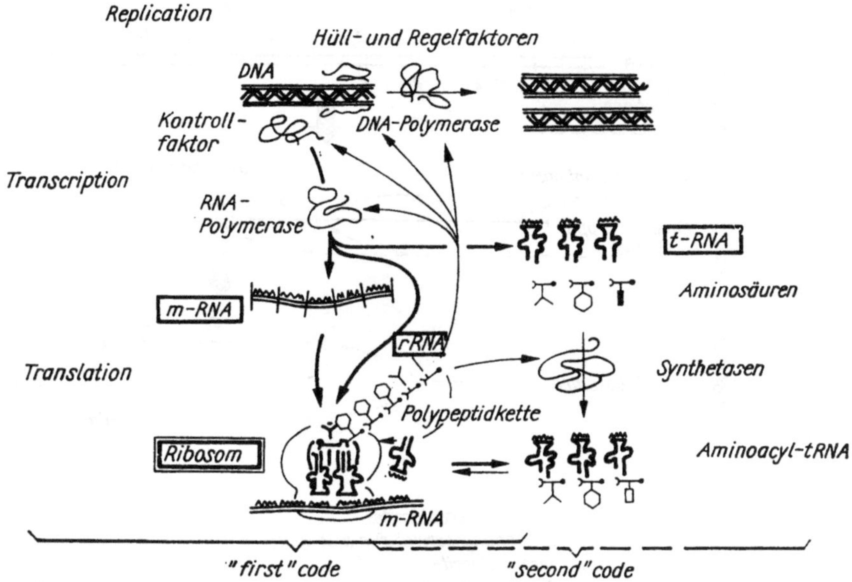

— Übersichtsschema modifiziert nach M. EIGEN [60] — schrumpft für die Dschungel der Eukaryotenprocessings auf wenige unsichere und z. T. widersprüchliche Modellleitlinien.

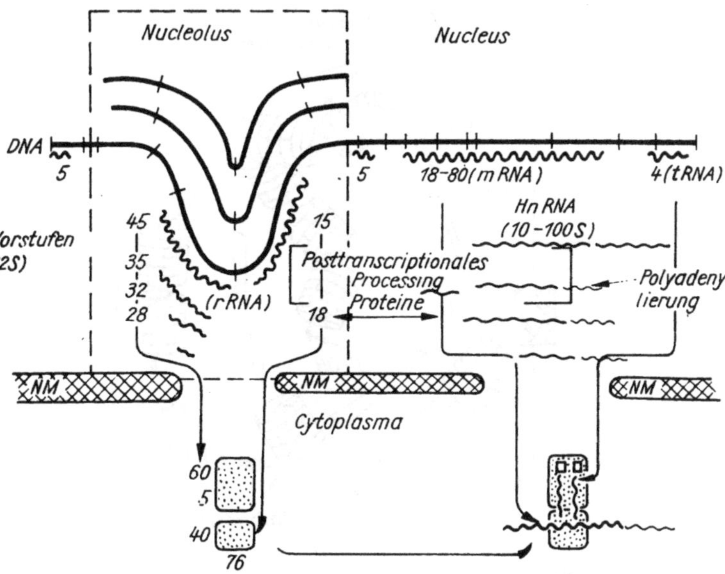

Transcription und Translation von Kern-RNA nach W. BERNHARD [292]. Innerhalb des Nucleolus: Genamplifikation (redundancy) der r-DNA-Cistrons; Transcription auf schwere Vorläufer RNAs (45 S) und komplexes processing bis zur Stufe der 28S- und 18S-RNAs, welche mit Protein umhüllt durch die Kernmembran (NM) ins Cytoplasma treten. Die extranucleolären RNAs gehen einen ähnlichen Weg und treffen die rRNA auf dem Ribosom.

Oder ähnlich — und keineswegs gleich in der Aussage:

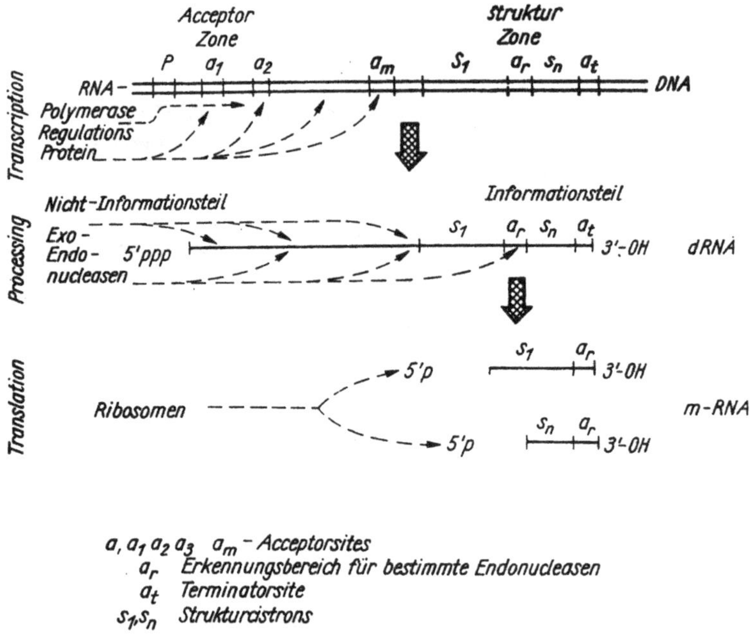

Regelprocessing in Transcription und Translation sowie

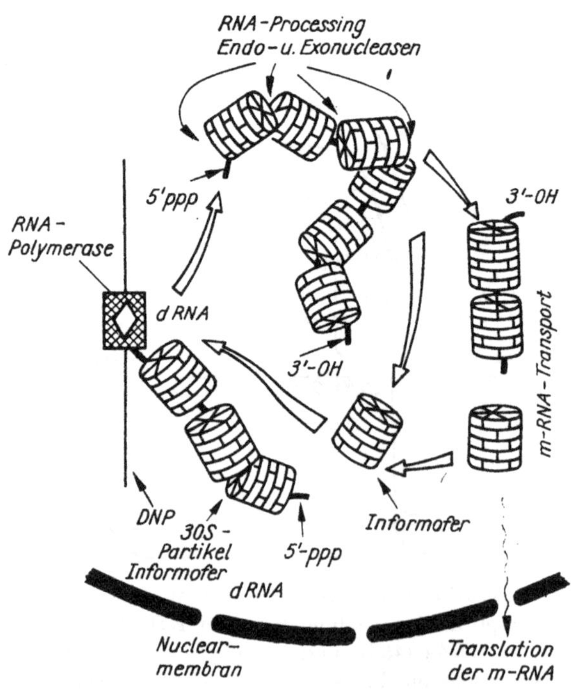

Schemaverdeutlichung des Nucleoprotein-Informationstransfers nach G. P. GEORGIEV u. Mitarb. [293].

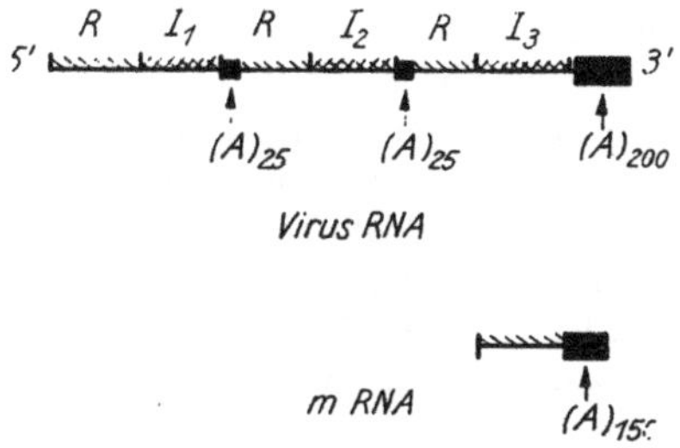

R = RNA-Sequenzen, die mit "repeated" Sequenzen der Zell-DNA hybridisieren.
I = RNA-Sequenzen, die mit "infrequent" Sequenzen der Zell-DNA hybridisieren.
$(A)_x$ = Oligo- bzw. Polyadenylfolgen

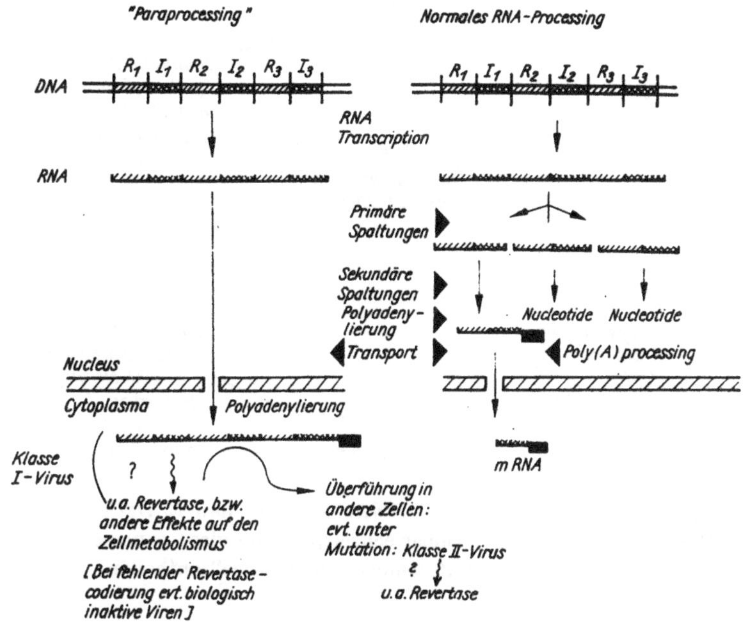

D. Gillespie u. R. C. Gallo [503] entwarfen eine attraktive Theorie der RNA-Tumorvirus-Genese und ihrer Evolution. Die Theorie stützt sich im wesentlichen auf Hybridisierungsexperimente von hochmolekularer Tumorvirus-RNA mit der DNA normaler Zellen.

Sie geht davon aus, daß das RNA-Tumorvirus-Genom sich aus dem Zellgenom herleitet. Einige RNA-Tumorviren (sog. Klasse 1-Viren) zeigen recht nahe Sequenzverwandtschaften zu gewissen Zellgenen (sog. Klasse 1-Genen). Eine andere Art von Tumorviren (Klasse 2-Viren) unterscheidet sich in ihrer Information dagegen stärker vom Zellgenom. Klasse 1-Gene zeigen gegenüber gewöhnlichen Genen einen höheren Prozentsatz an repetitiven Sequenzen. Sie weisen etwa gleiche Anteile von repetitiven und unique Sequenzfolgen auf.

Tumorvirus-RNA (Klasse 1) entsteht, wenn Transcripts von Klasse 1-Genen nach einem vom gewöhnlichen RNA-processing abweichenden „Para-processing" um-

gesetzt werden. Ein solches Paraprocessing könnte das Hauptverfahren während bestimmter Phasen der Zelldifferenzierung bilden. Es ist charakterisiert durch das cytoplasmatische Auftreten von nicht abgebauter hochmolekularer RNA mit langen (ca. 200 Basen) 3'-Poly(A)-Terminals, in der repetitive und unique Sequenzen wechseln. Der nach einem normalen Processing gebildete messenger enthält dagegen im wesentlichen unique Basenfolgen mit processing-gestutzten kürzeren 3'-Poly(A)-Schwänzen. Paraprocessing von Klasse 1-Gen-Transcripten in differenzierten Zellen kann als Regulationsunfall zur Bildung eines RNA-Tumorvirus-Genoms führen.
Wenn das Klasse 1-Gen-RNA-Transcript seinerseits für Revertase codiert, wird seine Replikation möglich. Transfer der replizierten RNA in andere Zellen kann zu genetischen Veränderungen und damit zur Klasse 2-Tumorviren führen.

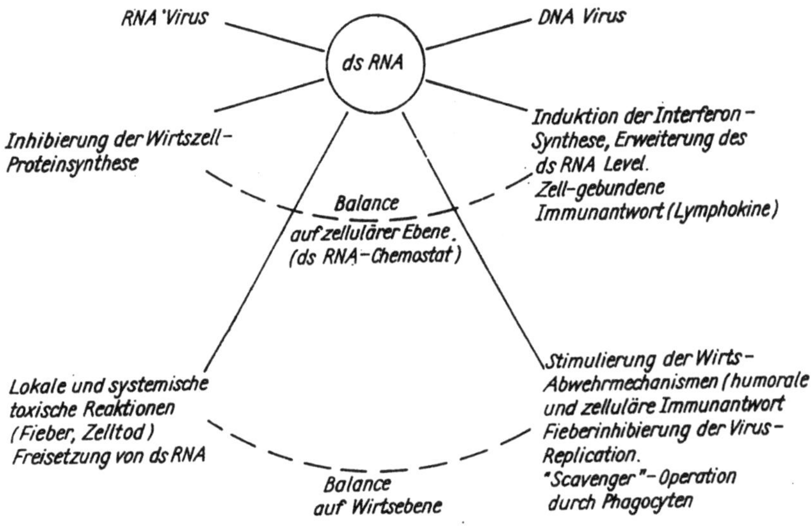

Doppelsträngige (replizierende) RNAs könnten nah E. DeClercq u. Mitarb. [501, 502] im komplexen Regulationswechselspiel von viro-, cancero- und immunmodulativen Aktionsmustern eine „Chemostaten-Balance" aufbauen.

Hysteresen kombinieren mit ihrer Zeitunabhängigkeit und gleichzeitigen Gerichtetheit Merkmalspezifika sowohl von Gleichgewichtszuständen wie auch irreversiblen Prozessen.
Versuche zur Klärung dieser Widersprüchlichkeiten sind im wesentlichen Katchalksy u. Mitarb. zu verdanken, die gleichzeitig auf die grundlegende Bedeutung von Metastabilitäten und Hysteresen für eine Reihe zentraler Lebenserscheinungen, wie Erfahrungsgedächtnis und biologische Rhythmen, aufmerksam machten [336, 338, 339, 341—345, 504—521].
Hysteresen werden in molekularen Domänensystemen durch Phasenumwandlungen über behinderte Energie- oder Nucleationsbarrieren hinweg verursacht. Sind derartige

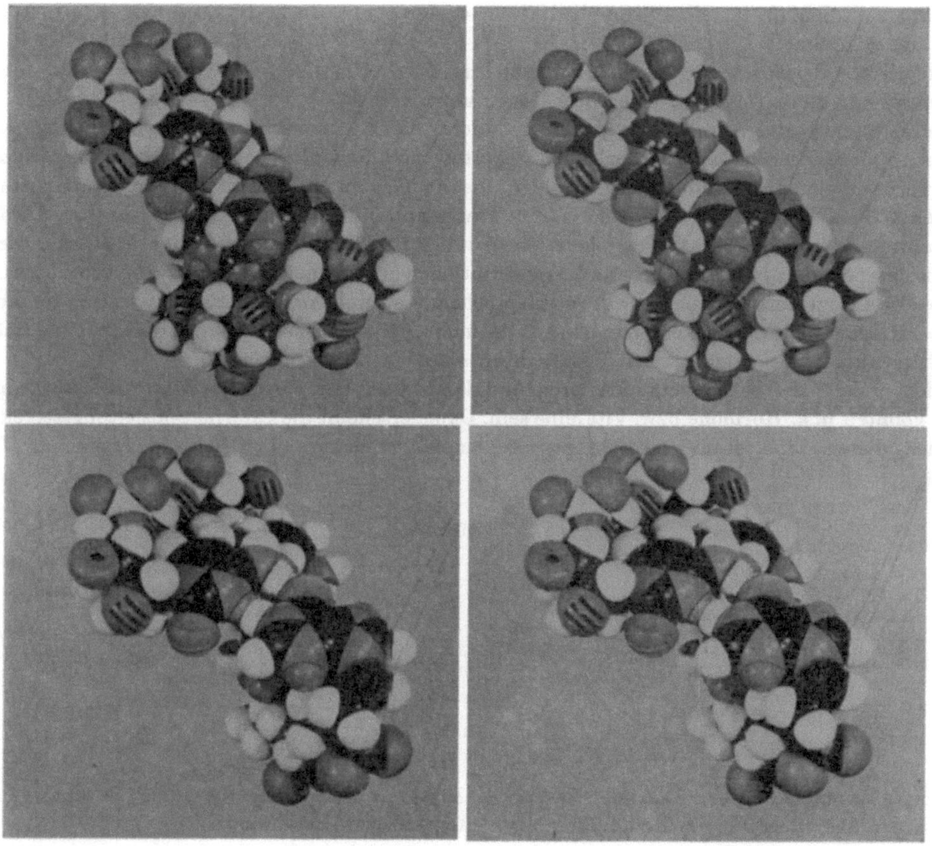

Dabei lassen sich die evolutionär optimierten Erkennungen der antiviralen Interferonantwort bis zu einem gewissen Grade durch ferne Biopolymersimulationen überlisten.
CPK-Stereodarstellung eines Triplettausschnittes des Interferonstarinducers Poly(I) · Poly(C) (oben) sowie seines zwar weniger, aber immerhin noch deutlich interferoninduzierenden partiellen Analogen Poly(vH, vCOO$^-$) · Poly(C) nach S. Hoffmann u. Mitarb. [521].

Nucleationsbarrieren genügend hoch, werden Zustandsänderungen nicht mehr durch einfache Gleichgewichtseinstellungen sondern nur nach Passieren metastabiler Bereiche möglich. Während jedoch das System im Gleichgewicht — auf welchen Weg auch immer hierhin gelangt — seine Vergangenheit „vergißt", „erinnert" sich das System im Hysteresisbereich im Gegensatz zum gedächtnislosen Gleichgewicht an seine Vorgeschichte.
Nachdem schon Cox bei der potentiometrischen Säure/Base-Titration von rRNA Hysteresen für den Protonenbindungsgrad als Funktion des pHs festgestellt hatte, wurden besonders ausgeprägte Hysteresephänomene bei potentiometrischen und spektrophotometrischen Titrationen einer Reihe von Komplexen synthetischer Homopolynucleotide beobachtet. Allgemein eher verbindlich für Dreistrangstrukturen, wurden Poly(A). 2Poly(U)-Systeme zum besonders repräsentativen Beispiel eingehender Unter-

Und ganz zum Schluß, in seiner Komplexität sicher der qualitativ beste Ausdruck dessen, was da auf uns zukommt:
ein integriertes Regelsystem von R. J. Britten u. E. H. Davidson [291], welches auf der Redundanz von Receptor- bzw. Integrator-Genen konzipiert ist.
Das Regelsystem besteht aus Strukturgenen (producer), die in gemeinsam regulierten Genbatterien zusammengefaßt Hierarchien von Sensor-, Integrator- und Receptor-Genen untergeordnet sind. Sensorgene fungieren als induzierbare Fühler, die im Genom ein spezifisches Aktivitätsmuster auslösen können. Die Sensorgene initiieren die Transcription zugehöriger Integratorgene. Diese Integratorgene steuern ihre Wirksamkeit über die Synthese spezifischer Aktivator-RNAs, die, von spezifischen Receptorgenen erkannt, Transcriptionen zugeordneter Strukturgene veranlassen. Gekoppelte Integratorgene können durch entsprechende stimuli konzertierte Aktivitäten hierarchisch untergeordneter, zweckentsprechend koordinierter Strukturgenmuster bewirken, ohne daß diese Strukturgene in gemeinsamen Batterien zusammengefaßt sein müssen.
Agenzien, welche die Sensorgene aktivieren und damit diese komplexen Antwortmuster hervorrufen, könnten u. a. Hormone bzw. Vitamine sein. Dabei erscheint die Informationsleitungsstrecke zwischen diesen Effektoren und den Sensorenempfangsmustern noch beliebig ausbaubar.

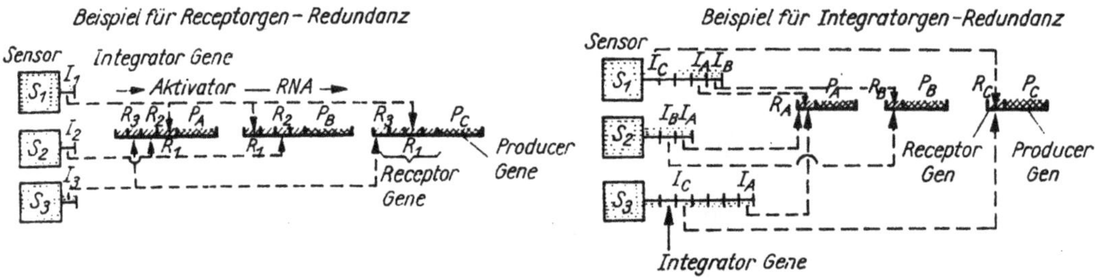

Integrierte Kontrolle der Kaskade Sensorgen - Integratorgen - Aktivator - RNA - Receptorgen-Strukturgen über Receptorgen-Redundanz bzw. Integratorgen-Redundanz.

Und eine erste komplexe Zusammenschau resultierender Kaskaden-Regulationen durch überlappende redundante Muster von Regelhierarchien.

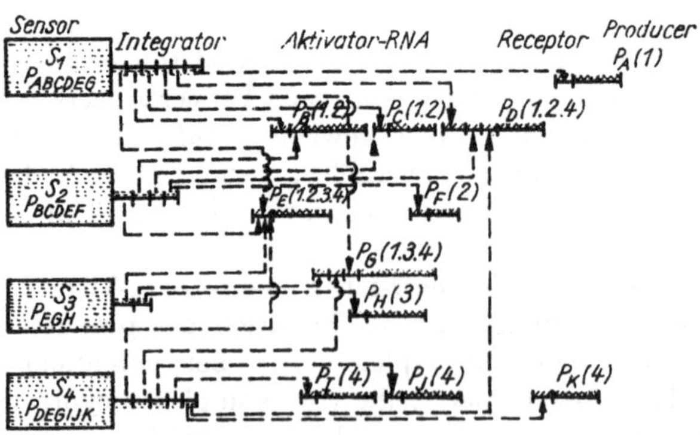

Und die Wahrheit ist ganz sicher noch viel komplexer!

NEUMANN/KATCHALSKY — und das Modell eines Polynucleotid-Kurzzeitgedächtnissengramms [336, 338, 341, 342, 345].
Im Anschluß an Befunde von R. A. Cox u. Mitarb. [38], nach denen die potentiometrische Säure-Base-Titration von rRNA für den Protonenbindungsgrad als Funktion des pH-Wertes eine Hysteresisschleife durchläuft, entwickelten NEUMANN u. KATCHALSKY unter experimenteller Erweiterung und thermodynamischer Fundierung ihr Modell eines Polynucleotid-Kurzzeitgedächtnisengramms auf der Grundlage hysteretischer Metastabilitäten der biopolyelektrolytischen Domänenverbände [38, 333—350].

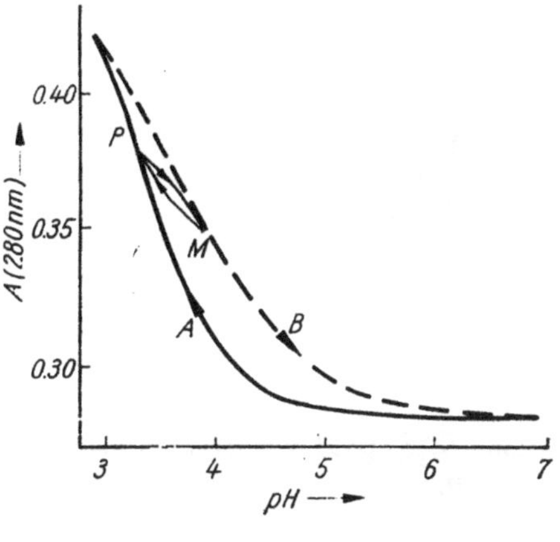

Spektrophotometrische Titration von rRNA. OD (A) als Funktion des pH.
ausgezogen: Säuretitration
gestrichelt: Basetitration
Schema nach A. REVZIN, E. NEUMANN u. A. KATCHALSKY [345, 514].
Innerhalb der Hysteresis können Scanning-Kurven erhalten werden. Da diese Scanning-Kurven intermediäre Systemzustände innerhalb von Domänenkooperativitäten widerspiegeln, ist Scanning eine ausbaufähige Methode ihrer analytischen Untersuchung.

suchungen. Die Hysterese der Säure/Base-Titration begleitet hier eine Art wechselseitiger Umkristallisation zwischen dem (A · 2U)-Triplex und dem ($A^+ \cdot A^+$)-Duplex sowie den (U)-„random coils“. Die Hysteresen scheinen durch besondere Kooperativitätsmuster von vertikal und horizontal gestacktem Basenstapel auf der einen und elektrostatischen Wechselwirkungen der Polyanionstruktur auf der anderen Seite bedingt. Eine Metastabilitätenpassage erzwingende Energiebarriere scheint bei der Öffnung von U · A · U-Segmenten in der partiell protonierten Tripelhelix aufzutreten. Die im Zuge der fortschreitenden Säuretitration zunehmende Protonierung kompensiert einen Teil der elektrostatischen Intra- und Interstrang-Abstoßung des Triplex, so daß eine weitergehende Öffnung des Dreistrangkomplexes vor Erreichen einer kritischen Phase erschwert wird. Die Basetitration scheint demgegenüber eher einem Gleichgewichtsverlauf zu entsprechen. Die Domänenstruktur innerhalb des Gesamtstrangmusters gibt sich durch das Auftreten von „scanning“-Kurven zu erkennen [38, 75, 118, 119, 142, 336, 338, 339, 341—345, 509—521].

Neumann u. Katchalsky: Langlebige Metastabilitäten im System 2 Poly(U) · Poly(A).

Experimentelle Hysteresen:

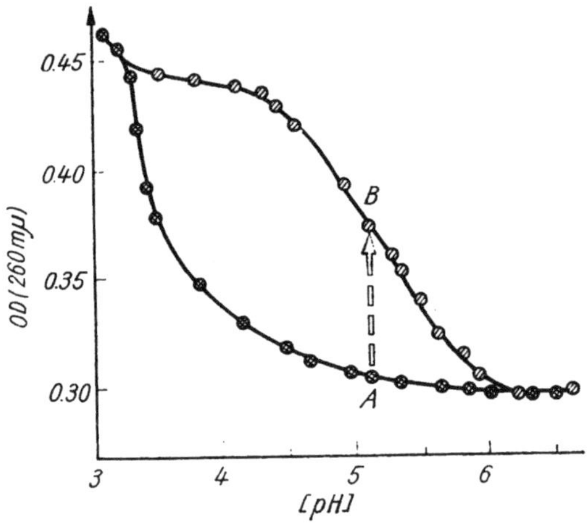

Spektrophotometrische Titration.
(OD in Säure- und Base-Titration (▩ / ▨-Wiedergabe) als Funktion des pH).
A—B: Übergang durch elektrische Pulse.

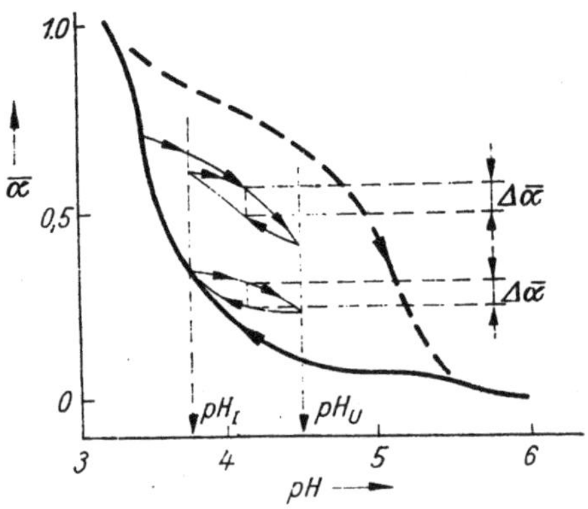

Potentiometrische Titration.
(Protonierungsgrad in Säure- und Base-Titration (ausgezogen/gestrichelt-Wiedergabe) als Funktion des pH) mit Scanningkurven. Diagramme nach [336, 345].

Und ihre thermodynamische Interpretation:

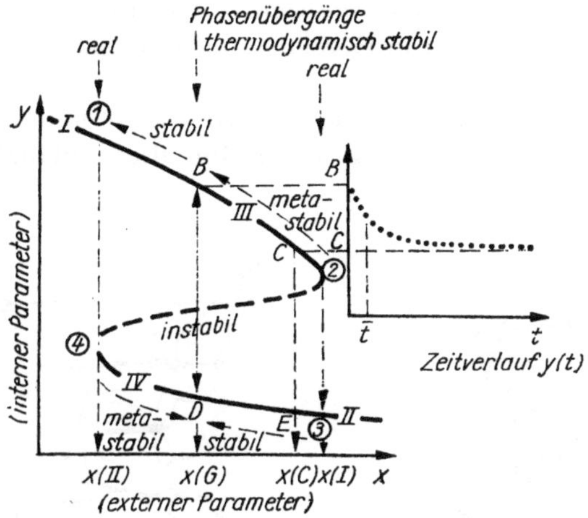

Schematische Darstellung einer Phasenumwandlung der beiden stabilen Phasen I und II über die metastabilen Zustände III und IV.
y = interner Parameter (z. B. Reaktionsausmaß, Volumen usw.);
x = externer Parameter (z. B. pH, Temperatur usw.).
Zeitverlauf $y(t)$ nach einer Änderung $x(G) - x(C)$.
Diagramme modifiziert nach E. Neumann u. A. Katchalsky [336, 338, 339, 341, 342, 345].
Das Umwandlungsverhalten kooperativer Systeme mit metastabilen Zuständen wird danach durch eine Zustandsfunktion $y(x)$ vom van-der-Waals-Typ beschrieben $x(G)$ markiert den Gleichgewichtsübergang der beiden Domänen I und II: I $\leftrightharpoons$ II. Verhindern genügend hohe Energiebarrieren diese Gleichgewichtsumwandlung, verlaufen Zustandsänderungen nur über die Passage metastabiler Bereiche. Zustand I ist metastabil zwischen B und 2, Zustand II zwischen D und 4. Die tatsächlichen Phasenübergänge verlaufen dann — einseitig gerichtet und irreversibel — bei verschiedenen x. x(I) entspricht jetzt dem Übergang I—II, x(II) dem von II nach I. Die irreversiblen Phasenübergänge fixieren 1-2-3-4 als Umlaufrichtung der Hysterese. Für das Auftreten von Hysteresen genügt es, wenn nur eine Domäne Metastabilitäten entwickeln kann.
Die Befunde von Neumann u. Katachalsky deuten darauf hin, daß der Base-Ast der A-U-Hysterese eine Gleichgewichtskurve ist. Zustand II entspricht der Poly(A)·2Poly(U)-Tripelhelix, I entspricht dem Poly(A^+)·Poly(A^+)-Duplex. Der Metastabilitätsbereich IV ist durch die teilweise — und noch kooperativ kompensierte — Protonierung des Triplex in einem Vorgleichgewicht gekennzeichnet.

Derartige Hysteresen sind allerdings nicht an das Vorhandensein von monotonen Mehrstrangkomplexen gebunden. Schon das Beispiel der rRNA zeigt, daß auch kürzere mehrsträngige Heterobasen-Strukturbereiche langlebige Metastabilitäten entwickeln können. So scheint die rRNA-Hystere intramolekularer Natur und u. a. an die Anwesenheit von eher „site"-spezifischen Mg^{++} gebunden zu sein. Derartige Befunde könnten Fragen nach der Rolle metastabiler rRNA-Zustände bei der Regelung ribosomaler Prozesse insbesondere unter dem Blickwinkel biopolyelektrolytisch induzierter Konformationsspiele des

WOESEschen Translationskomplexes und eines auf einem derartigen Basismechanismus aufbauenden generellen Ribosomen-Domänenwechselspiels, darüber hinaus aber einer Verwirklichung derartiger Metastabilitäten in Regelhierarchien biopolyelektrolytischer Systeme schlechthin aufwerfen.

In diesem Zusammenhang mußten nun Befunde von NEUMANN und KATCHALSKY Aufmerksamkeit erregen, nach denen mit elektrischen Impulsen anfänglicher Feld-

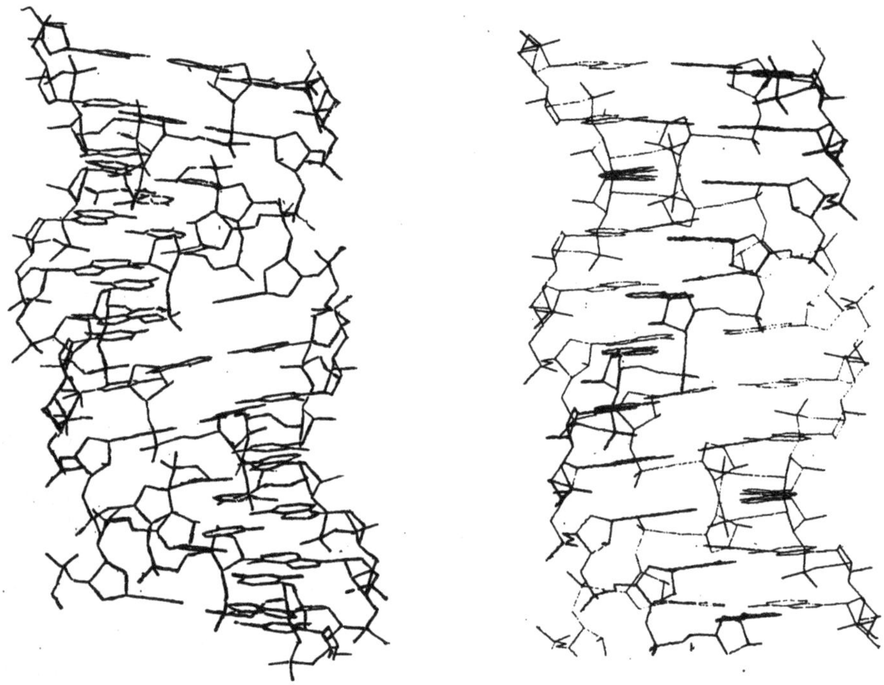

Computerdarstellungen der 2 Poly(U) · Poly(A)- und 2 Poly(I) · Poly(A)-Triplex-Verbände. Ansichten senkrecht zur Helixachse [75, 119, 142].
Freundliche Überlassung von P. J. BOND [75].

intensitäten von 20 kV/cm bei exponentiellem Abfall mit Relaxationszeiten von ca. 10 μs derartige Hysteresen durchbrochen und Konformationsumorientierungen induziert werden können. Elektrische Impulse dieser Qualität sind nämlich mit den Spannungsstößen der Aktionspotentiale in Nervenmembranen durchaus vergleichbar. Der Aktionspotentiale auslösende Schwellenwert der Depolarisierungsspannung in Nervenmembranen beträgt ca. 20 mV und ist damit — bezogen auf eine durchschnittliche Membrandicke von 100 Å — einer Feldstärke von eben jenen 20 kV/cm analog! [338, 342, 345, 509—521].

Für den Fall des (A) · 2(U)-Systems geht eine molekulare Deutung des Phänomens davon aus, daß das äußere Feld zu einer Verschiebung der Ionensphäre des Triplex führt. Am negativsten Ende des damit entstehenden Makrodipols ist die Ionenwolkenabschirmung der negativen Phosphatgruppen reduziert. Die so stimulierte Abstoßung zwischen den Enden der Polyanionenstränge führt zu einer Erleichterung des Aufwindens der Tripelhelix und somit zu einer vorzeitigen „Umkristallisation" des Triplex in einen Duplex und die verbleibenden (U)-Einzelstränge [345].

Struktur/Funktions-Änderungen derartiger biopolyelektrolytischer Molekülorganisationen erscheinen danach durch elektrische und elektrochemische Erregungsmuster der Umgebungsstrukturen steuer- und regelbar. Geht man von der Tatsache aus, daß

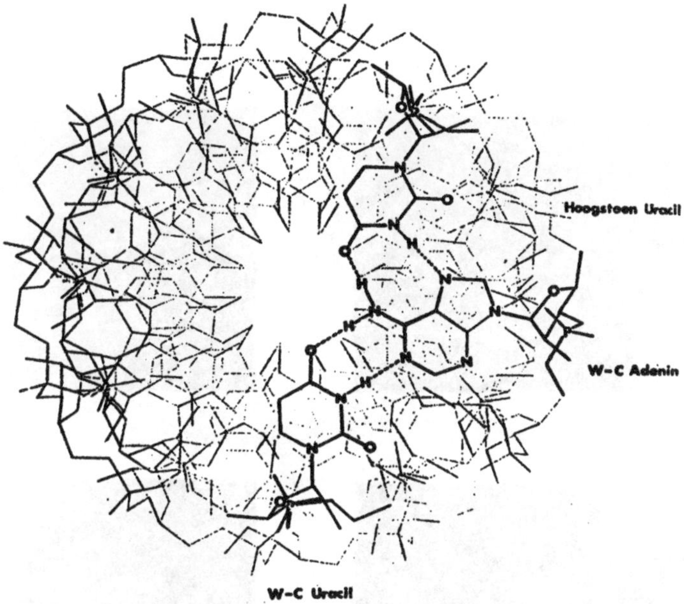

Ansicht des 2 Poly(U) · Poly(A)-Triplex parallel zur Helixachse:
Das Kovalenzgerüst des Triplex — strukturelle „Schönheit" im dialektischen Dualismus von Strukturverbindlichkeiten und Domänenkooperativitäten.
Freundliche Überlassung von P. J. Bond [75].

Regelaktivitäten innerhalb der Zellkaskaden im allgemeinen von elektrischen Aktivitäten der Zellen manipuliert werden, daß ferner im besonderen Bereich des Zentralnervensystems nicht nur innerhalb erregbarer Nervenmembranen sondern auch in ihrer unmittelbaren Nähe, mithin auch über dem synaptischen Zwischenraum, elektrische Felder existieren, die biopolyelektronische Systeme induzieren können, so gewinnt man eine erste Grobskizze von Regelhierarchien im allgemeinen und Aufzeichnungsengrammen innerhalb des Zentralnervensystems im besonderen auf Basis von elektronisch steuer- und regelbaren Biopolyelektrolytmatrizenmustern.

Geben wir Neumann und Katchalsky insbesondere zum letzten Gesichtspunkt das Wort, so könnten sie konstatieren: "The initial step in the recording of biological memory is probably a physical, and not a biochemical process. A plausible mechanism for physical memory inprinting in living organisms is based on conformational transitions of metastable macromolecules or of macromolecular organizations. Since meta-

Hysteretische Metastabilitäten am Beispiel des Systems nach E. Neumann u. A. Katchalsky.

$$2\,\text{Poly}(A+2U) \underset{\text{Basezweig}}{\overset{\text{Säurezweig}}{\rightleftharpoons}} (\nu H^+)\ [\text{Poly}\,A(\alpha H^+)]_2 + 4\,\text{Poly}\,U$$

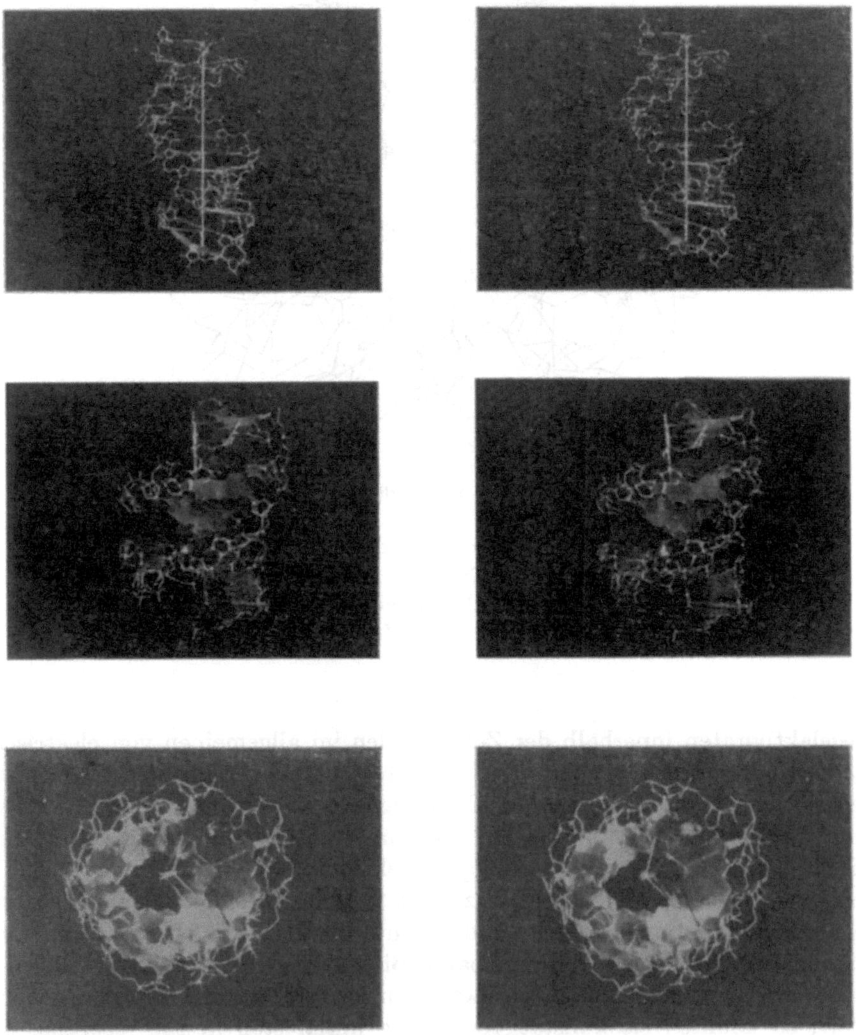

Der 2 Poly(U) · Poly(A)-Triplex:
Modellansichten der Tripel-Helix senkrecht, schräg und parallel zur Helixachse.
Modelle nach Befunden von S. Arnott u. P. J. Bond [119].

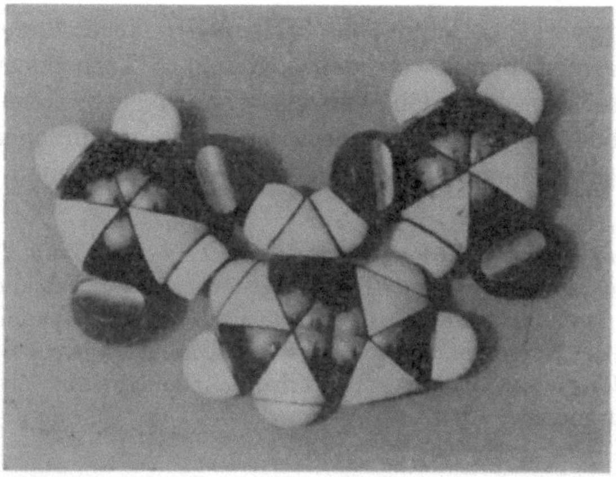

CPK-Modell-Interpretation eines U · A · U-„Dreierbasenpaares".

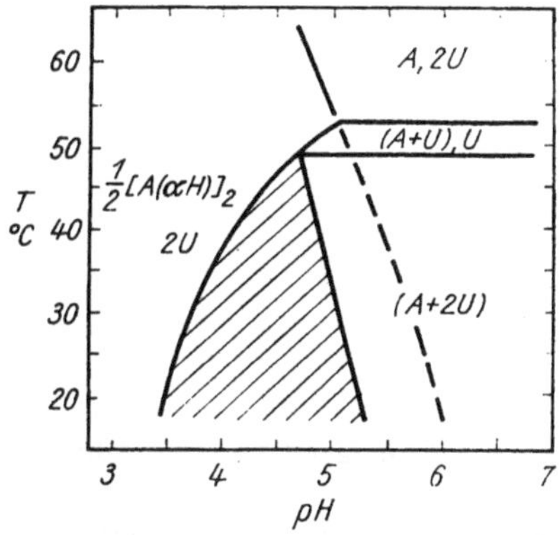

Phasendiagramm des Systems Poly(A)/Poly(U) (1:2) für 0,1 m NaCl nach E. NEUMANN u. A. KATCHALSKY [336].

stabilities can led to hysteresis, and because hysteresis loops were observed in several biopolymers, these polymers could be possible matrices for a memory inprint. Such matrices should be able to record the electric impulses that are the information signals of the nervous system. ...

We may therefore consider (metastable) conformational changes of biopolymers induced by electric impulses as a model reaction for the process of imprinting nerve impulses in the structures involved in the physical record of memory" [338, 341, 342].

Es mag noch erwähnt werden, daß die hier geschilderten Ansätze KATCHALSKY u. Mitarb. zu einem noch sehr viel allgemeineren Deutungsversuch dynamischen zellulären Geschehens geführt haben. Im Sinne moderner Simulationsmethoden, die im Gegensatz zu schon klassischen Ansätzen der Biologie lebenden Organismen nicht mittels stationärer Zustandsparameter sondern im Sinne einer eher Quasistationarität durch die Annahme von Oszillationen um stationäre Mittelwerte nahezukommen suchen, wurde der Versuch unternommen, die Dynamik biologischer Organisations-Verhaltens-Muster durch eine allgemeine Netzwerktheorie zu beschreiben. In ihrer vereinfachenden Näherung als „Netzwerkthermodynamik“ werden sogenannte Transducer als kybernetische Kopplungselemente zwischen den verschiedenen Netzwerkelementen eingeführt. Kandidaten für diese — Ungars Connectoren nicht unähnlichen nur etwas abstrahierteren — Transducer-Systeme sind nun eben jene metastabilen polyelektro-

Die hysteretischen Metastabilitäten des Systems 2 Poly(U) · Poly(A) avancierten jedoch erst dadurch zum Modell eines Kurzzeitgedächtnissengramms, daß es gelang, durch elektrische Impulsmuster von der Größenordnung der Spannungsstöße der Aktionspotentiale der Nervenmembran irreversible Konformationsübergänge (Transkristallisationen der metastabilen (A · 2 U)-Tripelhelixdomänen in ($A^+ \cdot A^+$)-Doppelhelix-Domänen) zu induzieren.

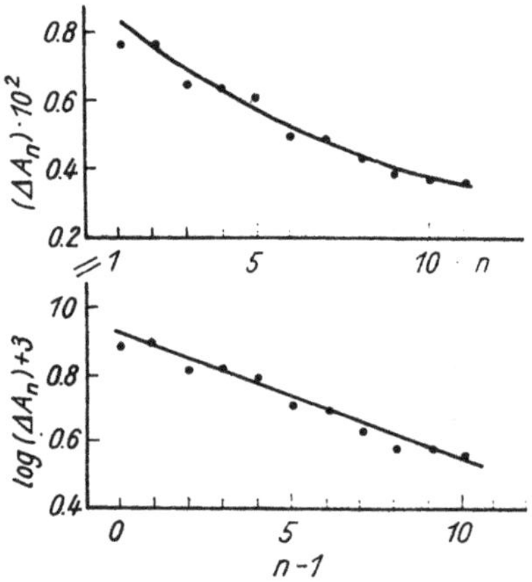

Änderung der OD (A) bei 260 nm in Abhängigkeit von der Zahl der Impulse nach E. Neumann u. A. Katchalsky [342].

Die elektrisch induzierten Konformationsänderungen in Makromolekülen bzw. die Domänenumorientierungen in makromolekularen Organisationsmustern lassen sich zu generellen Modellen elektrisch kontrollierter Regelvorgänge und molekularer Aufzeichnungen von Elektrosignalmustern erweitern.

Erklärungen haben von den diffizilen Balancen derartiger polyelektrolytischer Organisationen auszugehen.

lytischen Systeme mit ihren spezifischen Fähigkeiten zur Speicherung und Vermittlung, allgemein vielleicht zum energiearmen processing von Ionenströmen- und Elektroimpulsgeprägten Informationsinhalten [333—350, 504—521].

Nichtgleichgewichtsnäherungen, die Metastabilitäten und molekulare Hysteresen in ihre Betrachtungen einbeziehen, könnten damit zu einem vertieften Verständnis der komplexen Dynamik uns umgebenden Lebensprozesse beitragen [339, 345, 346—521].

Noch ist weitgehend ungewiß, wohin und wie weit uns diese teilweise noch von spekulativen Inhalten geprägten Ansätze führen werden — und doch tauchen dahinter schon neue Fragestellungen insbesondere auch hinsichtlich der höchstentwickelten Organisationsform lebender Materie, der Zentralnervensysteme der Gattung *homo sapiens* und ihnen verwandter Säuger auf.

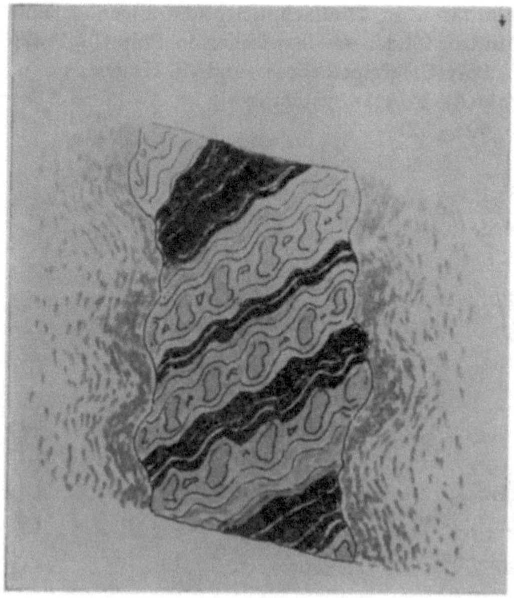

Primitivschema des Ladungsmusters eines Poly(A) · 2Poly(U)-Triplex. Die negativen Ladungsketten werden durch eine in Äquipotentialflächen zum Triplex verschiebbare, senkrecht zur Helixachse sich schnell verdünnende Wolke positiver Gegenladungmuster kompensiert.

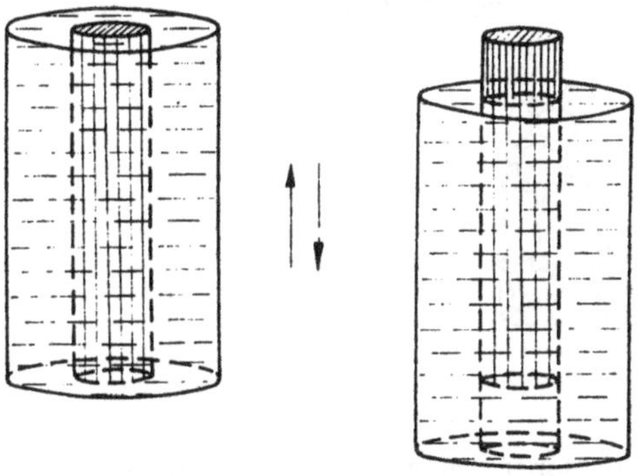

Die Mobilität der Gegenionenwolke entlang der parallel zum Zylinder der Polyanionstruktur orientierten Äquipotentialflächen baut für den Polyelektrolyten und seine Gegenionenatmosphäre ein hoch polarisierbares System auf.

Ein starkes elektrisches Feld kann zu einer Verschiebung der Gegenionenatmosphäre führen, die durch einsetzende Influxe von Ionen aus der Nachbarschaft nicht sofort zu kompensieren ist. Der shift von Polyanion- und Atmosphären-Zylinder gegeneinander baut ein großes Dipolmoment auf. Die stark verminderte Kompensation der negativen Abstoßungspotentiale am negativen Ende des Makrodipols setzt einen stimulus für eine hier beginnende Aufwindung des Triplex. Der Verlust der kooperativen Stabilisierungsmöglichkeiten führt zur ,,vorzeitigen" Domänenumorientierung innerhalb des Gesamtsystems.

Hysteretische Metastabilitäten in Dreifachnucleotidsträngen scheinen verbreitet. W. GUSCHLBAUER u. Mitarb. fanden sie inzwischen in Poly(C) · Poly(G) · Poly(C^+)- und Poly(C) · Poly(I) · Poly(C^+)-Tripelhelices und S. HOFFMANN u. Mitarb. im gemischten Poly(U) · Poly(A) · Poly(I)-System sowie im All-Purin-2 Poly(I) · Poly(A)-Triplex [336—342, 345, 509—521]

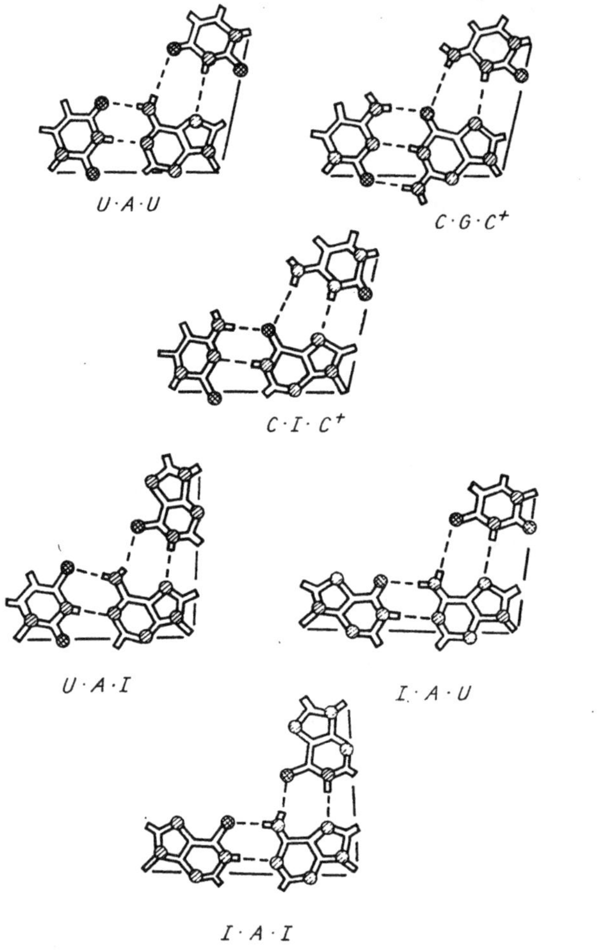

Hysteresogene Triplets monotoner Sequenzen in WATSON/CRICK- und HOOGSTEEN-Paarungen.
Adaptionen monotoner Pyrimidinstränge an die WATSON/CRICK- und HOOGSTEEN-Erkennungsseiten monotoner Purinsequenzen könnten in Bioregulationsnetzwerken hysteretische Codeeinheiten aufbauen.

Wird es jemals so etwas geben, wie eine Computersimulation unseres Zentralnervensystems, beliebig kompliziert, aber immer noch determiniert? Oder ist dieses Zentralnervensystem schon eine neue Qualität, vom höchstentwickelten Computer so weit entfernt wie ein Ansatz der Quantenmechanik von einem der deterministischen NEWTON-Mechanik. Hat BOHRS Bemerkung, daß „das Suchen nach einem Wertäquivalent des

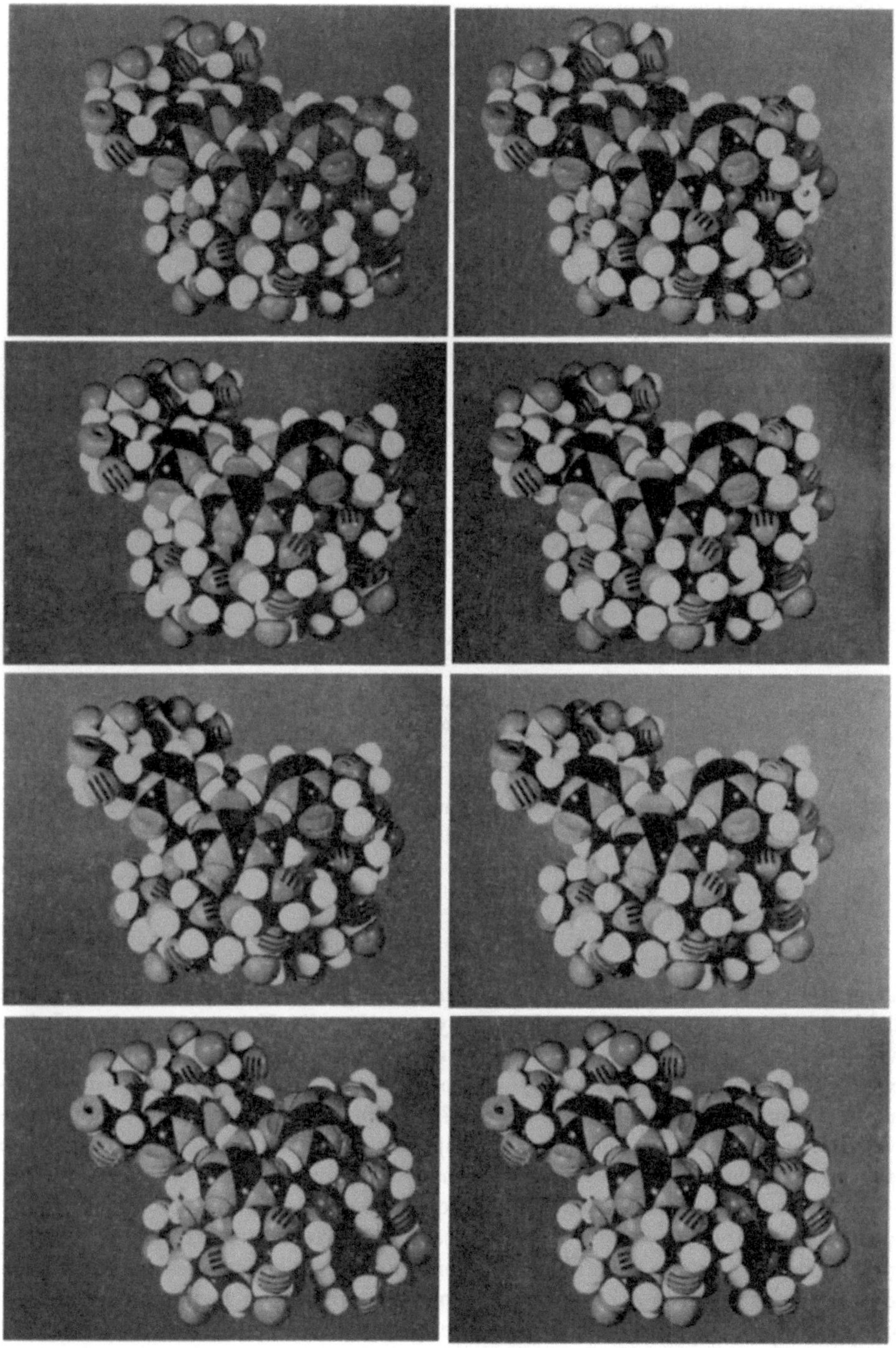

sowie CPK-Stereogegenüberstellung von Poly(U) · Poly(A) · Poly(U), Poly(C) · Poly(G) · Poly(C^+), Poly(C) · Poly(I) · Poly(C^+) und Poly(U) · Poly(A) · Poly(I).

Die molekulare Hysterese im Allpurin 2 Poly(I) · Poly(A)-Triplex kann als ein Archetyp-Modell betrachtet werden, von dem evolutionäre Konsequenzen innerhalb der Hierarchien von Bioregulationsmustern wie auch Informations-Processing-Strategien ableitbar sind. Der Poly(U) · Poly(A) · Poly(I)-Triplex könnte für Regelstrategien von Duplexanordnungen in Kombination mit monotonen Sequenzabschnitten eines dritten Partners von Bedeutung sein.

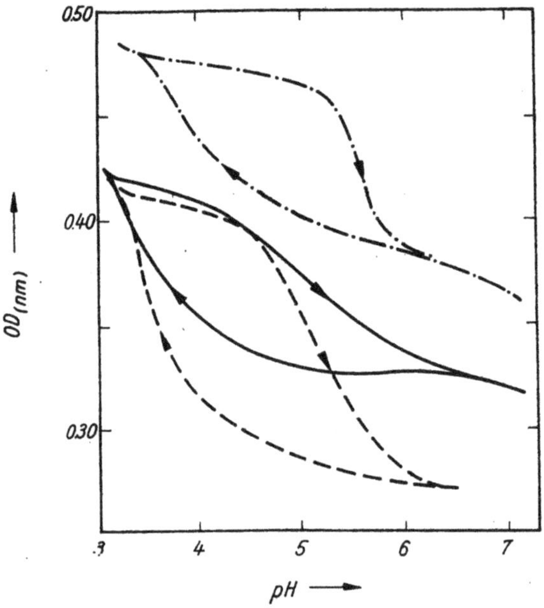

Molekulare Hysteresen bei Säurebasetitrationen nach NEUMANN u. Mitarb. sowie HOFFMANN u. Mitarb. in Gegenüberstellung [345, 515, 521].
- - - Poly(U) · Poly(A) · Poly(U);
—— Poly(U) · Poly(A) · Poly(I);
—·— Poly(I) · Poly(A) · Poly(I).

Gedankens der Meßwirkung auf ein Quantenobjekt gleicht" mehr als nur formale Bezüglichkeit? Arbeitet unser Zentralnervensystem für die Engramme seiner Informationsmuster mit einer kaum abzuschätzenden Vielfalt der Quantenfelder seiner stereoelektronisch manipulierten Biopolyelektrolytmuster? Steckt mehr hinter der Hologrammanalogie unserer Gedankenspeicherung? Entspricht der gesamte riesige Informationsgehalt unseres Gehirns den äußerst komplizierten kollektiven Quantenzuständen der Makrostrukturen des Zentralnervensystems? Sind Supraleitfähigkeiten von biopolymeren Makrostrukturen leitende Modellvorstellungen, sind JOSEPHSON-Kontakte vielleicht relevante Schalter? Wird die Aussage von KOMPANEYEZ, nach der „die Analogie von BOHR eher den Gedanken an einen ununterbrochenen Wechsel der kollektiven Zustände des Gehirns als Ganzes mit ihrer komplizierten Reihung im „lichten Fleck des Bewußtseins" nahegelegt, eines Tages gesicherte Realität? Noch hat sich die Quantentheorie nicht an Interpretationsversuche derart komplizierter unselbständiger Systeme herangewagt, noch bleiben für uns im Augenblick letzte Fragen der Spekulation ohne eine auch nur in etwa verbindliche Antwort [345—350, 504—521].

1.4. Literatur*)

[1] MIESCHER, F., Über die chemische Zusammensetzung der Eiterzellen, Hoppe-Seyler's med. Unters. 1871; vgl. auch Angew. Chem. Nachr. Chem. Techn. **17**, 308 (1969)

[2] MIESCHER, F., Die histochemischen und physiologischen Arbeiten (F. C. W. VOGEL ed.), Leipzig 1897

[3] ENGELS, F., „Anti-Dühring", Dietz Berlin 1965

[4] AVERY, O. T., C. M. McLEOD u. M. McCARTY, J. exp. Med. **79**, 137 (1944)

[5] ASTBURY, W. T., Symp. Soc. Exp. Biol. I, Nucleic Acid, Cambridge University Press 1947

[6] CHARGAFF, E., Experientia **6**, 201 (1950)

[7] WATSON, J. D., u. F. H. C. CRICK, Nature **177**, 964 (1953)

[8] CRICK, F. H. C., u. J. D. WATSON, Proc. Royal. Soc. London A **233**, 80 (1954)

[9] CRICK, F. H. C., Cold Spring Harbor Symp. Exptl. Biol. **12**, 138 (1958)

[10] HOOGSTEEN, K., Acta Crystallogr. **12**, 822 (1959)

[11] CHARGAFF, E., On some of the Biological Consequences of Base-Pairing in the Nucleic Acids in Developmental and Metabolic Control Mechanisms and Neoplasia, Williams and Wilkins, Baltimore 1965

[12] WATSON, J. D., "The Double Helix", Atheneum 1968

[13] HAMILTON, L. D., Nature **218**, 633 (1968)

[14] CRICK, F. H. C., J. Mol. Biol. **38**, 367 (1968)

[15] ORGEL, L. E., J. Mol. Biol. **38**, 381 (1968)

[16] OLBY, R., Daedalus, J. Amer. Acad. Art Sci. **1969**, 938

[17] WATSON, J. D., The Molecular Biology of the Gene, Benjamin Inc. New York 1970

[18] CHARGAFF, E., Experientia **26**, 810 (1970)

[19] Nature (editorial) **226**, 1198 (1970)

[20] CRICK, F. H. C., Nature **227**, 561 (1970)

[21] CRICK, F. H. C., Nature **228**, 613 (1970)

[22] CRICK, F. H. C., Nature New Biol. **234**, 25 (1971)

[23] EDLIN, G., BioSience **1972**, 77

[24] MILLS, D. R., F. R. KRAMER u. S. SPIEGELMAN, Science **180**, 916 (1973)

[25] WOESE, C. R., Naturwissenschaften **60**, 447 (1973)

[26] WILKINS, M. H. F., in "Comprehensive Biochemistry" (M. FLORKIN u. E. STOTZ eds.), Vol. 8, 270 (1963)

[27] WILKINS, M. H. F., u. S. ARNOTT, J. Mol. Biol. **11**, 391 (1965)

[28] STROKE, G. W., u. M. HALIOUA, Attainment of Diffraction-limited Imaging in High-Resolution Electron Microscopy by a posteriori Holographic Image sharpening, Optik **35**, 50 (1971), Wiss. Verlagsges. Stuttgart

[29] PERUTZ, M. F., Proteins and Nucleic Acids, Elsevier, London 1962

[30] MAHLER, H. R., u. E. H. CORDES, Biological Chemistry, Harper & Row, New York 1971

[31] GEISSLER, E., ed., Desoxyribonucleinsäure, Akademie-Verlag, Berlin 1972

[32] BIELKA, H., ed., Molekulare Biologie der Zelle, Fischer Verlag, Jena 1973

[33] BLACKBURN, G. M., Annu. Rep. Chem. Soc. **1970**, 489

[34] CANTOR, C. R., u. L. KATZ, Annu. Rev. Chem. Phys. **25** (1971)

[35] WALKER, R. T., Annu. Rep. B. Chem. Soc. **1971**, 419
sowie Annu. Rep. B. Chem. Soc. **1972**, 531

[36] KRATKY, O., Das Makromolekül, Österr. Akad. Wiss., Wien 1967

[37] RICH, A., u. N. DAVISON, Structural Chemistry and Molecular Biology, Freeman, San Francisco 1968

[38] COX, R. A., Quart. Rev. Chem. Soc. **22**, 499 (1968)

*) Literatur bis Anfang 1975 berücksichtigt

[39] NIRENBERG, M., Angew. Chem. **81**, 1017 (1969)
[40] KHORANA, H. G., Angew. Chem. **81**, 1027 (1969)
[41] HOLLEY, R. W., Angew. Chem. **81**, 1039 (1969)
[42] LANGEN, P., Antimetabolite des Nucleinsäurestoffwechsels, Akademie-Verlag, Berlin 1968
[43] Symmetry and Function of Biological Systems at the Macromolecular Level (A. ENGSTRÖM u. B. STRANDBERG eds.), Wiley, New York 1969
[44] LANGEN, P., Wirkungsmechanismen von Fungiziden und Antibiotika, Int. Symp. Reinhardsbrunn 1969, Akademie-Verlag, Berlin 1970
[45] HAUROWITZ, F., Nova Acta Leopoldina **36**, 23 (1971)
[46] SZYBALSKI, W., Karl-August-Forster-Lectures, Akad. d. Wiss. u. Lit. Mainz 1971
[47] LIPMANN, F., Science **173**, 875 (1971)
[48] LIPMANN, F., Molecular Evolution (D. L. ROHLFING u. A. I. OPARIN eds.), Plenum Publ. Co., New York 1972
[49] BABLOYANTZ, A., Biopolymers **11**, 2349 (1972)
[50] MONOD, J., Angew. Chem. **78**, 694 (1966)
[51] LWOFF, A., Angew. Chem. **78**, 689 (1966)
[52] JACOB, F., Angew. Chem. **78**, 704 (1966)
[53] JACOB, F., u. J. MONOD, J. Mol. Biol. **3**, 318 (1961)
[54] MONOD, J., J. WYMAN u. J. P. CHANGEUX, J. Mol. Biol. **12**, 88 (1965)
[55] SCHWARZ, G., Umschau Wiss. Techn. **1971**, 47
[56] DEGN, H., J. Chem. Ed. **49**, 302 (1972)
[57] FELSENFELD, G., u. A. RICH, Biochim. Biophys. Acta **26**, 457 (1957)
[58] FELSENFELD, G., u. H. T. MILES, Annu. Rev. Biochem. **36**, 407 (1967)
[59] MICHELSON, A. M., J. MASSOULIÉ u. W. GUSCHLBAUER, Progr. Nucl. Acid Res. **6**, 83 (1967)
[60] EIGEN, M., Naturwissenschaften **58**, 465 (1971) und vorausgegangene Mitteilungen
[61] SCHECHTER, A. N., Science **170**, 273 (1970)
[62] HUGGINS, M. L., Angew. Chem. **83**, 163 (1971)
[63] KOLLMAN, P. A., u. L. C. ALLEN, Chem. Ber. **72**, 283 (1972)
[64] NASH, H. A., u. D. F. BRADLEY, J. chem. Phys. **45**, 1380 (1966)
[65] PULLMAN, A., u. B. PULLMAN, Quantum Biochemistry in Comprehensive Biochemistry (M. FLORKIN u. E. H. STOTZ eds.), Vol. **22**, 1 (1967)
[66] BENT, H. A., Chem. Rev. **68**, 587 (1968)
[67] PULLMAN, B., u. A. PULLMAN, Progr. Nucleic Acid Res. Mol. Biol., Vol. **9**, Academic Press, New York 1968
[68] PULLMAN, B., Aspects de la Chimie quantique contemporaire, Colloq. Int. CNRS Paris 1971
[69] REIN, R., J. R. RABINOWITZ u. I. J. SWISSLER, J. theor. Biol. **34**, 215 (1972)
[70] DAVIES, D. R., Annu. Rev. Biochem. **36**, 321 (1967)
[71] HAMILTON, W. C., Science **169**, 133 (1970)
[72] PHILLIPS, D. C., Cold Spring Harbor Symp. Quant. Biol. **26**, 589 (1971)
[73] KRATKY, O., u. I. PILZ, Quart Rev. Biophys. **5**, 481 (1972)
[74] BARRY, C. D., u. A. C. T. NORTH, Cold Spring Harbor Symp. Quant. Biol. **26**, 577 (1971)
[75] BOND, P. J., Interactive Computer Graphics and Macromolecular Structure, in Computer Graphics, Ass. Computing Machinery, New York 1972
[76] FLORY, P. J., Angew. Chem. **86**, 109 (1974)
[77] CALVIN, M., Angew. Chem. **86**, 111 (1974)
[78] BUGG, C. E., J. M. THOMAS ,M. SUNDARALINGAM u. S. T. RAO, Biopolymers **10**, 175 (1971)
[79] ARNOTT, S., in: The Purines, Theory and Experiment. Proc. IVth Jerusalem Symp. Quant. Chem. Biochem. (E. D. BERGMAN u. B. PULLMAN eds.) **102** (1972)
[80] BUGG, C. E., ibid. **178** (1972)
[81] WAGNER, K. G., u. LAWACZECK, Sommertagung Ges. Biol. Chem. Bochum 1972
[82] ARNOTT, S., u. D. W. L. HUKINS, Nature **224**, 886 (1969)

[83] Sundaralingam, M., Biopolymers **7**, 821 (1969)
[84] Arnott, S., u. D. W. L. Hukins, Science **177**, 451 (1972)
[85] Rubin, J., T. Brennan u. M. Sundaralingam, Science **177**, 451 (1972)
[86] Bentley, R., Annu. Rev. Biochem. **41**, 812 (1972)
[87] Ts'o, P. O. P., stud. biophys. **24/25**, 1 (1970)
[88] Altona, C., u. M. Sundaralingam, J. Amer. chem. Soc. **95**, 2333 (1973)
[89] Yathindra, N., u. M. Sundaralingam, Biopolymers **12**, 297 (1973)
[90] Barry, C. D., A. C. T. North, J. A. Glasel, R. J. P. Williams u. A. V. Xavier, Nature **232**, 236 (1972)
[91] Motherwell, W. D. S., u. N. W. Isaacs, J. Mol. Biol. **71**, 231 (1972)
[92] Jordan, F., Biopolymers **12**, 243 (1973)
[93] W. Guschlbauer, in "The Purines — Theory and Experiment." IVth Jerusalem Symp. Quant. Chem. Biochem., Jerusalem **1972**
[94] Tougard, P., J. F. Chantot u. W. Guschlbauer, Biochim. Biophys. Acta **308**, 9 (1973)
[95] Saenger, W., Angew. Chem. **85**, 680 (1973)
[96] Schweizer, M. P., E. B. Banta, J. T. Witkowski u. R. K. Robins, J. Amer. chem. Soc. **95**, 3770 (1973)
[97] Voet, D., u. A. Rich, Progr. Nucl. Acid Res. Mol. Biol. **10**, 183 (1970)
[98] Rosenberg, J. M., N. C. Seeman, J. J. P. Kim, F. L. Suddath, H. B. Nicholas u. A. Rich, Nature **243**, 150 (1973)
[99] Séquin, U., Experientia **29**, 1059 (1973)
[100] Sundaralingam, M., u. J. Abola, J. Amer. chem. Soc. **94**, 5070 (1972)
[101] Sundaralingam, M., u. J. Abola, Nature New Biol. **235**, 244 (1972)
[102] Nelboeck, N., Naturwissenschaften **59**, 209 (1972)
[103] Sutherland, E. W., Angew. Chem. **84**, 1117 (1972)
[104] Pullman, A., Int. J. Quant. Chem. **2**, 187 (1968)
[105] Pullman, B., Int. J. Quant. Chem. **4**, 319 (1971)
[106] Berthod, H., u. B. Pullman, Biochim. Biophys. Acta **246**, 359 (1971)
[107] Pullman, B., D. Perahia u. A. Saran, Biochim. Biophys. Acta **269**, 1 (1972)
[108] Saran, A., D. Perahia u. B. Pullman, Theoret. Chim. Acta **30**, 31 (1973)
[109] Berthod, H., u. B. Pullman, FEBS Letters **30**, 231 (1973)
[110] Arnott, S., W. Fuller, A. Hodgson u. I. Prutton, Nature **220**, 561 (1968)
[111] Arnott, S., S. D. Dover u. A. J. Wonacott, Acta Crystallogr. B **25**, 2192 (1969)
[112] Arnott, S., W. Fuller, A. Hodgson u. I. Prutton, Nature **220**, 561 (1968)
Arnott, S., Progr. Biophys. Mol. Biol. **21**, 267 (1970), Pergamon Press, New York
[113] Arnott, S., u. D. W. L. Hukins, Biochem. Biophys. Res. Commun. **47**, 1504 (1972)
[114] Arnott, S., D. W. L. Hukins u. S. D. Dover, Biochem. Biophys. Res. Commun. **48**, 1392 (1972)
[115] Arnott, S., u. D. W. L. Hukins, Biochem. J. **130**, 453 (1972)
[116] Arnott, S., u. W. E. Scott, J. chem. Soc. P. T. II **1972**, 324
[117] Garrett, R. A., u. S. Arnott, Biopolymers 1311 (1972)
[118] Arnott, S., u. P. J. Bond, Science **181**, 68 (1973)
[119] Arnott, S., u. P. J. Bond, Nature New Biol. **244**, 99 (1973)
[120] Lezius, A. G., u. E. Domin, Nature New Biol. **244**, 169 (1973)
[121] Donahue, J., Science **165**, 1091 (1969)
[122] Arnott, S., Science **167**, 1693 (1970)
[123] Donahue, J., Science **167**, 1700 (1970)
[124] Miles, H. T., Proc. Nat. Acad. Sci. US **51**, 1104 (1964)
[125] Howard, F. B., J. Frazier u. H. T. Miles, J. Biol. Chem. **246**, 7073 (1971)
[126] Hopmann, R. F. W., Ber. Bunsenges. Phys. Chem. **77**, 52 (1973)
[127] McGavin, S., 1th Europ. Biophys. Congr. Wien, Wiener Med. Akad. 1971

[128] McGavin, S., J. Mol. Biol. **58**, 293 (1971)
[129] Bass, G. E., u. L. J. Schaad, J. Amer. chem. Soc. **93**, 4585 (1971)
[130] Bram, S., 1th Europ. Biophys. Congr. Wien, Verlag Wiener Med. Akad. 1971
[131] Bram, S., Nature New Biol. **232**, 174 (1971)
[132] Bram, S., u. P. Tougard, Nature New Biol. **239**, 128 (1972)
[133] Gabbay, E. J., R. DeStefano u. C. S. Baxter, Biochem. Biophys. Res. Commun. **51**, 1083 (1973)
[134] Zimmer, Ch., Z. Chem. **11**, 441 (1971)
[135] Sander, C., u. P. O. P. Ts'o, J. Mol. Biol. **55**, 1 (1971)
[136] Izatt, R. M., J. J. Christensen u. J. H. Rytting, Chem. Rev. **71**, 439 (1971)
[137] Zirwer, D., u. M. Becker, Experientia **27**, 22 (1971)
[138] Schuller, D., Naturwissenschaften **60**, 145 (1973)
[139] Schwarz, G., u. J. Engel, Angew. Chem. **84**, 615 (1972)
[140] Olson, W. K., u. P. J. Flory, Biopolymers **11**, 1, 25, 57 (1972)
[141] Ree, F. R., Biopolymers **11**, 973 (1972)
[142] Blake, R. D., Biopolymers **11**, 913 (1972)
[143] Pörschke, D., u. M. Eigen, J. Mol. Biol. **62**, 361 (1971)
[144] Pörschke, D., u. F. Eggers, Eur. J. Biochem. **26**, 490 (1972)
[145] Sarocchi, M.-Th., u. W. Guschlbauer, Eur. J. Biochem. **34**, 232 (1973)
[146] Powell, J. T., E. G. Richards u. W. B. Gratzer, Biopolymers **11**, 235 (1972)
[147] Martin, F. H., O. C. Uhlenbeck u. P. Doty, J. Mol. Biol. **57**, 201 (1971)
[148] Thrierr, J. C., M. Dourlent u. M. Leng, J. Mol. Biol. **58**, 815 (1971)
[149] Thrierr, J. C., u. M. Leng, Biochim. Biophys. Acta **272**, 238 (1972)
[150] Goldstein, B., Biopolymers **12**, 461 (1973)
[151] Sarkar, P. K., u. J. T. Yang, J. Biol. Chem. **240**, 2088 (1965)
[152] Gratzer, W. B., u. D. A. Cowburn, Nature **222**, 426 (1969)
[153] Johnson, W. C., jr. u. I. Tinoco jr., Biopolymers **7**, 727 (1969)
[154] Johnson, W. C. jr., M. S. Itzkowitz u. I. Tinoco jr., Biopolymers **11**, 225 (1972)
[155] Flurry, R. L. u. D. Breen, Nature **225**, 729 (1970)
[156] Stamatiadou, N. M., T. J. Swissler J. R. Rabinowitz u. R. Rein, Biopolymers **11**, 1217 (1972)
[157] Pochon, F., A. M. Kapuler u. A. M. Michelson, Proc. Nat. Acad. Sci. US **68**, 205 (1971)
[158] Flurry, R. L., u. D. L. Breen, Int. J. Quant. Chem. **6**, 305 (1972)
[159] Kleinschmidt, A. K., 1th Europ. Biophys. Congr. Wien 1971, Verlag der Wiener Med. Akad.
[160] Progr. Mol. Subcell. Biol. II. (E. E. Hahn, T. T. Puck, G. F. Springer, W. Szybalski u. K. Wallenfels eds.), Springer Berlin—Heidelberg—New York 1971
[161] Pritchard, N. J., A. Blake u. A. R. Peacocke, Nature **212**, 1360 (1966)
[162] Löber, G., stud. biophys. **21/22**, 309 (1970)
[163] Galley, W. C., u. R. M. Purkey, Proc. Nat. Acad. Sci. US **69**, 2198 (1972)
[164] Bertran, J., J. theoret. Biol. **34**, 353 (1972)
[165] Waring, M. J., Antimicrobial Drugs in Macromolecules FEBS Symp. **21**, 241 North Holland, Amsterdam 1970
[166] Waring, M. J., J. Mol. Biol. **54**, 247 (1970)
[167] Waring, M., in Progr. Mol. Subcell. Biol. **2**, 216 (1971), Springer Berlin—Heidelberg—New York
[168] Waring, M. J., u. J. W. Chisholm, Biochim. Biophys. Acta **262**, 18 (1972)
[169] Parthier, B., Nova Acta Leopoldina **34** (1969)
[170] Goldberg, I. H., u. P. A. Friedman, Pure Appl. Chem. **28**, 499 (1971)
[171] Hoffmann, S., u. W. Witkowski, Nucleinsäure-Stranganaloge, Conf. Proc. RGW-Symposium „Wirkungsmechanismen von Herbiciden und synthetischen Wachstumsregulatoren", Halle 1972

[172] HOFFMANN, S., u. W. WITKOWSKI, Geometrische Basenpaaranaloge, Conf. Proc. RGW-Symposium „Wirkungsmechanismen von Herbiciden und synthetischen Wachstumsregulatoren“, Halle 1972

[173] HOFFMANN, S., H. SCHUBERT u. W. WITKOWSKI, Z. Chem. **11**, 345, 465 (1971)

[174] HOFFMANN, S., W. WITKOWSKI u. H. SCHUBERT, Z. Chem. **16**, 442 (1976) und vorausgegangene Mitteilungen

[175] HOFFMANN, S., u. W. WITKOWSKI, Possible matrix role of base-stacking in stereopolymerization in Conference Proceedings 2nd IUPAC/B Disc. Conf. Macromolecular Matrices and Carriers of Biological Functions, Praha 1972

[176] HOFFMANN, S., W. WITKOWSKI u. H.-H. RÜTTINGER, Z. Chem. **14**, 438 (1974) (und vorausgegangene Mitteilungen)

[177] LODEMANN, E., u. A. WACKER, Naturwissenschaften **57**, 673 (1970)

[178] KLEINSCHMIDT, W. J., Annu. Rev. Biochem. **41**, 517 (1972)

[179] CARTER, W. A., P. M. PITHA, L. W. MARSHALL, I. TAZAWA, S. TAZAWA u. P. O. P. Ts'o, J. Mol. Biol. **70**, 567 (1972)

[180] DECLERCQ, E., u. P. DESOMER, Science **173**, 260 (1971)

[181] PITHA, P. M., N. M. TEICH, D. R. LOWY u. J. PITHA, Proc. Nat. Acad. Sci. US **70**, 1204 (1973)

[182] CHANDRA, P., F. ZUNINO, V. P. GAUR, A. ZACCARA, M. WOLTERSDORF, G. LUONI u. A. GÖTZ, FEBS Letters **28**, 5 (1972)

[183] KOROLKOVAS, A., Rev. Farm. Bioquim. Univ. San Paulo **9**, 5 (1971)

[184] CHANDRA, P., u. D. GERICKE, Naturwissenschaften **59**, 205 (1972)

[185] CHANDRA, P., A. DIMARCO, F. ZUNINO, A. M. CASAZZA, D. GERICKE, F. GIOLIANI, C. SORANZO, R. THORBECK, A. GÖTZ, F. ARCAMONE u. M. GHIONE, Naturwissenschaften **59**, 448 (1972)

[186] "Story of Poly(A)", Nature (editorial) **235**, 1 (1972)

[187] MORGAN, A. R., u. R. D. WELLS, J. Mol. Biol. **37**, 63 (1968)

[188] LIM, L., u. E. S. CANELLAKIS, Nature **227**, 710 (1970)

[189] DARNELL, J. E., L. PHILIPSON, R. WALL u. M. ADESNICK, Science **174**, 507 (1971)

[190] BECKER, Y., J. theor. Biol. **34**, 47 (1972)

[191] ARMSTRONG, J. A., M. EDMONDS, H. NAKAZATO, B. A. PHILLIPS u. M. H. VAUGHAN, Science **176**, 526 (1972)

[192] GREENBERG, J. R., u. R. P. PERRY, J. Mol. Biol. **72**, 91 (1972)

[193] LAI, M. M. C., u. P. H. DUESBERG, Nature **235**, 383 (1972)

[194] OKADA, Y., G. STREISINGER, J. E. OWEN, J. NEWTON, A. TSUGITA u. M. INOUYE, Nature **236**, 338 (1972)

[195] TENNANT, R. W., F. T. KENNEY u. F. W. TUOMINEN, Nature New. Biol. **238**, 51 (1972)

[196] YOGO, Y., u. E. WIMMER, Proc. Nat. Acad. Sci. US **69**, 1877 (1972)

[197] MOLLOY, G. R., W. L. THOMAS u. J. E. DARNELL, Proc. Nat. Acad. Sci. US **69**, 3684 (1972)

[198] ALONI, Y., Nature New Biol. **243**, 2 (1973)

[199] MCLAUGHLIN, C. S., J. R. WARNER, M. EDMONDS, H. NAKAZATO u. M. H. VAUGHAN, J. Biol. Chem. **248**, 1466 (1973)

[200] EISERLING, F. A., u. R. C. DICKSON, Annu. Rev. Biochem. **41**, 467 (1972)

[201] SAUER, G., Umschau Wiss. Techn. **72**, 717 (1972)

[202] NOMURA, M., Science **179**, 864 (1973)

[203] KNIPPERS, R., Naturwissenschaften **58**, 284 (1971)

[204] HAFF, R. F., Pure Appl. Chem. **28**, 525 (1971)

[205] SCHLOM, J., u. S. SPIEGELMAN, Science **174**, 840 (1971)

[206] SCHLOM, J., S. SPIEGELMAN u. D. MOORE, Nature **231**, 97 (1971)

[207] GALLO, R. C., Science **234**, 194 (1971)

[208] AXEL, R., J. SCHLOM u. S. SPIEGELMAN, Nature **235**, 32 (1972)

[209] Schlom, J., S. Spiegelman u. D. H. Moore, J. Nat. Canc. Inst. **48**, **1197** **(1972)**; S. C. Gulati, R. Axel u. S. Spiegelman, Proc. Nat. Acad. Sci. US **69**, 2020 (1972)
[210] Culliton, B. J., Science (edit.) **177**, **44** **(1972)**
[211] Todaro, G. J., u. R. J. Huebner, Proc. Nat. Acad. Sci. US **69**, 1009 (1972)
[212] Temin, H. M., Proc. Nat. Acad. Sci. US **69**, 1016 (1972)
[213] Green, M., Proc. Nat. Acad. Sci. US **69**, 1036 (1972)
[214] Zubrod, C. G., Proc. Nat. Acad. Sci. US **69**, 1042 (1972)
[215] Gericke, D., Chem. Ztg. **96**, 441 (1972)
[216] Herbst, E. J., u. R. B. Tanguay, Progr. Mol. Subcell. Biol. **2**, 166 (1971), Springer, Berlin—Heidelberg—New York
[217] Waring, M. J., u. J. W. Chisholm, Biochim. Biophys. Acta **262**, 18 (1972)
[218] Smith, T. A., Endeavour **31**, 22 (1972)
[219] Sobell, H. M., S. C. Jain, T. D. Sakore u. G. Ponticello, Cold Spring Harbor Symp. Quant. Biol. **26**, 263 (1971)
[220] Jain, S. C., u. H. M. Sobell, J. Mol. Biol. **68**, 1 (1972); H. M. Sobell u. S. C. Jain, J. Mol. Biol. **68**, 21 (1972)
[221] Dickerson, R. E., Annu. Rev. Biochem. **41**, 815 (1972)
[222] Krugh, T. R., Proc. Nat. Acad. Sci. US **69**, 1911 (1972)
[223] Pigram, W. J., W. Fuller u. L. D. Hamilton, Nature New Biol. **235**, 17 (1972)
[224] Gabbay, E. J., B. L. Gaffney, R. Glaser u. D. Z. Denney, Chem. Commun. 1507 (1969)
[225] Gabbay, E. J., u. R. Glaser, Biochemistry **10**, 1665 (1971)
[226] Gabbay, E. J., u. A. DePadis, J. Amer. chem. Soc. **93**, 562 (1971)
[227] Gabbay, E. J., K. Sanford u. S. Baxter, J. Amer. chem. Soc. **94**, 2876 (1972)
[228] Gabbay, E. J., R. DeStefano u. K. Sanford, Biochem. Biophys. Res. Commun. **46**, 155 (1972)
[229] Gabbay, E. J., K. Sanford u. C. S. Baxter, Biochemistry **11**, 3429 (1972)
[230] Munck, A., J. F. Scott u. L. L. Engel, Biochim. Biophys. Acta **26**, 397 (1957)
[231] Mahler, H. R., G. Green, R. Gontarel u. Khuong-Hun, Biochemistry **7**, 1568 (1968)
[232] Hradec, J., Biochem. J. **126**, 1225 (1972)
[233] Stegemeyer, H., u. K.-J. Mainusch, Naturwissenschaften **58**, 599 (1971)
[234] Gottfried, H., J. theoret. Biol. **37**, 447 (1972)
[235] Usher, D. A., Nature New Biol. **235**, 207 (1972)
[236] Agarwal, K. L., A. Yamazaki, P. J. Cashion u. H. G. Khorana, Angew. Chem. **84**, 489 (1972)
[237] Englander, S. W., W. W. Downer u. H. Teitelbaum, Annu. Rev. Biochem. **41**, 903 (1972)
[238] Rich, A., in The Chemical Basis of Heredity, Johns Hopkins Press, Baltimore/Md. 1956
[239] Ochoa, S., Naturwissenschaften **55**, 505 (1968)
[240] Matthaei, H., G. Sander, D. Swan, T. Kreuzer, H. Caffier u. A. Parmeggiani, Naturwissenschaften **55**, 281 (1968)
[241] Sobell, H. M., Genetic Organisation **1**, 91 (1969), Academic Press, New York
[242] Feix, G., Naturwiss. Rdsch. **24**, 369 (1971)
[243] Hagemann, R., Biol. Rdsch. **10**, 81 (1972)
[244] Pilz, I., O. Kratky u. D. Rabussay, Eur. J. Biochem. **28**, 205 (1972)
[245] Ochoa, S., Naturwiss. Rdsch. **26**, 1 (1973)
[246] Miller, O. L., B. R. Beatty, B. A. Hamkalo u. C. A. Thomas, Cold Spring Harbor Symp. Quant. Biol. **25**, 505 (1970)
[247] Mayer, F., Biol i. u. Z. **1972**, 133
[248] Hamkalo, B. A., u. O. L. Miller, Annu. Rev. Biochem. **42**, 379 (1973)
[249] Huang, P. C., Progr. Biophys. Mol. Biol. **23**, 105 (1971)
[250] Walker, P. M. B., Progr. Biophys. Mol. Biol. **23**, 147 (1971)

[251] HIPPEL, P. H. v., u. J. D. MCGHEE, Annu. Rev. Biochem. **41**, 232 (1972)
[252] Karl-August-Forster Lectures **6** (1971), Akad. d. Wiss. Lit. Mainz
[253] LIEBSCHER, D.-H., Wiss. Fortschr. **23**, 354 (1973)
[254] DOUTHART, R. J., J. theoret. Biol. **35**, 315 (1972)
[255] TOMKINS, G. M., T. D. GELEHRTER, D. GRANNER, D. MARTIN, H. H. SAMUELS u. E. B. THOMPSON, Science **166**, 1474 (1969)
[256] RZEPKA, P., u. L. RENSING, Naturwiss. Rdsch. **23**, 467 (1970)
[257] COMINGS, D. E., u. A. D. RIGGS, Nature **233**, 48 (1971)
[258] v. WETTSTEIN, D., Proc. Nat. Acad. Sci. US **68**, 851 (1971)
[259] WORCEL, A., u. E. BURGI, J. Mol. Biol. **71**, 127 (1972)
[260] SIGAL, N., u. B. ALBERTS, J. Mol. Biol. **71**, 789 (1972)
[261] JOU, W. M., G. HAEGEMAN, M. YSEBAERT u. W. FIERS, Nature **237**, 82 (1972)
[262] SCHWARZACHER, H. G., Bild d. Wiss. **1973**, 63
[263] LEWIN, S., J. theoret. Biol. **29**, 1 (1970)
[264] BRADBURY, E. M., u. H. W. E. RATTLE, Eur. J. Biochem. **27**, 270 (1972)
[265] ZIMMERMANN, E., Angew. Chem. **84**, 451 (1972)
[266] KLINGMÜLLER, W., Naturwissenschaften **60**, 71 (1973)
[267] SOBELL, H. M., Proc. Nat. Acad. Sci. US **69**, 2483 (1972)
[268] KORNBERG, A., Science **163**, 1410 (1969)
[269] MORGAN, A. R., Nature **227**, 1310 (1970)
[270] KLEIN, A., u. F. BONHOEFFER, Annu. Rev. Biochem. **41**, 301 (1972)
[271] WERNER, R., Nature **230**, 570 (1971)
[272] VOGEL, F., G. RÖHRBORN u. E. SCHLEIERMACHER, Naturwissenschaften **58**, 131 (1971)
[273] FAHR, E., Angew. Chem. **81**, 581 (1969)
[274] HANAWALT, P. C., Endeavour **31**, 83 (1972)
[275] Angew. Chem. Nachr. Chem. Techn. (edit.) **22**, 45 (1974)
[276] BOLDEN, A., M. FRY, R. MULLER, C. CITARELLA u. A. WEISSBACH, Arch. Biochem. Biophys. **153**, 26 (1972)
[277] "Artful Model-Building", Nature (edit.) **228**, 501 (1970)
[278] FLORENTIEV, V. L., u. V. I. IVANOV, Nature **228**, 519 (1970)
[279] RILEY, P. A., Nature **228**, 522 (1970)
[280] RÜGER, W., Angew. Chem. **84**, 961 (1972)
[281] BLATTNER, F. R., u. J. E. DAHLBERG, Nature New Biol. **237**, 227 (1972)
[282] BLATTNER, F. R. J. E. DAHLBERG, J. K. BOETTIGER, M. FIANDT u. W. SZYBALSKI, Nature New Biol. **237**, 232 (1972)
[283] DENHARDT, D. T., J. theoret. Biol. **34**, 487 (1972)
[284] IOANNOU, P., Nature New Biol. **244**, 257 (1973)
[285] DE CROM BRUGGHE, B., B. CHEN, W. ANDERSON, P. NISSLEY, M. GOTTESMAN, I. PASTAN u. R. PERLMAN, Nature New Biol. **231**, 139 (1971)
[286] MÜLLER-HILL, B., Angew. Chem. **83**, 195 (1971)
[287] ADLER, K., K. BEYREUTHER, E. FANNING, N. GEISLER, B. GRONENBORN, A. KLEMM, B. MÜLLER-HILL, M. PFAHL u. A. SCHMITZ, Nature **237**, 322 (1972)
[288] GILBERT, W., in Polymerization in Biological Systems, CIBA Foundation Symp. 7. North Holland, Amsterdam 1972
[289] SCHÄFER, R., W. ZILLIG u. K. ZECHEL, in "Polymerization in Biological Systems", CIBA Foundation Symp. 7, North Holland, Amsterdam 1972
[290] ROSENTHAL, H. A., u. S. ROSENTHAL, Biochemie Mitt. Biochem. Ges. DDR **1974**, 21
[291] BRITTEN, R. J., u. E. H. DAVIDSON, Science **165**, 349 (1969)
[292] BERNHARD, W., in Struktur und Funktion (J.-H. SCHARF ed.). Nova Acta Leopoldina **35** (1970)
[293] GEORGIEV, G. P., E. M. LUKANIDIN u. A. P. RYSKOV, FEBS Symp. Vol. **24**, 53 (1972), North Holland, Amsterdam

[294] Schreiber, G., Angew. Chem. 83, 645 (1971)
[295] Revel, M., Y. Groner, Y. Pollack, R. Scheps u. H. Berissi, in Polymerization in Biological Systems, 7. CIBA Foundation Symp. North Holland, Amsterdam 1972
[296] White, H. B., B. E. Laux u. D. Dennis, Science 175, 1264 (1972)
[297] Strehler, B., G. Hirsch, D. Gusseck, R. Johnson u. M. Bick, J. theoret. Biol. 33, 429 (1971)
[298] Högenauer, G., F. Turnowsky u. F. M. Unger, Biochem. Biophys. Res. Commun. 46, 2100 (1972)
[299] Gassen, H. G., H. Schetters u. H. Matthaei, Biochim. Biophys. Acta 272, 560 (1972) und vorausgegangene Mitteilungen
[300] Fuller, W., u. A. Hodgson, Nature 215, 817 (1967)
[301] Alden, C. J., u. S. Arnott, Biochem. Biophys. Res. Commun. 53, 806 (1973)
[302] Serfling, E., Biol. Rdsch. 9, 303 (1971)
[303] Follmann, H., Chem. Lab. Betr. 23, 49 (1972)
[304] Khorana, H. G., Naturwiss. Rdsch. 26, 137 (1973)
[305] Kellenberger, E., in Polymerization in Biological Systems, CIBA Foundation Symp. 7, 189 (1972) North Holland Publ., Amsterdam
[306] Cox, R. A., u. S. A. Bonanou, Biochem. J. 114, 769 (1969)
[307] Nonomura, Y., G. Blobel u. D. Sabatini, J. Mol. Biol. 60, 303 (1971)
[308] Davis, B. D., Nature 231, 153 (1971)
[309] Carey, N. H., J. R. W. Hobbs u. E. A. Cook, Biochem. J. 130, 871 (1972)
[310] Bielka, H., in Molekulare Biologie der Zelle (H. Bielka ed.), Fischer, Jena 1973
[311] Fahnestock, S., u. A. Rich, Science 173, 340 (1971)
[312] Nierhaus, K., u. J. Weber, Umschau Wiss. Techn. 72, 346 (1972)
[313] Kloepfer, H. G., Chem. i. u. Z. 7, 49 (1973)
[314] Garrett, R. A., u. H. G. Wittmann, Endeavour 32, 8 (1973)
[315] Li, K. L., M. T. Wasan u. R. Kisilevsky, Biochim. Biophys. Acta 272, 435 (1972)
[316] Zachau, H. G., Angew. Chem. 81, 645 (1969) sowie in Struktur und Funktion (H.-J. Scharf ed.), Nova Acta Leopoldina 35, 155 (1970)
[317] Imura, N., G. B. Weiss u. R. W. Chambers, Nature 222, 1147 (1969)
[318] Söll, D., Science 173, 293 (1971)
[319] Billeter, M. A., Chimia 25, 181 (1971)
[320] Staehelin, M., Experientia 27, 1 (1971)
[321] Staehelin, M., Chimia 25, 41 (1971)
[322] Gupta, N. K., u. C. L. Woodley, J. Sci. Ind. Res. 30, 513 (1971)
[323] Crothers, D. M., T. Seno u. D. G. Söll, Proc. Nat. Acad. Sci. US 69, 3063 (1972)
[324] Cedergren, R. J., u. J. R. Cordeau, J. theoret. Biol. 39, 477 (1973)
[325] Dube, S. K., Nature New Biol. 243, 103 (1973)
[326] Jordan, B. R., J. theoret. Biol. 34, 363 (1971)
[327] Cedergren, R. J., J. R. Cordeau u. P. Robillard, J. theoret. Biol. 37, 209 (1972)
[328] Jukes, F. H., u. R. Holmquist, Biochem. Biophys. Res. Commun. 49, 212 (1972)
[329] Pilz, I., O. Kratky, R. Cramer, F. van der Haar u. E. Schlimme, Eur. J. Biochem. 15, 401 (1970)
[330] Kim, S. H., G. Quigley, F. K Suddath, A. McPherson, D. Sneden, J. J. Kim, J. Weinzierl, P. Blattmann u. A. Rich, Proc. Nat. Acad. Sci. US 69, 3746 (1972)
[331] Kim, S. H., G. J. Quigley, F. L. Suddath, A. McPherson, D. Sneden, J. J. Kim, J. Weinzierl u. A. Rich, Science 179, 285 (1973)
[332] Angew. Chem. Nachr. Chem. Techn. (edit.) 21, 75 (1973)
[333] Drischel, H., Das neuronale Gedächtnis in Informatik (J.-H. Scharf ed.). Nova Acta Leopoldina 37, 325 (1972)
[334] Drischel, H., Biol. Rdsch. 10, 137 (1972)

[335] Domagk, G. F., u. H. P. Zippel, Naturwissenschaften **58**, 152 (1970)
[336] Neumann, E., u. A. Katchalsky, Ber. Bunsenges. Phys. Chem. **74**, 869 (1970)
[337] Betz, A., u. L. v. Klitzing, J. interdiscipl. Cycle Res. **2**, 111 (1971)
[338] Katchalsky, A., Pure Appl. Chem. **26**, 327 (1971)
[339] Oster, G., A. Perelson u. A. Katchalsky, Nature **234**, 393 (1971) sowie H. Atlan u. Katchalsky, Currents in Mod. Biol. **5**, 55 (1973)
[340] Ungar, G., Naturwiss. **59**, 85 (1972)
[341] Katchalsky, A., u. E. Neumann, Intern. J. Neurosci. **3**, 175 (1972)
[342] Neumann, E., u. A. Katchalsky, Proc. Nat. Acad. Sci. US **69**, 993 (1972)
[343] Volkenstein, M. V., J. theoret. Biol. **34**, 193 (1972)
[344] Kemeny, G., u. I. M. Goklany, J. theoret. Biol. **40**, 107 (1973)
[345] Neumann, E., Angew. Chem. **85**, 430 (1972)
[346] Kompaneyez, A., Ideen d. exakt. Wissens **1972**, 431
[347] Josephson, Le prix Nobel 1973
[348] Eccles, J. C., Naturwissenschaften **60**, 167 (1973)
[349] Informatik (J.-H. Scharf ed.) Nova Acta Leopoldina **37/1** (1972)
[350] Evolution (J.-H. Scharf ed.) Nova Acta Leopoldina **39/1** (1973)
[351] Walker, R. T., Annu. Rep. B/CSL **1973**, 624
[352] Stewart, P. R., u. D. S. Letham (eds.), The Ribonucleic Acids, Springer-Verlag, Heidelberg—Berlin 1973
[353] Olby, R., Nature **248**, 782 (1974)
[354] Crick, F., Nature **248**, 766 (1974)
[355] Klug, A., Nature **248**, 787 (1974)
[356] Chargaff, E., Nature **248**, 776 (1974)
[357] Hopmann, R. F. W., Ber. Bunsenges. physik. Chem. **77**, 52 (1973)
[358] Poltyev, W. I., Preprint AdW der Ukr. SSR 1974, 158P
[359] Danilov, V. I., u. S. N. Volkov, Preprint ITP-74-50E, AdW der Ukr. SSR
[360] Pechenaya, V. I., Preprint ITP-74-68E, AdW der Ukr. SSR
[361] Dina, D., I. Meza u. M. Crippa, Nature **248**, 486 (1974)
[362] Berthod, H., u. B. Pullmann, FEBS-Letters **30**, 23 (1973)
[363] Sundaralingam, Jerusalem Symp. Quant. Chem. Biochem., Israel Acad. Sci. Hum., Jerusalem 1973
[364] Perahia, D., B. Pullmann u. A. Saran, Biochim. Biophys. Acta **340**, 299 (1974)
[365] Seshadri, T. P., u. M. A. Viswamitra, Pramana **3**, 218 (1974)
[366] Yathindra, N., u. M. Sundaralingam, Proc. Nat. Acad. Sci. US **71**, 3325 (1974)
[367] Sarisekjaran, V., S. Zimmerman u. D. R. Davies, J. Mol. Biol. **92**, 171 (1975)
[368] Levitt, M., Polymerization in Biological Systems, Ciba Foundation Symp. 7, Elsevier, Amsterdam 1972
[369] Arnott, S., Jerusalem Symp. Quant. Chem. Biochem., Israel Acad. Sci. Hum., Jerusalem 1972
[370] Arnott, S., u. E. Selsing, J. Mol. **88**, 509 (1974)
[371] Wulff, K., Naturwissenschaften **61**, 434 (1974)
[372] Bram, S., Proc. Nat. Acad. Sci. US **70**, 2167 (1973)
[373] Bram, S., u. P. Tongard, Nature New Biol. **239**, 128 (1972)
[374] Azbel, M. Ya., Biopolymers **12**, 1591 (1973)
[375] Perlgut, L. E., D. L. Byers, R. S. Jope u. V. Khamvinwathma, Nature **251**, 288 (1974)
[376] Botchan, M. R., Nature **251**, 288 (1974)
[377] Arnott, S., R. Chandrasekaran, D. W. L. Hukins, P. J. C. Smith u. L. Watts, J. Mol. Biol. **88**, 523 (1974)
[378] Arnott, S., D. W. L. Hukins, S. D. Dover, W. Fuller u. A. R. Hodgson, J. Mol. Biol. **81**, 107 (1973)

[379] ARNOTT, S., R. CHANDRASEKARAN u. C. M. MATTILA, Biochem. J. **141**, 537 (1974)
[380] BORER, P. N., B. DENGLER, I. TINOCO u. O. C. UHLENBECK, J. Mol. Biol. **86**, 843 (1974)
[381] GUERON, M., J. EISINGER, A. A. LAMOLA, Basic Principles in Nucleic Acid Chemistry, Academic Press, New York 1974 (W. W. ZORBACH u. S. TIPSON eds.)
[382] THIELE, D., u. W. GUSCHLBAUER, Biophysik **9**, 261 (1973)
[383] ZIMMERMAN, S. B., G. H. COHEN u. D. R. DAVIES, J. Mol. Biol. **92**, 181 (1975)
[384] MELAMED, N. V., S. G. POPOV u. G. G. SHAMVORSKY, Nachr. Akad. Wiss. UdSSR **5**, 90 (1974)
[385] SHURKIN V. B., YU. P. LISOV, V. I. IVANOV u. G. G. MALYENKOV, Mol. Biol. (UdSSR) **9**, 95 (1975)
[386] PÖRSCHKE, D., Biophys. Chem. **2**, 83, 97 (1974)
[387] PÖRSCHKE, D., Jerusalem Symp. Quant. Chem. Biochem., Israel Acad. Sci. Human., Jerusalem 1972
[388] KLUMP, H., Biochim. Biophys. Acta **383**, 117 (1975)
[389] BRAHMS, J., Proc. Nato-advanced study inst. Tirrenia (Pisa) 1971, (F. CIARDELLI u. P. SALVADORI eds.), Heyden & Son LTD, London
[390] CZURYLO, E., M. KIELANOWSKA u. D. SHUGAR, Acta biochem. Polon. **21**, 93 (1974)
[391] PIGRAM, W. J., W. FULLER u. M. E. DAVIES, J. Mol. Biol. **80**, 361 (1973)
[392] WARING, M. J., Chem. & Ind. **1975**, 105
[393] NEIDLE, S., u. T. A. JONES, Nature **253**, 284 (1975)
[394] ZIPPER, P., u. H. BÜNEMANN, Eur. J. Biochem. **51**, 3 (1975)
[395] PATEL, D. J., Biochemistry **13**, 2396 (1974)
[396] SOBELL, H. M., Cancer Chemoth. Rep. **58**, 101 (1974)
[397] SOBELL, H. M., Advances in Genetics, 17, 411 (1973), Academic Press, New York
[398] SOBELL, H. M., Proc. Nat. Acad. Sci. US **72**, 279 (1975)
[399] SOBELL, H. M., Mechanisms in Recombination, (R. F. GRELL ed.), Plenum Publ. Co., New York 1974
[400] SOBELL, H. M., Jerusalem Symp. Quant. Chem. Biochem., Israel Acad. Sci. Hum., Jerusalem 1972
[401] TSAI, CH.-CH., S. C. JAIN, u. H. M. SOBELL, Proc. Nat. Acad. Sci. US **72**, 628 (1975)
[402] JENNETTE, K. W., S. J. LIPPARD. G. A. VASSILIADES u. W. R. BAUER, Proc. Nat. Acad. Sci. US **71**, 3839 (1974)
[403] ROSENBERG, B., Naturwissenschaften **60**, 399 (1973)
[404] WARING, M. J., u. L. P. G. WAKELIN, Nature **252**, 653 (1974)
[405] CHANDRA, P., F. ZUNINO, V. P. GAUR, A. ZACCARA, M. WOLTERSDORF, G. LUONI u. A. GÖTZ, FEBS-Letters **28**, 5 (1972)
[406] LUCK, G., TRIEBEL, H., M. WARING und CH. ZIMMER, Nucleic Acids Research **1**, 503 (1974)
[407] OOSTERHOF, D. K., J. C. HOZIER u. R. L. RILL, Proc. Nat. Acad. Sci. US **72**, 633 (1975)
[408] SUBIRANA, J. A., u. L. C. PUIGJANER, Proc. Nat. Acad. Sci. US **71**, 1672 (1974)
[409] LEMAN, I. R., Science **186**, 790 (1974)
[410] SONNENBICHLER, J., Naturwissenschaften **61**, 317 (1974)
[411] BALDWIN, J. P., P. G. BOSELEY u. E. M. BRADBURY, Nature **253**, 245 (1975)
[412] SMYTHIES, J. R., F. BENINGTON, R. J. BRADLEY, R. D. MORIN u. W. O. ROMINE, J. theoret. Biol. **47**, 309, 383 (1974)
[413] SCHEKMAN, R., A. WEINER u. A. KORNBERG, Science **186**, 987 (1974)
[414] BRADBURY, E. M., R. J. INGLIS u. H. R. MATTHEWS, Nature **247**, 257 (1974)
[415] GOLDBERGER, R. F., Science **183**, 810 (1974)
[416] BRAM, S., Biochimie **1972**, 1005
[417] STEIN, G. S., TH. C. SPELSBERG u. L. J. KLEINSMITH, Science **183**, 817 (1974)
[418] AXEL, R., W. MELCHIOR, B. SOLLNER-WEBB u. G. FELSENFELD, Proc. Nat. Acad. Sci. US **71**, 4101 (1974)

[419] Kasamatsu, H., u. J. Vinograd, Annu. Rev. Biochem. **43**, 659 (1974)
[420] Khorana, H. G., Naturwiss. Rdsch., **26**, 137 (1973)
[421] Zwilling, R., Umschau Wiss. Techn. **74**, 771 (1974)
[422] Klamerth, O., Fortschr. Med. **92**, 27 (1974)
[423] Jost, J.-P., u. M. Averner, J. theoret. Biol. **49**, 337 (1975)
[424] Gottfried, H., J. theoret. Biol. **37**, 447 (1972)
[425] Hoffmann, S., W. Brandt u. H. Schubert, Z. Chem. **15**, 50 (1975)
[426] Hoffmann, S., u. W. Brandt, Z. Chem. **15**, 306 (1975)
[427] Strauss, B. S., Life Science **15**, 1685
[428] Lehmann, A. R., Life Science **15**, 2005
[429] Sutherland, B. M., Life Science **16**, 1
[430] Puschendorf, B., Biol. i. u. Zeit **4**, 139 (1974)
[431] Muthukrishnan, S., G. W. Both, Y. Furnicki u. A. J. Shatkin, Nature **255**, 33 (1975)
[432] Angew. Chem. Nachr. Chem. Techn. (ed.) **23**, 185 (1975)
[433] Ladhoff, A.-M., B. Thiele, Ch. Coutelle u. S. Rosenthal, Acta biol. med. germ. **33**, 771 (1974)
[434] Sun, T.-T., R. L. Heimark u. R. R. Traut, Mol. & Cell Biochem. **6**, 33 (1975)
[435] McGhee, J. D., u. P. H. von Hippel, J. Mol. Biol. **86**, 469 (1974)
[436] Hill, W. E., u. R. J. Fessenden, J. Mol. Biol. **90**, 719 (1974)
[437] Bielka, H., I. Junghahn u. P. Westermann, Wiss. Fortschr. **25**, 54 (1975)
[438] Slack, J. M. W., M.-L. Sartirana u. V. E. Ioening, Nature **253**, 282 (1975)
[439] Woese, C. R., G. E., Fox, L. Zablen, T. Uchida, L. Bonen, K. Pechman, B. J. Lewis u. D. Stahl, Nature **254**, 83 (1975)
[440] Ladhoff, A.-M., u. S. Rosenthal, Acta biol. med. germ. **33**, 761 (1974)
[441] Angew. Chem. Nachr. Chem. Techn. (ed.) **22**, 497 (1974)
[442] Pongs, O., K. H. Nierhaus, V. A. Erdmann u. H. G. Wittnman, FEBS-Letters **40**, S 28 (1974)
[443] Damaschun, G., Acta biol. med. germ. **33**, K 55 (1974)
[444] Hradec, J., Z. Dušek, u. O. Mach, Biochem. J. **138**, 147 (1974)
[445] Shine, J., u. L. Dalgarno, Biochem. J. **141**, 609 (1974)
[446] Giacomoni, P. U., J. Y. Le Talaer u. J. B. Le Pecq, Proc. Nat. Acad. Sci. US **71**, 3091 (1974)
[447] Besemer, J., Angew. Chem. Nachr. Chem. Techn. **22**, 519 (1974)
[448] Kull, U., Naturwiss. Rdsch. **27**, 235 (1974)
[449] Beyreuther, K., K. Adler, N. Geisler u. A. Klemm, Proc. Nat. Acad. Aci. US **70**, 3576 (1973)
[450] Angew. Chem. Nachr. Chem. Techn. (ed.) **22**, 45 (1974)
[451] Gilbert, W., u. A. Maxam, Proc. Nat. Acad. Sci. US **70**, 3581 (1973)
[452] Gilbert, W., N. Maizels u. A. Maxam, Cold Spring Harbor Symp. Quant. Biol. 28, 845 (1974)
[453] Kolate, G. B., Science **184**, 52 (1974)
[454] Steitz, Th. A., T. J. Richmond, D. Wise u. D. Engelman, Proc. Nat. Acad. Sci. US **71**, 593 (1974)
[455] Angew. Chem. Nachr. Chem. Techn. (ed.) **22, 73, 365, 449** (1974) und **23**, 45 (1975)
[456] Kim, S. H., F. L. Suddath, G. J. Quigley, A. McPherson, J. L. Sussman, A. H. J. Wang, N. C. Seeman u. A. Rich, Science **185, 435** (1974)
[457] Suddath, F. L., G. J. Quigley, A. McPherson, D. Sneden, J. J. Kim, S. H. Kim u. A. Rich, Nature **248**, 20 (1974)
[458] Quigley, G. J., F. L. Suddath, A. McPherson, J. J. Kim, D. Sneden u. A. Rich, Proc. Nat. Acad. Sci. US **71**, 2146 (1974)

[459] Kim, S. H., J. L. Sussman, F. L. Suddath, G. J. Quigley, A. McPherson, A. H. J. Wang, N. C. Seeman u. A. Rich, Proc. Nat. Acad. Sci. US **71**, 4970 (1974)
[460] Robertus, J. D., J. E. Ladner, J. T. Finch, D. Rhodes, R. S. Brown, B. F. C. Clark u. A. Klug, Nucleic Acids Research **1**, 927 (1974)
[461] Klug, A., J. D. Robertus, J. E. Ladner, R. S. Brown u. J. T. Finch, Proc. Nat. Acad. Sci. US **71**, 3711 (1974)
[462] Robertus, J. D., J. E. Ladner, J. T. Finch, D. Rhodes, R. S. Brown, B. F. C. Clark u. A. Klug, Nature **250**, 546 (1974)
[463] Klug, A., J. Ladner u. J. D. Robertus, J. Mol. Biol. **89**, 511 (1974)
[464] Maelicke, A., F. v. d. Haar, M. Sprinzl, u. F. Cramer, Biopolymers **14**, 155 (1975)
[465] Seela, F., u. F. Cramer, Chem. Ber. **108**, 1329 (1975)
[466] Parthasarathy, R., J. M. Ohrt u. B. G. Chheda, J. Amer. Chem. Soc. **96**, 8087 (1974) sowie Biochem. Biophys. Res. Commun. **60**, 211 (1974)
[467] Kearns, D. R., K. L. Wong u. Y. P. Wong, Proc. Nat. Acad. Sci. US **70**, 3843 (1973)
[468] Jones, C. R., u. D. R. Kearns, Proc. Nat. Acad. Sci. US **71**, 4237 (1974)
[469] Kan, L. S., P. O. P. Ts'o, F. v. d. Haar M. Sprinzl u. F. Cramer, Biochem. Biophys. Res. Commun. **59**, 22 (1974)
[470] Sprinzl, M., u. F. Cramer, Nature New Biol. **245**, 3 (1973)
[471] Yang, Ch.-H., u. D. Söll, Proc. Nat. Acad. Sci. US **71**, 2838 (1974)
[472] Ninio, J., Progr. Nucl. Acid. Res. Mol. Biol. **13**, 301 (1973)
[473] Goedecke, K., u. L. Rensing, Naturwiss. Rdsch., **27**, 4 (1974)
[474] Yanthindra, N., u. M. Sundaralingam, Biopolymers **13**, 2061 (1974) sowie Biochem. Biophys. Res. Commun. **56**, 119 (1974)
[475] Lavallee, D. K., u. A. H. Zeltmann, J. Amer. Chem. Soc. **96**, 5552 (1974)
[476] Naturwiss. Rdsch. (ed.) **27**, 462 (1974)
[477] Colcher, D., S. Spiegelman, J. Schlom, Proc. Nat. Acad. Sci. US **71**, 4975 (1974)
[478] Chandra, P., F. Zunino, A. Zaccara, A. Wacker, u. A. Götz, FEBS-Letters **23**, 145 (1972)
[479] Sweet, R. W., N. C. Goodman, J.-R. Cho, R. M. Ruprecht, R. R. Redfield u. S. Spiegelman, Proc. Nat. Acad. Sci. US **71**, 1705 (1974)
[480] Shugar, D., FEBS-Letters **40**, S 48 (1974)
[481] Stollar, B. D., u. V. Raso, Nature **250**, 231 (1974)
[482] Dickson, R. C., Annu. Rev. Biochem. **41**, 467 (1972)
[483] Gallagher, R. E., u. R. C. Gallo, Science **187**, 350 (1975)
[484] Robert, M. S., R. G. Smith, R. C. Gallo, P. S. Sarin u. J. W. Abrell, Science **176**, 789 (1972)
[485] Gross, L., Proc. Nat. Acad. Sci. US **71**, 2013 (1974)
[486] Kuth, R., u. H. Bauer, Biochim. Biophys. Acta **417**, 1 (1975)
[487] Straus, N. A., u. H. C. Birnboim, Proc. Nat. Acad. Sci. US **71**, 2992 (1974)
[488] Porter, A., N. Larey u. P. Fellner, Nature **248**, 675 (1974)
[489] Brown, F., J. Newman, J. Stott, A. Porter, D. Frisby, C. Newton, N. Carey u. P. Fellner, Nature **251**, 342 (1974)
[490] Rho, H. H., u. M. Gree, Proc. Nat. Acad. Sci. US **71**, 2386 (1974)
[491] Ginevskaya, V. A., Yu. V. Svitkin, T. Yu. Ugarova u. V. I. Agol, Vortr. Akad. Wiss. UdSSR **1974**, 477
[492] Spector, D. H., u. D. Baltimore, Proc. Nat. Acad. Sci. US **71**, 2983 (1974)
[493] Phillips, L. A., J. J. Park u. V. W. Hollis, Proc. Nat. Acad. Sci. US **71**, 436 6(1974)
[494] Perry, R. P., Molecular Cytogenetics (B. A. Hamkalo u. J. Papaconstantinon (eds.), Plenum Publ. Co., New York 1974
[495] Lewis, B. J., J. W. Abrell, R. Smith u. R. C. Gallo, Science **186**, 867 (1974)

[496] AULD, D. S., H. KAWAGUCHI, D. M. LIVINGSTON u. B. L. VALLEE, Proc. Nat Acad., Sci. US **71**, 2091 (1974)
[497] KARKAS, J. D., Proc. Nat. Acad. Sci. US **70**, 3834 (1973)
[498] GULATI, S. G., D. L. KACIAN, S. SPIEGELMAN, Proc. Nat. Acad. Sci. US **71**, 1035 (1974)
[499] NOVOKHATSKY, A. S., F. I. YERSHOV, A. L. TIMKOVSKY, S. E. BRESLER, E. M. KOGAN, N. S. TIKHOMIROVA-SIDOROVA, Acta Virologica **19**, 121 (1975)
[500] MILLER, N. R., W. C. SAXINGER, M. S. REITZ, R. E. GALLAGHER, A. M. WU, R. C. GALLO u. D. GILLESPIE, Proc. Nat. Acad. Aci. US **71**, 3177 (1974)
[501] CARTER, W. A., u. E. DECLERCQ, Science **186**, 1172 (1974)
[502] DECLERCQ, E., Topics in Current Chemistry, **52**, 174 (1974)
[503] GILLESPIE, D., u. R. C. GALLO, Science **188**, 802 (1975)
[504] UNGAR, G., Biochem. Pharmacol. **23**, 1553 (1974)
[505] BRUSBERG, M., Wiss. Fortschr. **24**, 168 (1974)
[506] BRANDT, R., Chem. Lab. Betr. **1974**, 161
[507] PFEIFFER, A., stud. biophys. **46**, 131 (1974)
[508] MIKHALTSEV, I. E., J. theoret. Biol. **49**, 245 (1975)
[509] NEUMANN, E., D. NACHMANSOHN u. A. KATCHALSKY, Proc. Nat. Acad. Sci. US **70**, 727 (1973)
[510] REVZIN, A., E. NEUMANN u. A. KATCHALSKY, Biopolymers **12**, 2853 (1973)
[511] WEISBUCH, G., u. E. NEUMANN, Biopolymers **12**, 1479 (1973)
[512] REVZIN, A., u. E. NEUMANN, Biophys. Chem. **2**, 144 (1974)
[513] NACHMANSOHN, D., Proc. Nat. Acad. Sci. US **68**, 3170 (1971)
[514] REVZIN, A., E. NEUMANN u. A. KATCHALSKY, J. Mol. Biol. **79**, 95 (1973)
[515] NEUMANN, E., Angew. Chem. intern. ed. **12**, 356 (1973)
[516] GUSCHLBAUER, W., D. THIELE, M.-T. SAROCCHI u. C. MARCK, Dynamic Aspects of Conformation Changes in Biological Macromolecules (C. SADRON ed.) Dordrecht-Holland, Reidel-Publ. Co. 1973
[517] THIELE, D., M.-T. SAROCCHI u. W. GUSCHLBAUER, Molecular Biol. Rep. **1**, 155 (1973)
[518] SAROCCHI, M.-T., W. GUSCHLBAUER, Eur. J. Biochem. **34**, 232 (1973)
[519] THIELE, D., u. W. GUSCHLBAUER, Biophysik **9**, 261 (1973)
[520] HOFFMANN, S., W. WITKOWSKI u. H.-H. RÜTTINGER, Conf. Proc. IUPAC 4th Disc. Conf. Hetereogeneities in polymers, Mariánské Lázně 1974
[521] HOFFMANN, S., u. W. WITKOWSKI, ACS Symp. S. **74** (1978) 178—236 und vorausgegangene Mitteilungen

SACHREGISTER

$(A^+)_n \cdot (A^+)_n$-Duplex 143ff.
A/B-DNA-Konversionen bei Intercalation 70
A/B-Formen (DNA) 24, 30, 35, 36, 38, 39, 42, 96
A/B-Übergänge (DNA) 35ff., 70
Acceptor-stem (tRNA) 123ff.
Acridin (Intercalation) 58
Actinomycin D 54ff., 64ff.
— (Computerdarstellung) 67, 68
— (Cyclodepsipeptidflügel) 59
— (Desoxyguanosin-Komplex) 64ff.
— (DNA-Komplex) 72
— (Dyadenachse) 65, 69
— (Intercalation) 61ff., 69ff.
— (Intercalationshöhlung) 69, 70
— (Intercalationsnachweis) 61ff.
— (Nucleasespezifität) 75
— (Pentapeptidsubstituent) 64
— (Phenoxazonring) 65
Actinomycin-DNA-Erkennung 72
Addition (und Deletion von Genen) 87
A-DNA 24, 30, 35, 36, 38, 39, 70, 96
Adenin-stacks 23
Adenin-Thymin-Paarung (Watson/Crick) 8, 9
Adenosin 25
— (Energieprofil) 25
— (Computersimulation) 25
Adenosin/Ethidium-Komplex 73, 74
$(A)_n \cdot 2(I)_n$-Triplex 46ff., 141, 143ff.
akademische Periode 79
Aktionsmuster (rRNA) 106
Aktionspotential (Membran) 146
Aktivator-RNA 142
alternierende Sequenzen (Basen) 35
Aminosäure-Arm (tRNA) 115
Aminosäure-stem 115
Aminoacyl-tRNA 99ff.
cAMP 26
Anthracycline 54
Anticodon 110ff.
— (Codon-Erkennung) 126
Anticodon (Exponierung) 111
— (Fuller-Interpretation) 130
— (Lesbarkeit) 111
— (loop) 110, 115, 122, 124, 130
— (stem) 117
— (Woese-Interpretation) 130ff.
antiparallele Ketten (DNA/RNA) 12ff.
Antiviralantwort 126
Aporepressor 136
$(A)_n$-processing 139
ApU-Simulation von A-RNA 33
A-RNA 24, 29, 35–39, 96
A'-RNA 24, 35, 37, 39
$(A)_n$-Sequenzen 33
assembly map (ribosomaler Proteine) 101
A-stacks 23
asymmetrische Replication 78, 79
$(A)_n$-terminus 97
AT-Sequenzen 72
A/T-Verhältnis (in Nucleinsäuren) 8, 9
$(dA)_n \cdot (dT)_n$-Duplex 47
$(dA)_n \cdot 2(dT)_n$-Triplex 47
$(A)_n \cdot 2(U)_n$-Triplex 44ff., 141ff.
$(A\text{-}U)_n \cdot (A\text{-}U)_n$-Duplex 34
(A-U) · (A-U)-Paarung 31ff.
Aufwindung (Doppelhelix) 61
Austauschvorgänge (genetische) 76, 77
Azaserin 54

B/A-Formen (DNA) 24, 30, 35, 36, 37, 38, 39, 42, 70, 96
B/A-DNA-Konversionen bei Intercalation 70
Bakteriophage MS-2 91ff.
— (flower model-Anordnung) 93
— (Genom) 92, 93
— (Hüllprotein-Gene) 91ff.
— (Sequenz) 91ff.
Basen 7ff.
— (π-Elektronen-Heterogenitätsmuster) 23
— (invariante in tRNAs) 124

Basen (Mono-, Di- und Quadrupolwechselwirkungen) 23
— (semivariante in tRNAs) 124
Basenerkennungen (horizontale und vertikale) 10, 15, 16, 18ff., 23
Basenerkennungen und -zuordnungen 84, 98
— (Replication) 84
— (Transcription) 98
Basenkostümierungen 15ff., 109, 126
Basenmodifizierungen 15ff., 109, 126
Basenpaar 10ff.
Basenpaaranaloge 10ff., 51ff.
Basenpaar-Energieminimierungen 17
Basenpaarungen 10ff.
Basenpaarungs- und -stack-Muster 19ff., 49
Basenschrift 15ff.
Basenstack 24ff.
Basenstapel 24ff.
Basenüberlappungen 36
Basenvariationen (tRNAs) 121
base-pairing (and -stacking) 31
base-pair-breaker 126
B/A-Übergänge (DNA) 35ff., 42, 70
B-DNA 24, 30, 35ff., 55, 70, 96
B'-DNA 35
Bioeffektoren 74
Bioregulation 7ff.
Biorhythmen 140ff.
Bisintercalation 56
Blaupause (mRNA) 50
H-Brückendeterminierungen 84ff.
— (Replication) 84
— (Transcription) 98
Buchstaben (Basen) 15ff.

cAMP 26
— (Röntgenstrukturanalyse eines 5'-Methylenanalogen) 26
5'-cap (mRNA) 97
Carcinogenese 73
carcinostatische Wirkung (Pt(II)-Verbindungen) 56
C-DNA 35, 37
$(C\text{-}G)_n \cdot (C\text{-}G)_n$-Duplex 34
(C-G) · (C-G)-Paarung 31ff.
$(C)_n \cdot (G)_n \cdot (C^+)_n$-Triplex 152, 153, 154
C/G-Verhältnis (Nucleinsäuren) 8, 9
CHARGAFF-Regeln 8, 9
Chemostatenbalance (dsRNAs) 140
Chlorochin 54
cholesteri(ni)sche Phasen 63
Cholesterylbenzoat 63
Chromatin 8ff., 88
— (Modellvorstellungen) 88
— (saure und basische Proteine) 88
Chromosomen 8, 84
$(C)_n \cdot (I)_n \cdot (C^+)_n$-Triplex 152, 153, 154
circulare DNA 61
Code 24ff.
— (Duplettcode) 24
— (Evolution) 24
— (first code) 137
— (hysteretischer) 152
— (Quadruplettcode) 24
— (Schnelligkeit) 24
— (second code) 126
— (third code) 126
— (Triplettcode) 24
— (Wortlänge) 24
Codon 110ff.
— (Fuller-Interpretation) 130
— (Initiations-Codons) 102
— (nonsense-Codons) 102
— (Woese-Interpretation) 130ff.
Codon/Anticodon-Wechselwirkungen 111, 126, 128—130
Computersimulation 33ff.
— (A/A'-RNAs) 37
— (A/B-DNAs) 36
— (Actinomycin-Intercalation) 67ff.
— (Adenosinenergieprofile) 25
— ((A-U) · (A-U)- und (G-C) · (G-C)-Paarungen) 32ff.
— (Basenstacks) 27ff.
— (B-DNA-Aufbau) 40
— (Codon/Anticodon-Beziehungen) 128ff.
— (DNAs/RNAs) 39
— (Duplex/Triplex-Systeme) 33ff., 40ff.
— (loop- und stem-Anordnungen in tRNAs) 116ff., 120, 122ff.
— (Quadruplexsysteme) 48
— (11-RNAs) 34
— (RNA-stack) 29
— (Triplexsysteme) 44ff., 146ff.
— (tRNAs) 116ff.
Connectoren 150
Corepressor 136
Courtauld-Kalotten 11ff.
CPK-Kalotten 10ff.
crossed strand-Austausch 79
Cyclodepsipeptidflügel (Actinomycin) 59
Cytosin-Guanin-Paarung (WATSON/CRICK) 8, 9

$(dA)_n \cdot (dT)_n$-Duplex 47
$(dA)_n \cdot 2(dT)_n$-Triplex 47
D-Arm 117, 124
DARWIN-Theorie 12
Daseinsweise der Eiweißkörper (ENGELS) 8
Daunomycin 55, 59, 60
— (Intercalation) 60
Deletion (und Addition) von Genen 87
Depolarisierungsspannung 146
Derepression 82
Desoxyribose 24
— Diederwinkeleinstellungen um die C5'-O-Bindung
— endo/exo-Konformationen 30ff., 35ff.
DhU-Arm 115
DhU-loop 115
DhU-stem 115
Differenzierung 82
Dimensionalität 13
Dimer/Tetramer-processing (Replication) 75ff.
diskontinuierliches Replicationsmodell 80
Dispersionskräfte 23
D-loop 117, 124
DNAs 8, 10ff.
— (A/B-Übergänge) 35ff., 42, 70
— (A-DNAs) 24, 30, 35, 36, 38, 39, 70, 96
— (Basenpaarungsmuster) 10ff.
— (B-DNAs) 24, 30, 35ff., 55, 70, 96
— (B'-DNAs) 35
— (C-DNAs) 35, 37
— (circulare) 61
— (D-DNAs) 35
— (Einzelstrang-, Duplex-, Triplex- und Quadruplexsysteme) 10ff., 22, 35ff., 47ff.
— (Elektronendichteverteilungen) 13
— (Funktions- und Informationssysteme) 50ff.
— (große und kleine Furche) 59
— (Helixparameter) 35
— (Intercalationen) 70
— (Protohelix) 31ff.
— (Proteinwechselwirkungen) 75
— (RNA-Hybrid) 96
— (Signalregion von lac operator) 90, 95
— (stack-Muster) 38ff.
— (Superhelices) 62ff.
— (tilt und twist) 37
— (unique und repeated Sequenzen) 56
DNA-Polymerasen 81, 90
DNA/RNA-Funktions- und Informationssysteme 50ff.
dogmatische Periode 78
Domänen 72ff., 143ff., 150ff.
— (Duplexsysteme) 150
— (hysteretische Polyelektrolyte) 143ff.
— (Kooperativitäten) 147
— (Triplexsysteme) 150
Dreibereichserkennung (tRNAs) 127
Dreidingmodelle 61
Dreiklasseneinteilung (tRNAs) 108
Dreistrangsysteme 28ff., 35ff.
dsRNAs 71ff., 140ff.
— (Chemostatenbalance) 140
— (dsRNA-Simulationen) 71
— (Interferoninduktion) 140
— (VCI-Wirkungen) 140
D-stem 117, 124
D- und Anticodon-loop 117
Dunkelreparatur (DNA) 90
Duplett-code 24
Duplexsysteme 10ff., 35ff.
Duplex/Triplex-Helices 33ff., 35ff.
Duplikation (Gene) 87
Dyadenachse (Actinomycin) 64, 65, 69
Dynamik 24
Dynamikmodell (tRNAs) 125

Echinomycin 56
— (Intercalation) 56
E. coli-Polymerase I-Mechanismus 81
Elektronendichteverteilung (B-DNA) 13
Elektrophorese (ribosomaler Proteine) 101
Elektrosignalmuster (Bioregulationen) 150
Elementarteilchenpluralitäten 51
Elongation 99, 102ff.
Elongationscyclen 102
Endonucleasen 90, 138
Energieprofil von Adenosinkonformationen 25
Engrammfixierung (ZNS) 43
Erbeigenschaften 8
Ethidiumbromid 54, 73ff.
— (5-Joduridylyl-(3',5')-adenosin-Komplex) 73ff.
— (Intercalation) 54, 73ff.
Eukaryoten 97, 137
— (messenger) 97
— (Transcription) 137
— (Translation) 100ff., 137
Evolution 24, 89
evolutionäre Gengeschicke 87
evolutionäre $2(I)_n \cdot (A)_n$-Vorläuferrolle 46
Excision 90

exo/endo-Anordnungen von Ribose/Desoxyribose-Strukturen in Nucleinsäuren 24, 27ff., 35ff., 36, 38, 70
— (Intercalation) 70
Exonucleasen 80, 90, 138
Exonucleaseaktivität 80
externe Parameter (Hysterese) 145
Extra-Arm 115, 120, 124
Extra-loop 115, 120, 124
Extra-stem 115, 120, 124

Faltungsmuster (Ribose/Desoxyribose) 26ff.
Fehlerübermittlung 23
Ferromagnetica 136
first code 137
first/second-code-Relationen 137
Flexibilität 24
Fluoramide 71
Furchen (DNAs und RNAs) 11ff., 41ff., 59, 66
— (große/kleine, weite/enge, breite/schmale) 11ff., 41, 42, 59, 66
— (tiefe/flache) 11, 42

$(G\text{-}C)_n \cdot (G\text{-}C)_n$-Duplex 34
(G-C) · (G-C)-Paarung 31ff.
G/C-Verhältnis (Nucleinsäuren) 8, 9
Gegenionenmuster (Polynucleotide) 50
Gegenionenwolken (hysteretische Polynucleotide) 143
— (Mobilität) 151
Genbatterien 142
Gene 15, 84, 87, 91, 142
— (Addition und Deletion) 87
— (allele und nichtallele) 87
— (evolutionäre Gengeschicke) 87
— (Genverlust) 87
— (Integratorgen) 142
— (Intergratorgenredundanz) 142
— (Kettenverlängerung und -verkürzung) 87
— (partielle Duplikation) 87
— (partieller Austausch) 87
— (Receptorgen) 142
— (Receptorgenredundanz) 142
— (Rekombinationsvorgänge) 84
— (Sensorgen) 142
genetical engineering 91
genetisches Alphabet 15
geometrische Basenpaaranaloge 10ff., 51ff.
GIERER-Anordnung (Basenpaarungen) 76ff.
glykosidische Bindung 25
Grammatik (Vererbung) 8
große Untereinheit (Ribosom) 100ff.
Guanin-Cytosin-Paarung (WATSON/CRICK) 8, 9
Guanosin-Individualität 18
Guanosin-5'-phosphat-stack 27, 28

Hämoglobin-messenger 97
H-Brückendeterminierungen 84, 98
— (Replication) 84ff.
— (Transcription) 98ff.
H-Brücken- und stack-Beziehungen (tRNAs) 115ff.
Helixmuster 10, 13, 14, 24, 29, 30, 35—48, 115ff., 141ff.
— (A/A'-RNAs) 12, 24, 29, 30ff., 35, 37ff., 42ff., 51ff., 75ff., 110, 140, 141, 146ff.
— (A-DNAs) 16, 24, 30, 35, 36, 38, 39, 42ff., 48, 49, 52ff.,
— (B-DNAs) 10, 11, 13, 14, 16, 22, 24, 30, 35, 36, 38—41, 48ff., 52ff., 75ff.
— (B'-DNAs) 35
— (C-DNAs) 35
— (D-DNAs) 35
— (dsRNAs) 140, 141
— (Duplexsysteme) 10, 11, 13, 14, 29, 30ff., 35ff., 49ff., 67ff., 75ff., 110, 115ff., 140ff., 144ff.
— (Einzelstränge) 12, 35
— (hnRNAs) 97, 126
— (hysteretische) 143ff.
— (links- und rechtsgängige Helices) 12
— (mRNAs) 97
— (Quadruplexsysteme) 22, 48
— (rRNAs) 105, 107
— (Supercoils) 61ff.
— (Triplexsysteme) 35, 43ff., 146ff.
— (tRNAs) 112ff.
Helixparameter 30, 35
— (A/B-Formen 30, 35
— (Achse) 16, 30, 35
— (genus) 35
— (pitch) 35
— (rotation) 35
— (Symmetrie) 35
— (tilt) 16, 30, 35
— (Torsionswinkel) 30
— (translation) 30, 35
— (twist) 16, 30, 35
— (Zuckerkonformation) 30, 35
Henne/Ei-Problem 51
hinge-Region (tRNAs) 119
Histone 88
— (Anordnungen) 88
HOOGSTEEN-Erkennung (Purine) 33ff.

horizontale und vertikale Basenerkennung 23ff.
Hormonregulation 142
Hormonsteuerung 126
Hormonwirkung 73
Hybrid-DNA-Hypothese 84
Hydratation (RNAs und DNAs) 31ff.
hydrophil/hydrophob-Prinzip 15ff.
Hysterese (molekulare) 136ff., 140ff.
— $((A)_n \cdot 2(I)$- bzw. Poly(A) · 2Poly(I)-Triplex) 141ff.
— $((A)_n \cdot 2(U)_n$- bzw. Poly(A) · 2Poly(U)-Triplex) 141ff.
— $((C)_n \cdot (G)_n \cdot (C^+)_n$- bzw. Poly(C) · Poly(G) · Poly(C^+)-Triplex) 141ff.
— $((C)_n \cdot (I)_n \cdot (C^+)_n$- bzw. Poly(C) · Poly(I) · Poly(C^+)-Triplex) 141ff.
— (externe Parameter) 145
— (Hysteresecode) 152
— (interne Parameter) 145
— (Kooperationsverhalten) 145
— (Nucleationsbarrieren) 141
— (potentiometrische Titration) 141, 144
— (Säure/Base-Titration) 144
— (Triplexsysteme) 141ff.
— $((U)_n \cdot (A)_n \cdot (I)_n$- bzw. Poly(U) · Poly(A) · Poly(I)-Triplex) 141ff.

Immunantwort 126, 140
— (humorale) 126, 140
— (zelluläre) 126, 140
Immunologie 20
Impulsmuster (elektische) 150
Incision 90
Inducer 136
Induktion 136
Information 13ff.
Informationsaustausch 17
Informationsleitungskanäle 21, 89
Informationsmolekül 50, 97
Informationsprocessing 89
Informationsspeicher 7, 13
Informofer 138
infrequent Sequenzen 139
Initiation 102ff.
Initiationscodon 102
Inosin-dihydrat-stacks 29
Inosin-Na-phosphat-stacks 30
Integratorgen 142
Integratorgenredundanz 142
Intercalation 51ff.
— (Actinomycin) 55ff., 66ff.
— (Daunomycin) 55ff., 60
Intercalation (Echinomycin) 56
— (Ethidiumbromid) 55, 59, 73
— (endo/exo-Konformationseinstellungen der Zucker) 70
— (Insertion) 61
— (Intercalationsmodelle) 57ff.
— (Intercalationsnachweis) 61
— (inter/intra-Strang-Intercalation) 57
— (Mono-, Bis-, Oligo- und Polyintercalation) 56
— (Proflavin) 55ff., 57
— (Pt(II)-Komplex) 56
Interferon 21, 140ff.
Interferoninducer 21, 71, 140ff.
— (monomer) 71
— (polymer) 21, 140ff.
inter/intra-Strang-Basenüberlappungen 55
inter/intra-Strang-Fixierungen 51, 54
— (N-Lost) 54
— (Polyamine) 51
intermittierendes proofreading 88
Isopentenylrest (stack-Wirksamkeit) 110

JAKOB-MONOD-Regulation 136

kanonische DNA-Formen 35ff.
Kaskadenregulation 142
Katalyse 13ff.
Keimbahn 82
Ketten 12ff.
— (parallel- und antiparallel-Orientierung) 12ff.
Kettenverkürzung (Gen) 87
Kettenverlängerung (Gen) 87
KHORANA-Synthesen 126
Klasse-I- bzw. II-Viren 139
Kleeblattstruktur (tRNAs) 108
knife and fork-Modell (Replication) 80
Komplementarität 8, 9
Konformation 10ff.
— (exo/endo-Konformationsduplett) 28ff.
— (Konformationsfamilien) 24
— (Konformationsumorientierungen bei Hysteresen) 146
— (Zucker) 35ff.
KORNBERG-Polymerase 74, 79
— (Operationsstrategie) 74, 79
Krebsinformation 82
kristalline Flüssigkeiten 88
Kurzzeitgedächtnis 135ff.
— (kybernetische Kopplungselemente) 150
— (Modell eines Engramms) 143

lac-Repressor/Operator-Wechselwirkungen 72ff., 94ff.
— (Kendrew-Skelettmodell) 95
— (lac-Operator) 72
— (lac-Repressor) 72
— (Protein/Nucleinsäuresequenzerkennungen) 95
— (Signalsequenz lac-Operator) 94ff.
— (Signalsequenz lac-Repressor) 94ff.
— (third code) 95
— (zweizählige Symmetrie von lac-Operator) 96
Ladungsmuster (Poly(U) · 2Poly(A)-Triplex) 151
langlebige Metastabilitäten 145
Langridge-Modell (DNA) 10
Lebensdefinition (ENGELS) 8
Ligase 84
links- und rechtsgängige Helices 12ff., 61ff.
— (DNAs) 12ff.
— (DNA-Supercoils) 61ff.
— (RNAs) 12ff.

Makrodipol (hysteretische Polynucleotide) 146
Malignanz 82
maligne Transformation 82
Matrizensysteme 15ff.
MBBA 63
McGAVIN 4-Strang-Hypothese 22
Meiose 84
Membran 136
MENDELsche Experimente 8
messenger 50ff., 97, 139ff.
mRNA 50ff., 97, 139
— (5'-cap) 97
— (Erkennungs- und Funktionsbereiche) 97
— (Eukaryoten- und Prokaryoten-messenger) 97
— (Hämoglobin-messenger) 97
— (3'-Poly(A)-terminus) 97
— (Protein-codierende Region) 97
— (Proteinerkennungsbereich) 97
— (Ribosomenbindungsbereich) 97
— (Sekundär- und Tertiärstruktur) 97
Metastabilitäten (langlebige) 145
Methotrexat 54
MIESCHER (Nucleinsäureentdeckung) 7ff.
Mißevolution 82
Mitomycin 54
model-building 10ff.
molekulare Hysterese (Polynucleotid-Triplexe) 136ff., 143ff.
monomer-Effektor/Nucleinsäure-Wechselwirkungen 54ff.
monomere Interferoninduktoren 71
Monopol/Monopol-Wechselwirkungen 17
Mono-, Di-, Quadrupolwechselwirkungen (Basen) 23
Mono-, Oligo- und Polyintercalation bzw. -intercalatoren 56
monotone Sequenzen 28, 35, 145

Na^+-Basen-Koordination 31
nematische Phasen 63
Neoplasie 82
Netzwerkthermodynamik 150
Nichtgleichgewichtsthermodynamik 136, 150
nicht-WATSON/CRICK-Basenpaarungen 17ff.
nick-Bildung 84
N-Lostverbindungen 54
Nucleationsbarrieren (Hysterese) 141
Nucleinsäuren 7ff.
— (Entdeckung-MIESCHER) 7ff.
— (Nucleinsäuremetastabilitäten) 136ff.
Nucleoside 10ff.
— (ungewöhnliche in tRNAs) 109
Nucleotide 10ff.
— (Nomenklaturschema) 30
— (ungewöhnliche in tRNAs) 109
— (Vorzugskonformationen) 25
Nucleinkörper (MIESCHER) 7ff.
Nucleinsäuresequenzierungen 136ff.
Nucleohistonmodelle 87
Nucleoproteinprocessing 135
— (Replication, Transcription, Translation) 135
— (Pro- und Eukaryoten) 135

Oligointercalation 56
Oncogen 82ff.
— (Hypothese) 83
— (Theorie) 82
Onkologie 20
Operon 136

parakristalline Phasen 135
paraprocessing (hnRNAs) 140
parallele und antiparallele Ketten (Nucleinsäuren) 12ff.
partielle Analogisierungen (Poly(I) · Poly(C)) 141
partielle Duplikation (Gen) 87
partieller Austausch (Gen) 87
PAULINGsche α-Helix 8, 9

Peptidcode 135
Phasen 63ff., 88ff., 135, 149
— (cholesteri(ni)sche) 63
— (nematische) 63
— (smektische) 63
Phasendiagramm (Poly(A)/Poly(U)) 149
Phasendirektionen 63
Phasenmanipulationen 88
Phasenwechselspiele 135
Phenoxazonring (Actinomycin) 64, 65
Phosphatpolyesterkette 26
Photoreaktivierung (enzymatische) 90
π-Elektronen-Heterogenitätsmuster (Basen) 23
pitch (Helix) 35
Pneumococcus 8
Polyamine 51
Polyanionstruktur 143
Poly(A^+) · Poly(A^+)-Duplex 143
Poly(A)-processing 139
Poly(A)-Sequenz 33
3'-Poly(A)-terminus 97
Poly(C) · Poly(G)-Duplex 34
Poly(C) · Poly(G) · Poly(C^+)-Triplex 152, 153, 154
Poly(C) · Poly(I) · Poly(C^+)-Triplex 152, 153, 154
Poly(dA) · Poly(dT)-Duplex 47
2 Poly(dT) · Poly(A)-Triplex 47
4 Poly(G)-Quadruplex 48
Polyelektrolyte 72, 136
2 Poly(I) · Poly(A)-Triplex 46ff., 143ff., 152, 153, 154
4 Poly(I)-Quadruplex 48
Polyintercalation 56
Polymerasen 35, 50, 70, 80ff., 90
— (Polymeraseaktivität) 80, 83
— (Polymerase I/E. coli) 81
— (Polymerasen I/II/III) 84
— (Polymeraseblockaden) 70
— (Polymerasediskriminierungen) 35, 42
Polynucleotide 7ff.
Polynucleotid(strang)analoge 49
Polynucleotidgeometrien 10ff., 35
Polynucleotidligase 90
Polynucleotid-Kurzzeitgedächtnisengramm (Modell) 143
Poly(U) · Poly(A)-Duplex 34
Poly(U) · Poly(A) · Poly(I)-Triplex 152, 153, 154
2 Poly(U) · Poly(A)-Triplex 44ff., 141ff., 152, 153, 154
postreplicative Strangreparatur 91
prefork-Replicationsmodell 80
PRITCHARD-Intercalationsmodell 57, 58
producer-Gen 142
Proflavin 54, 57
— (Intercalation) 57
proof reader-Funktion 80
proofreading (Polymerasen) 88
— (intermittierendes) 88
Proteinbiosynthese 99ff.
— (Elongation) 99, 102, 103
— (Elongationscyclen) 102
— (Initiation) 102
— (Initiationscodon) 102
— (Katalysekomplex) 102
— (nonsense Codon) 102
— (Peptidyl-tRNA-Komplex) 102
— (Proteinfaktoren) 102
— (Translation) 102, 103
— (Translationsfaktoren) 103
— (Translocation) 99, 102, 103
— (Termination) 99, 102, 103
— (site-Modell) 102
— (WOESE-Modell) 130ff.
Protodoppelhelix (RICH) 31
Protonenbindungsgrad (Hysterese) 143
Protovirus 82, 83
— (Protovirustheorie) 82
Provirus 82
— (Provirustheorie) 82
Purinerkennungsbereiche (WATSON/CRICK und HOOGSTEEN) 33ff.
Purin/Pyrimidin-Relationen (CHARGAFF-Regeln) 8, 9

Quadruplettcode 24
Quadruplex-Helices 22, 35, 48
— (DNAs) 22
— (RNAs) 48
Quadrupolwechselwirkungen (Basen) 23
Quantenfelder 154

Rauschfreiheit (Informationsübermittlung) 89
Rauschen (Kanal) 89
Receptorgen 142
Receptorgenredundanz 142
Redundanz 97, 142
— (Code) 97
— (Integratorgen) 142
— (Receptorgen) 142
Regelgrößen 73
Regelhierarchien 146, 147

Regulatorgen 83
Reißverschlußmodell (Replication) 88
Rekombination 78, 84, 87, 91
Rekombinationsvorgänge (genetische) 78, 84, 87, 91
— (postreplicative Rekombinationsreparatur) 91
— (Sobell-Modell) 78ff.
Reparaturenzymsystem (Strang) 90
Reparaturreplication 90
repeated Sequenzen (Basen) 24ff.
Replicase 54
Replication 35, 42, 50, 54, 60, 70, 74ff., 78, 79, 80, 91
— (asymmetrische und symmetrische) 78, 79
— (knife and fork-Modell) 80
— (prefork-Modell) 80
Repressor 72, 83, 136
Repressor/Operator-Wechselwirkungen (Hypothese) 72ff.
reverse transcriptase 81, 82, 139
Revertase 81, 82, 139
Ribose (Desoxy-) 24ff.
ribosomale Prozesse 99ff.
— (Aminoacyl-tRNA und Peptidyl-tRNA-Bindungsorte) 100
— (Codon/Anticodon-Beziehungen) 99ff., 110ff., 128ff., 130ff.
— (Elongation) 102
— (Elongationscyclen) 102
— (GTP) 102
— (Initiation) 102
— (mRNA) 97, 99ff.
— (rRNA) 99ff.
— (tRNA) 99ff.
— (Woese-Modell) 130ff.
— (site-Modell) 102
— (Translation) 99ff.
— (Translocation) 102
Ribosomen 99ff.
— (assembly map ribosomaler Proteine) 101
— (Coxsches Ribosomenmodell) 107
— (Elektrophorese ribosomaler Proteine) 101
— (große und kleine Untereinheit) 100ff.
— (hypothetischer messenger-Ribosomenkanal) 100
— (Rekonstitutionsschema ribosomaler Proteine) 101
— (Proteinfaktoren) 102
— (Proteintopographien) 104
— (Ribosomenbindungsbereiche) 97
Ribosomen (rRNA) 105
Ribosomendissoziation 103
Rifamycin 54
RNAs 13, 15, 24, 25, 26, 29, 32, 35–39, 70–72, 82, 83, 96, 97, 138, 139, 140ff.
— (A/A'-RNAs) 35, 37
— Basenpaarungs- und stack-Anordnungen) 35ff.
— (DNA/RNA-Informationstrasfer) 82
— (dsRNAs) 71, 140ff.
— (dsRNA-Simulation bei Intercalation) 71
— (Einzelstrang-, Duplex-, Triplex- und Quadruplexsysteme) 12, 31ff., 35, 36–49, 140ff.
— (11- und 12-RNA) 35, 37
— (endo/exo-Ribosekonformationen) 24ff., 35ff.
— (Funktions- und Informationssysteme) 50ff.
— (Helixparameter) 35
— (hnRNAs) 97, 138ff.
— (hnRNA-paraprocessing) 138ff.
— (hnRNA-processing) 97, 138ff.
— (monotone und alternierende Sequenzen 31ff.
— (repeated bzw. infrequent- Sequenzen) 138ff.
— (m-, r- und tRNAs) 15ff.
— (mRNA) 97, 139
— (rRNA) 99ff.
— (tRNA) 99ff., 108ff.
— (Vorläufer-RNAs) 126
— (Wasserumgebungs- und Koordinationsmuster 32ff.
RNA-Tumorvirus 82ff.
— (processing) 83
RNA-Polymerasen 72
romantische Periode 78, 79
Rous Sarcoma-Virus 82

Säure/Base-Titrationen (Polynucleotidhysteresen) 141ff.
Scanning-Elektronenmikroskopie 14
Schalter (Phasenumorientierungen) 63
second code 103, 126, 134, 137
Sedimentationskoeffizienten 61
Sekundärstruktur 10ff.
Sensor-Gen 142
Sequenzen (Basen) 10ff.
— (alternierende) 35
— (monotone) 28, 35, 145
— (unique, repeated und infrequent) 24, 139
Sequenzspezifität (Intercalation) 55, 71
Signalerkennung 15
Signalfolgen 73ff.

Signalgebung 15
Simulation (11-RNA) 33
smektische Phase 63
Spermidin/Spermin 51ff.
— (elektrostatische DNA-Wechselwirkungen) 51
— (Helixstabilisierung) 51
— (inter/intra-Strangstabilisierungen) 51
Sperrklinkenmechanismus (Translation/Woese) 131
Spezifität 15, 24
Stabilität 24
Stabilitätskonstanten (Basenpaarungen) 24
stack-Orientierungen von Nucleosiden und Nucleotiden 27
stack-Selektivitäten 56
Statik 24
Steroiddirektionen von Phasen 63
Störeinflüsse (innere und äußere) 89
Störfaktoren 73
Strangaustausch (genetische Rekombination) 85
Stranginstrumentarium (Polynucleotide) 24ff.
Streptovaricin 54
Strukturcistron 138
Strukturgene 142
Supercoil (DNA) 61
Superhelix 61
— (links- und rechtsgängig) 61ff.
S-Wert-Verteilung 61
Symmetrie (zweizählige von Actinomycin) 65ff.

T/A-Verhältnis (Nucleinsäuren) 8, 9
template-Reaktionen 75
Termination (ribosomale) 99, 103
2,2',2''-Terpyridin-Pt(II)-Komplexe 56
Tertiärstruktur 61ff., 97, 112ff.
— (DNA-Superhelices) 61ff.
— (mRNAs) 97
— (tRNAs) 112ff.
Tetradenmodell (Nucleinsäuren) 8
third code (Nucleoprotein-Stereoelektronik-Code) 72, 95, 126
thioanaloge Basen 13, 109
Thymin-Adenin-Paarung (Watson/Crick) 8, 9
Tiloron 71
tilt und twist (Basenpaar) 16
Transcription 28, 35, 42, 50, 54, 60, 70, 96ff., 136
— (Transcriptionsmodelle) 98
— (Transcription und Translation in Pro- und Eukaryoten) 137
Transducer 150
Transformation (maligne) 82
Transformationsproteine 83
transforming principle (Avery/DNA) 8
Translation 28, 99ff., 137ff.
— (Translation und Transcription in Pro- und Eukaryoten) 137
— (Translationsfaktoren) 103
— (Translationskomplex/Woese) 131, 132
Transkristallisation (Hysterese) 143
Translocation (ribosomale) 99, 103
Triplett (Basen) 21ff.
Triplettcode 24
Triplex-Helices 43ff.
Triplex-Systeme 33, 35ff., 43ff., 143ff.
— (Domänenkooperativitäten) 147
— (Domänenstruktur) 143ff.
— (Dreierbasen„paarungen") 43, 149
— (Gegenionenwolken) 143
— (Triplex/Duplex-Transkristallisationen) 143ff.
tRNAs 99ff., 108ff.
— Acceptor-stem) 124
— (Acceptor- und TψC-stem) 123
— (Anticodon/Codon-Wechselwirkungen — Fuller-Interpretation) 130
— (Anticodon/Codon-Wechselwirkungen — Woese-Interpretation) 130ff.
— (Basenmodifizierungen bzw. -kostümierungen) 126
— (Basenvariationen) 121
— (Codon-Anticodon-Beziehungen) 128ff.
— (DhU-Arm) 115
— (DhU-loop und -stem) 115ff.
— (Dreibereichserkennung) 127
— (Dreiklasseneinteilung) 108
— (D- und Anticodon-loop) 117, 124
— (Dynamikmodell) 125
— (Einteilungsversuche) 115
— (Extra-Arm) 115ff., 120, 123, 124
— (Extra-loop und -stem) 115ff., 120, 123, 124
— (hinge-Region) 119
— (iA-Anticodon-stack-Stabilisierungen) 110
— (invariante und semiinvariante Basen) 124
— (Kleeblattstrukturen) 108
— (konstante Nucleotide) 124
— (konstante Pyrimidine und Purine) 124
— (L- bzw. T-Struktur) 115ff.
— (model-building) 113ff.
— (Modell-Strukturvorstellungen) 112

tRNAs (Paarungs- und Faltungsstrategie-Hypothesen) 114 ff.
— (phylogenetische Stammbäume) 114
— (Röntgenkleinwinkelstreuung) 115
— (Röntgenstrukturanalyse) 112 ff.
— (second code-Hierarchie) 108
— (Sekundär- und Tertiärstrukturen) 115 ff.
— (Synthetaseerkennungsregionen) 127
— (TψC-Arm) 115 ff., 120
— (TψC-loop und -stem) 115 ff., 120, 122, 123, 124
— (TψC-Stammbereich) 116, 120
— (tRNA-Differenzierungen) 126
— (tRNA-processing) 126
— (tRNA-Vehikel) 50
— (ungewöhnliche Nucleoside) 109
— (variabler loop) 123, 124
— (wobble-Paarungen) 128 ff.
— Woese-Translationsmechanismus) 119
— (zentrale Schaltregion zwischen D-Region und Extra-loop) 120
Tumorviren 82, 139
— (Evolution) 139
— (Genese) 139
Tumorzelle 82
twist und tilt (Basenpaar) 16

$(U\text{-}A)_n \cdot (U\text{-}A)_n$-Duplex 34 ff.
(U-A) · (U-A)-Paarung 31 ff.
$(U)_n \cdot (A)_n \cdot (I)_n$-Triplex 152, 153, 154
$(U)_n \cdot (A)_n \cdot (U)_n$-Triplex 143 ff.
unique Sequenzen (DNAs) 56

Vererbung 8
Vererbungsproblem (molekulares) 8, 75
vertikale Basenerkennung 23 ff.
Vertikalübertragung (Transformationspotenz) 82
virale Codierung 83
virale Infektion 82
virale RNAs 139
virales Genom 83
Viren (Klasse I und II) 139
Virion 83
Virogen 83
Virologie 43, 20
Virusreifung 83
Virusreplication 83
Virustheorien 82
Vorläufer-RNAs 126

Watson/Crick-Modell (DNA/RNA) 9, 10 ff.
Watson/Crick-Basenpaarungen 9, 10 ff.
Weggedächtnis (Hysterese) 136
Welle/Teilchen-Dualismus 51
Wilkins/Franklin-Röntgenstrukturanalyse (DNA) 9
wobble-Paarung 128, 129
wobble-Position 128, 129
Woese-Mechanismus (Translation) 130 ff.
— (Codon/Anticodon-Wechselwirkungen) 130
— (messenger-Translocation) 133
— (Translationskomplex) 131 ff.

Y-Base 109, 111

Zeichenanordnung (Basen) 13
Zelldifferenzierung 126
Zellgenom 82
Zelltransformation 82, 83
zelluläres Genom 83
Zentralnervensystem 13, 14, 33, 43, 147, 152, 153
Zuckerfaltungsmuster (Ribose und Desoxyribose) 24, 26 ff.
Zugriffsmechanismen (Information) 13 ff.
Zuordnung (Basen) 98
zweizählige Symmetrie (Actinomycin/DNA-Komplex) 65 ff.

Bei Fragen zur Produktsicherheit wenden Sie sich bitte an:
If you have any questions regarding product safety,
please contact:

Walter de Gruyter GmbH
Genthiner Straße 13
10785 Berlin
productsafety@degruyterbrill.com